U0883220

普通高等教育公共基础课系列教材·计算机类

大学计算机应用技术基础

主　编　郭　迎　陈国俊　黄国华

副主编　李　飞　丁艳秋　刘远军

参　编　郑雅倩　杨小艳　王荣秀

孙雪凌　方宁生

主　审　罗高峰

科学出版社

北　京

内 容 简 介

本书根据教育部高等学校大学计算机课程教学指导委员会制定的《大学计算机基础课程教学基本要求》并参考《全国计算机等级考试一级计算机基础及 MS Office 应用考试大纲》编写。本书内容简明扼要，理论联系实际。全书围绕“为谁培养人、培养什么人、怎样培养人”根本问题，着重夯实一流人才培养体系根基，筑牢“质量就是生命线”教育意识。

本书共 7 章，包括计算机基础、Windows 10 操作系统、计算机网络与 Internet 基础、多媒体技术基础、文档编辑软件 Word 2016、电子表格软件 Excel 2016、演示文稿软件 PowerPoint 2016。

本书可作为高等学校非计算机专业的计算机基础公共课教材，也可供参加全国计算机等级考试的考生及广大计算机爱好者使用。

图书在版编目（CIP）数据

大学计算机应用技术基础 / 郭迎，陈国俊，黄国华主编. —北京：科学出版社，2024.11

普通高等教育公共基础课系列教材・计算机类

ISBN 978-7-03-075294-9

Ⅰ. ①大… Ⅱ. ①郭… ②陈… ③黄… Ⅲ. ①电子计算机-高等学校-教材 Ⅳ. ①TP3

中国国家版本馆 CIP 数据核字（2023）第 051426 号

责任编辑：宋 芳 吴超莉 李程程 / 责任校对：赵丽杰
责任印制：吕春珉 / 封面设计：东方人华平面设计部

科学出版社出版
北京东黄城根北街 16 号
邮政编码：100717
http://www.sciencep.com

三河市骏杰印刷有限公司印刷
科学出版社发行 各地新华书店经销

*

2024 年 11 月第 一 版 开本：787×1092 1/16
2024 年 11 月第一次印刷 印张：17 3/4
字数：421 000

定价：65.00 元

（如有印装质量问题，我社负责调换）

销售部电话 010-62136230 编辑部电话 010-62135397-2032

版权所有，侵权必究

前　言

本书以教育部高等学校大学计算机课程教学指导委员会制定的《大学计算机基础课程教学基本要求》为指导，结合普通本科高等学校的实际教学情况进行组织和编写，参考国内外院校对计算机基础类课程的优秀教学思路，围绕“教育是国之大计、党之大计。培养什么人、怎样培养人、为谁培养人是教育的根本问题”重要思想，结合教育信息化2.0时代的数字化教学特征，创造“干中学、提能力，学中干、长才干”的培养环境，融入课程思政内容，突出“应用”的特点，围绕培养一流拔尖创新人才和时代新人的教育教学理念，奋进新征程，建功新时代，大力推进大学计算机课程的教学改革。本书兼顾基础知识、操作技能与应用三个方面的能力培养，突出了应用性、实用性、有效性原则。

本书编者都是长期在教学一线从事计算机基础课程教学和教育研究的教师，在编写过程中，编者将长期积累的教学经验和体会融入各个部分，并结合全国计算机等级考试大纲内容，对讲授的内容做了大胆的融合与取舍。本书适用专业范围广泛，案例典型且内容相对稳定，有助于读者为后续课程的学习打下坚实的基础。通过本课程的学习，读者可对现代信息技术及其应用具有较为全面的理解，树立计算思维，培养信息思维，具备与信息社会发展需求相适应的信息知识、能力和素养。

全书共分7章。第1章为计算机基础，介绍了信息技术及计算机的基本概念；第2章为Windows 10操作系统，介绍了Windows 10操作系统的组成及各功能模块的基本使用方法；第3章为计算机网络与Internet基础，介绍了计算机网络的基本知识和Internet的基本概念及其使用方法；第4章为多媒体技术基础，介绍了多媒体及多媒体技术的基本概念；第5章为文档编辑软件Word 2016，介绍了Word 2016的基本概念和使用方法；第6章为电子表格软件Excel 2016，介绍了Excel 2016的基本概念和函数、公式等的使用方法；第7章为演示文稿软件PowerPoint 2016，介绍了PowerPoint 2016的基本概念和使用方法。

本书由郭迎、陈国俊、黄国华任主编，李飞、丁艳秋、刘远军任副主编，郑雅倩、杨小艳、王荣秀、孙雪凌、方宁生等参编，罗高峰任主审。编写中还得到了北京邮电大学、无锡太湖学院、邵阳学院、中南大学等院校师生的协助与支持，谨此表示衷心感谢。

尽管经过反复斟酌与修改，但鉴于编者水平有限，书中难免存在不足，恳请读者批评指正。

目　　录

第 1 章　计算机基础 …… 1

1.1　概述 …… 1

1.1.1　计算机的发展 …… 1

1.1.2　计算机的应用和分类 …… 2

1.1.3　未来计算机的发展趋势 …… 6

1.1.4　电子商务 …… 8

1.2　信息的表示与存储 …… 8

1.2.1　信息与数据 …… 8

1.2.2　计算机中的数据 …… 8

1.2.3　计算机中的数据单位 …… 9

1.2.4　数制转换 …… 10

1.2.5　字符编码 …… 13

1.3　计算机硬件系统 …… 16

1.3.1　运算器 …… 17

1.3.2　控制器 …… 18

1.3.3　存储器 …… 19

1.3.4　输入设备 …… 22

1.3.5　输出设备 …… 22

1.4　计算机软件系统 …… 22

第 2 章　Windows 10 操作系统 …… 25

2.1　操作系统概述 …… 25

2.1.1　操作系统的定义 …… 25

2.1.2　操作系统的功能 …… 27

2.1.3　操作系统的分类 …… 28

2.2　Windows 10 操作系统概述 …… 30

2.2.1　Windows 发展史 …… 30

2.2.2　Windows 10 的启动与关闭 …… 31

2.3　Windows 10 的基本知识与操作 …… 32

2.3.1 Windows 10 的桌面组成 …… 32
2.3.2 鼠标和键盘操作 …… 33
2.3.3 Windows 10 的窗口组成与操作 …… 34
2.3.4 其他基本操作 …… 38
2.4 管理文件 …… 39
2.4.1 文件与文件夹 …… 40
2.4.2 浏览计算机资源 …… 41
2.4.3 文件与文件夹的基本操作 …… 43
2.5 系统设置 …… 46
2.5.1 个性化和显示属性设置 …… 48
2.5.2 设置日期与时间 …… 50
2.5.3 设置鼠标 …… 50
2.5.4 管理用户账户 …… 51
2.5.5 更改计算机名称 …… 52
2.5.6 软件的安装与卸载 …… 54
2.6 添加打印机和 Windows 功能 …… 55
2.6.1 添加打印机 …… 55
2.6.2 添加 Windows 功能 …… 57
2.7 其他功能 …… 58
2.7.1 磁盘管理 …… 58
2.7.2 输入法 …… 59
2.7.3 媒体播放器 …… 60
2.7.4 记事本 …… 61
2.7.5 更新 Windows 系统 …… 62
第 3 章 计算机网络与 Internet 基础 …… 64
3.1 数据通信基础 …… 64
3.1.1 数据通信系统的构成 …… 64
3.1.2 交换技术及差错控制 …… 67
3.2 计算机网络基础 …… 69
3.2.1 网络的发展史 …… 69
3.2.2 网络的类别与组成 …… 70
3.2.3 网络的协议与体系结构 …… 72
3.3 计算机局域网 …… 75
3.3.1 局域网的拓扑结构 …… 75
3.3.2 无线局域网 …… 77

3.4 Internet 基础 …… 78
3.4.1 Internet 概述 …… 78
3.4.2 Internet 的 IP 地址 …… 79
3.4.3 Internet 的接入技术 …… 80
3.5 Internet 的应用 …… 82
3.5.1 客户机/服务器 …… 82
3.5.2 域名服务 …… 82
3.5.3 万维网 …… 84
3.5.4 电子邮件 …… 86
3.5.5 文件传输服务 …… 88
3.5.6 流媒体和手机电视 …… 88
3.5.7 电子商务 …… 89
3.6 网络的信息安全 …… 90
3.6.1 信息安全概述 …… 90
3.6.2 防病毒技术 …… 90
3.6.3 数据加密和数字签名 …… 92
3.6.4 防火墙 …… 92
第 4 章 多媒体技术基础 …… 94
4.1 多媒体技术的基本概念 …… 94
4.1.1 媒体及其分类 …… 94
4.1.2 多媒体技术介绍 …… 95
4.2 多媒体信息与数据压缩 …… 96
4.2.1 图形与图像 …… 96
4.2.2 音频信息与视频信息 …… 97
4.2.3 数据压缩 …… 99
第 5 章 文档编辑软件 Word 2016 …… 102
5.1 Word 2016 基础 …… 102
5.1.1 启动与退出 …… 102
5.1.2 工作界面 …… 103
5.1.3 基本操作 …… 105
5.1.4 文档视图 …… 109
5.2 文本编辑 …… 111
5.2.1 编辑文档 …… 111
5.2.2 修改文档 …… 113

5.2.3 撤销与重复 ……115
5.2.4 查找与替换 ……115
5.2.5 拼写与语法检查 ……117
5.3 格式编排 ……119
5.3.1 文字格式编排 ……119
5.3.2 段落格式编排 ……121
5.3.3 页面格式编排 ……125
5.3.4 特殊格式编排 ……129
5.3.5 模板与样式 ……133
5.3.6 打印 ……135
5.4 表格制作 ……137
5.4.1 表格的创建 ……137
5.4.2 表格的编辑 ……141
5.4.3 表格的修饰 ……146
5.4.4 表格内数据的排序和常用计算 ……148
5.5 高级排版 ……151
5.5.1 插入图片 ……151
5.5.2 绘制图形 ……156
5.5.3 插入艺术字 ……158
5.5.4 使用文本框 ……159
5.5.5 插入公式 ……162
5.6 目录编制与域的应用 ……164
5.6.1 目录编制 ……164
5.6.2 域的应用 ……165

第 6 章 电子表格软件 Excel 2016 ……167

6.1 认识 Excel 2016 ……167
6.1.1 Excel 的启动与退出 ……167
6.1.2 窗口界面 ……168
6.2 工作簿与工作表的基本操作 ……170
6.2.1 基本概念 ……170
6.2.2 工作簿的操作 ……171
6.2.3 工作表的操作 ……174
6.2.4 窗口视图操作 ……177
6.3 工作表的编辑 ……178
6.3.1 数据的输入 ……179

6.3.2　数据的编辑 ……180
6.3.3　单元格与行、列的操作 ……181
6.3.4　批注的使用 ……183
6.3.5　查找和替换 ……184
6.4　工作表的格式化 ……185
6.4.1　设置文字格式 ……185
6.4.2　设置数字格式 ……186
6.4.3　设置对齐格式 ……187
6.4.4　调整行高和列宽 ……188
6.4.5　自动套用格式 ……189
6.4.6　设置条件格式 ……190
6.4.7　设置边框和底纹 ……191
6.5　公式与函数 ……192
6.5.1　公式 ……193
6.5.2　函数 ……199
6.5.3　常见出错信息分析 ……206
6.6　图表 ……207
6.6.1　图表概述及基本术语 ……208
6.6.2　图表的创建 ……209
6.6.3　图表的编辑 ……211
6.6.4　迷你图 ……217
6.7　数据管理与分析 ……219
6.7.1　排序 ……220
6.7.2　数据筛选 ……223
6.7.3　分类汇总 ……227
6.7.4　数据透视表 ……228
6.8　打印工作表 ……233
6.8.1　页面设置 ……233
6.8.2　打印预览和打印 ……236

第 7 章　演示文稿软件 PowerPoint 2016 ……237

7.1　PowerPoint 2016 简介 ……237
7.1.1　启动与退出 ……237
7.1.2　工作界面 ……238
7.1.3　视图模式 ……239
7.1.4　演示文稿的创建方式 ……242

7.2 幻灯片操作……244
7.2.1 幻灯片的基本操作……244
7.2.2 PowerPoint 2016 的“节”功能……246
7.2.3 插入各种对象……247
7.3 演示文稿的外观设置……252
7.3.1 幻灯片背景……252
7.3.2 幻灯片版式设计……253
7.3.3 母版设置……253
7.3.4 幻灯片主题设计……255
7.3.5 配色方案……256
7.4 动画设置……257
7.4.1 自定义动画……257
7.4.2 建立超链接……259
7.4.3 动作设置……260
7.5 幻灯片的播放……261
7.5.1 幻灯片切换……261
7.5.2 排练计时……262
7.5.3 设置放映方式……263
7.6 PowerPoint 2016 的其他常用操作……264
7.6.1 幻灯片的打印……264
7.6.2 演示文稿的打包……265
7.7 实训案例……267
参考文献……274

第 1 章　计算机基础

电子计算机简称计算机，俗称电脑，是具有存储记忆功能，能够按照程序运行，自动、高速处理海量数据的现代化智能电子设备。计算机的出现和广泛应用对现代社会的发展产生了巨大影响。目前，计算机的应用已渗透到社会生活的各个领域，形成了规模巨大的计算机产业，并以强大的生命力飞速发展。掌握计算机知识并具备较强的计算机应用能力，已经成为人们必须具备的文化素质。

1.1　概　　述

在人类文明发展的历史长河中，计算工具经历了从简单到复杂、从低级到高级的发展过程，出现了多种多样的计算工具，如绳结、算筹、算盘、计算尺、手摇机械计算机、电动机械计算机等。它们在不同的历史时期发挥了各自的作用，也孕育了电子计算机的设计思想和雏形。

1.1.1　计算机的发展

世界上第一台通用计算机 ENIAC（electronic numerical integrator and calculator，电子数字积分计算机）于 1946 年 2 月 14 日在美国宾夕法尼亚大学诞生，它是为美国军方计算弹道轨迹而生的，如图 1-1 所示。

ENIAC 重达 30 t，占地 170 m^2，有 18000 个电子管，俨然一个庞然大物。这个庞然大物被认为是世界上第一台真正的电子计算机，每秒可执行 5000 次加法运算，它的出现意义非凡，它使科学家从繁重的计算中解放出来。ENIAC 的问世标志着计算机时代的到来。

继 ENIAC 之后，美籍匈牙利数学家冯 • 诺依曼（图 1-2）和他的同事研制出 EDVAC（electronic discrete variable automatic computer，离散变量自动电子计算机）。EDVAC 首次采用二进制思想和存储程序控制原理进行工作，这是现代电子计算机最显著的特征和工作原理。

冯 • 诺依曼提出以下两点。

1）计算机的程序和程序运行所需要的数据以二进制形式存放在计算机的存储器中。

2）程序和数据存放在存储器中，即“存储程序”的概念。计算机执行程序时，无须人工干预，能自动、连续地执行程序，并得到预期的结果。

图 1-1　第一台通用计算机 ENIAC

图 1-2　冯·诺依曼

冯·诺依曼的理论和构思决定了计算机必须由 5 个部分组成：运算器、控制器、存储器、输入设备和输出设备。

冯·诺依曼理论，解决了计算机运算的自动化问题和速度配合问题，对后来计算机的发展起到了决定性作用。直至今天，绝大部分的计算机仍采用冯·诺依曼方式工作。

计算机硬件性能与所采用的元器件密切相关。因此，元器件更新换代也是现代计算机换代的主要标志。按所采用的逻辑元器件划分，计算机的发展可以分为 4 个阶段，如表 1-1 所示。

表 1-1　计算机发展的 4 个阶段

阶段	电子元器件	辅助存储器	系统软件	应用领域
第一代（1946—1958 年）	电子管	阴极射线管、汞延迟线	没有系统软件，使用机器语言和汇编语言	科学计算
第二代（1959—1964 年）	晶体管	磁芯、磁鼓	出现了监控管理程序，使用高级语言	科学计算、数据处理、自动控制
第三代（1965—1970 年）	中小规模集成电路	磁芯、磁鼓、半导体存储器	出现了操作系统、编译系统，使用更多高级语言	进一步扩展到文字处理、信息管理等
第四代（1971 年至今）	大规模和超大规模集成电路	半导体存储器	操作系统不断完善，出现网络操作系统、分时操作系统等	延伸到社会生活的各个方面及各行各业

1.1.2　计算机的应用和分类

1. 计算机的应用

最初的计算机只是为了满足军事上大量计算的需要，而今的计算机几乎和所有学科相结合，在社会各方面起着越来越重要的作用。

（1）科学计算

科学计算也称数值计算，是指计算机用于数学问题的计算，是计算机应用最早的领域。计算机最开始是为了解决科学研究和工程设计中遇到的大量数值计算问题而研制的计算工具，随着现代科学技术的发展，数值计算在现代科学研究中的地位不断提高，在尖端科学领域显得尤为重要，特别是在科学研究和工程设计中，经常出现各种各样的数学问题。目前，计算机主要应用于高能物理、工程设计、地震预测、气象预报、航空航天等领域的数值计算。

（2）事务处理

事务处理又称信息管理或数据处理，是指用计算机进行信息收集、加工、存储和传递等工作，其目的是为有各种需求的人提供有价值的信息，作为管理和决策的依据。据统计，在计算机的所有应用中，数据处理方面的应用占全部应用的 3/4 以上。数据处理是现代管理的基础，广泛应用于情报检索、统计、事务管理、生产管理自动化、决策系统、办公自动化等方面。数据处理的应用已全面深入当今社会生产和生活的各个领域，如人口普查资料的分类、汇总，股市行情的实时管理等都是信息处理的例子。

（3）过程控制

计算机过程控制也称实时控制，是指用计算机对工业生产过程或某种装置的运行过程进行状态检测并实施自动控制。在日常生活中，有一些控制操作是人们无法亲自完成的，如对核反应堆的控制。由于计算机具有体积小、成本低和可靠性高等特点，可以精确控制，用来代替人们完成那些繁重或危险的工作，因此，计算机在过程控制中得到了广泛应用。生产过程的计算机控制不仅可以大大提高生产效率，降低人们的劳动强度，更重要的是可以提高控制精度，提高产品质量和合格率。钢铁、石油、化工、制造业等工业生产领域都需要进行实时控制，以提高生产效率和产品质量。

（4）辅助工程

计算机辅助是计算机应用的一个非常广泛的领域。几乎所有过去由人进行的具有设计性质的过程都可以通过计算机实现部分或全部工作。计算机辅助（或称计算机辅助工程）主要包括计算机辅助设计（computer-aided design，CAD）、计算机辅助制造（computer-aided manufacturing，CAM）、计算机辅助教学（computer-aided instruction，CAI）、计算机辅助技术（computer-aided technology，CAT）、计算机集成制造系统（computer-integrated manufacturing system，CIMS）、计算机模拟（computer simulation）等。

（5）人工智能

人工智能（artificial intelligence，AI）是指用计算机来模拟人类的智能。虽然计算机的能力在许多方面远超人类，如计算速度，但是要真正达到人的智能水平还有非常遥远的路要走。目前，有些智能系统已经能够替代人的部分脑力劳动，得到了实际的应用，尤其是在机器人、专家系统、模式识别等方面。

（6）网络应用

随着计算机网络的飞速发展，网络应用已成为计算机技术最重要的应用领域之一，如电子邮件、WWW 服务、资料检索、IP 电话、电子商务、电子政务、网络论坛、远程教育等，不胜枚举。计算机网络已经并将继续改变人类的生产和生活方式。近几年，研究人员又提出了云计算、网格计算、物联网、无线传感器网络等新概念，并开始应用到生产、生活中。

（7）多媒体应用

目前，多媒体的应用领域不断拓宽。在文化教育、技术培训、电子图书、观光旅游、商用及家庭应用等方面，已经出现了不少深受人们欢迎和喜爱的、以多媒体技术为核心的电子出版物，它们将图片、动画、视频片段、音乐及解说等易被接受的媒体素材所反映的内容生动地展现给用户。多媒体技术与人工智能技术的有机结合还促进了虚拟现实、虚拟制造技术的发展。

（8）嵌入式系统

不是所有计算机都是通用的，许多特殊的计算机用于不同的设备中，包括大量的消费电子产品和工业制造系统，都是把处理器芯片嵌入其中，以完成特定的处理任务。这些系统被称为嵌入式系统。在智能家电的远程控制，水、电、气表的远程自动抄表，车辆导航、流量控制、信息监测与汽车服务等方面，都应用了嵌入式系统技术。

（9）大数据

大数据（big data）是指无法在可承受的时间范围内用常规软件工具进行捕捉、管理和处理的数据集合。从某种程度上说，大数据技术是数据分析的前沿技术。简言之，从各种类型的数据中快速获得有价值信息的能力，就是大数据技术。大数据技术最核心的价值就在于对海量数据进行存储和分析。

2. 计算机的分类

计算机及相关技术的迅速发展带动计算机类型不断地进行分化，形成了不同种类的计算机。依照不同的标准，计算机有多种分类方法，常见的有以下几种。

（1）按信息的形式和处理方式划分

1）数字计算机。数字计算机处理的是离散的数据，输入是数字量，输出也是数字量，其基本运算部件是数字逻辑电路，因此具有运算精度高、通用性强的特点。我们现在所使用的一般都是数字计算机。

2）模拟计算机。模拟计算机处理和显示的是连续的物理量，其基本运算部件是由运算放大器构成的各类运算电路。一般来说，模拟计算机不如数字计算机精确，通用性也不强，但解题速度快，主要用于过程控制和模拟仿真。

3）数模混合计算机。数模混合计算机兼有数字计算机和模拟计算机的优点，既能接收、输出和处理模拟量，又能接收、输出和处理数字量。

（2）按使用范围划分

1）通用计算机。通用计算机指适用于各种应用场合，功能齐全、通用性好的计算机。

2）专用计算机。专用计算机指为解决某种特定问题而专门设计的计算机，一般用在过程控制中，如智能仪表、飞机的自动控制、导弹的导航系统等。

（3）按计算机的性能、规模和处理功能划分

1）巨型机。巨型机又称超级计算机，是所有计算机中速度最快、功能最强的一类计算机，其浮点运算速度已达每秒亿亿次，主要应用在国防尖端技术、空间技术、大范围长期性天气预报、石油勘探等方面。并行处理是巨型机技术的基础。图 1-3 所示为我国研发的“神威·太湖之光”巨型机，它由 40 个运算机柜和 8 个网络机柜组成，共有

图 1-3 “神威·太湖之光”巨型机

40960 块处理器。

2）大型通用机。大型通用机的特点是通用性强，具有较高的运算速度、极强的综合处理能力和极大的性能覆盖，运算速度为每秒几百万次至几千万次，可同时支持上万个用户、几十个大型数据库。大型机系统可以是单处理机、多处理机或多个子系统的复合体，一般在政府部门、大企业、银行、高校和科研院所等单位使用，通常被人们称为“企业级”计算机。

3）微型计算机。微型计算机是使用微处理器芯片的计算机，是微电子技术飞速发展的产物。微型计算机具有执行结果精准、处理速度快、性价比高、轻便小巧等特点。现在，微型计算机的应用已经遍及社会各个领域：从工厂生产控制到政府的办公自动化，从商店数据处理到家庭的信息管理，几乎无所不在。随着社会信息化进程的加快，便携机更是以使用便捷、无线联网等优势越来越多地受到移动办公人士的喜爱，一直保持着高速发展的态势。

根据微型计算机是否由最终用户使用，其又可分为独立式微机和嵌入式微机。

① 独立式微机。独立式微机即日常使用的个人计算机（personal computer，PC），主要有台式微机、笔记本微机、平板微机，以及掌上微机等众多种类。它的出现使得计算机真正面向个人，成为大众化的信息处理工具。

② 嵌入式微机。嵌入式微机通常作为一个信息处理部件安装在一个应用设备里，最终用户不直接使用该计算机，使用的是该应用设备，如包含微机的医疗设备、高级录像设备等。嵌入式微机一般是单片机，它是将中央处理器、存储器和输入/输出接口集成在一个芯片上的计算机。单片机已广泛用于家电、生活用具和仪器仪表，并正向智能化方向发展。

4）工作站。工作站是一种高档微型计算机系统，主要面向专业应用领域。相对于微型计算机，工作站具有更高的运算速度和更大的存储容量，具有大型通用机多任务、多用户的能力，且兼有微型计算机的操作便利和良好的人机界面，其突出的特点是具有很强的图形交互能力。常见的工作站有计算机辅助设计工作站、办公自动化工作站、图像处理工作站等。

5）服务器。服务器是计算机的一种，它比普通计算机运行更快、负载更高、价格更贵。服务器在网络中为其他客户机（如 PC、智能手机、ATM 等终端甚至是火车系统等大型设备）提供计算或者应用服务，它是网络的节点，存储、处理网络上 80%的数据和信息，在网络中具有举足轻重的作用。服务器具有高速的 CPU 运算能力、长时间的可靠运行、强大的 I/O 外部数据吞吐能力以及更好的扩展性。服务器的构成与普通计算机类似，也有处理器、硬盘、内存、系统总线等，但因为它是针对具体的网络应用特别定制的，因而服务器与微型计算机在处理能力、稳定性、可靠性、安全性、可扩展性、可管理性等方面存在很大差异。

1.1.3 未来计算机的发展趋势

从第一台计算机诞生至今，计算机的应用不断拓展。其强大的应用功能催生了巨大的市场需求，未来计算机应向着多样化的方向发展。

1. 电子计算机的发展方向

当今计算机正在向巨型化、微型化、网络化和智能化这 4 个方向发展。

（1）巨型化

巨型化计算机具有极高的运算速度、大容量的存储空间、更加强大和完善的功能，主要用于航空航天、军事、气象、人工智能、生物工程等学科领域。

（2）微型化

随着中央处理器（central processing unit，CPU）和大规模集成电路的出现，计算机的体积缩小了，成本降低了。微型计算机从台式机向便携机、掌上机、膝上机发展，其价格低廉、方便使用、软件丰富，受到越来越多用户的喜爱。

（3）网络化

计算机网络化是指利用现代通信技术和计算机技术，把分布在不同地点的计算机互联起来，按照网络协议互相通信，以共享软件、硬件和数据资源。随着 Internet 的飞速发展，网络广泛应用于政府、学校、企业、科研、家庭等领域，在社会经济发展中发挥着极其重要的作用。

（4）智能化

智能化是指让计算机模拟人的感觉和思维过程的能力。智能化计算机可以利用已有的和不断学习到的知识，进行思维、联想推理，并得出结论，能解决复杂问题。目前已研制出的机器人有的可以代替人从事危险环境中的劳动，有的能与人下棋等。

2. 未来新一代的计算机

从电子计算机的产生及发展可以看到，目前计算机技术的发展都是以电子技术的发展为基础的，集成电路芯片是计算机的核心部件。随着高新技术的研究和发展，下一代计算机无论是体系结构、工作原理，还是器件及制造技术，都将进行颠覆性的变革。未来的计算机有模糊计算机、生物计算机、光子计算机、超导计算机、量子计算机等。

（1）模糊计算机

1956 年，英国人查德创立了模糊理论。依照模糊理论，判断问题不再以是、非两种绝对的值或 0 与 1 两个数值来表示，而是取许多值，如以接近、几乎、差不多、差得远等模糊值来表示。这种用模糊的、不确切的判断进行工程处理的计算机就是模糊计算机。模糊计算机是建立在模糊数学基础上的计算机，除具有一般计算机的功能外，还具有学习、思考、判断和对话的能力，可以立即辨识外界物体的形状和特征，甚至可以帮助人们从事复杂的脑力劳动。

例如，把模糊计算机装到吸尘器里，可以根据灰尘量以及地毯的厚实程度调整吸尘器的功率。模糊计算机还能用于地震灾情判断、疾病医疗诊断、发酵工程控制、海空导航巡视等。

（2）生物计算机

生物计算机又称仿生计算机，是以生物芯片取代在半导体硅片上集成的数以万计的晶体管而制成的计算机，其存储量可以达到普通计算机的 10 亿倍。生物计算机最大的优点是生物芯片的蛋白质具有生物活性，能够与人体的组织结合在一起，特别是可以与人的大脑和神经系统进行有机连接，使人机接口自然吻合，免除了烦琐的人机对话。这样，生物计算机就可以听人指挥，成为人脑的外延或扩充部分，还能够从人体的细胞中吸收营养来补充能量，不需要外界的任何能源。由于生物计算机的蛋白质分子具有自我组合的能力，因此生物计算机具有自调节能力、自修复能力和自再生能力，更易于模拟人类大脑的功能。现今，科学家已研制出许多生物计算机的主要部件——生物芯片。

（3）光子计算机

光子计算机是一种由光信号进行数字运算、逻辑操作、信息存储和处理的新型计算机。它由激光器、光学反射镜、透镜、滤波器等光学元件和设备构成，靠激光束进入反射镜和透镜组成的阵列进行信息处理，以光子代替电子，以光运算代替电运算。由于光子比电子速度快，因此光子计算机的运行速度可高达每秒 1 万亿次，此外它的存储量是现代计算机的几万倍，还可以对语言、图形和手势进行识别与合成。

目前，许多国家都投入大量资金进行光子计算机的研究。随着现代光学与计算机技术、微电子技术的结合，在不久的将来，光子计算机将成为人类普遍使用的工具。

（4）超导计算机

超导计算机是利用超导技术生产的计算机及其部件，其开关速度达到几微秒，运算速度比现在的电子计算机快，电能消耗量少。1911 年，昂内斯发现纯汞在−269 ℃低温下电阻变为零的超导现象，超导线圈中的电流可以无损耗地流动。可是，超导现象发现以后，超导研究进展缓慢，这是因为实现超导的温度太低，要创造出这种低温环境，消耗的电能远远超过超导节省的电能。20 世纪 80 年代后期，科学家发现一种陶瓷合金在−238 ℃时出现了超导现象。我国物理学家也找到了一种材料，其在−141 ℃时出现超导现象。目前，科学家还在为此奋斗，企图找出一种“高温”超导材料，甚至一种室温超导材料。一旦这些材料被找到，人们就可以利用它制成超导开关器件和超导存储器，再利用这些器件制成超导计算机。

（5）量子计算机

量子计算机的概念源于对可逆计算机的研究。研究可逆计算机的目的是解决计算机中的能耗问题。2009 年，美国国家标准技术研究院的科学家研制出一台可处理 2 量子比特数据的量子计算机。由于量子比特可以比传统计算机中的“0”和“1”比特存储更多的信息，因此量子计算机的运行效率和功能将大大超越传统计算机。据科学家介绍，这种量子计算机可用作各种大信息量数据的处理。

我国于 2016 年 8 月 16 日成功发射以“墨子号”命名的世界首颗量子科学实验卫星，它结合地面已有的光纤量子通信网络，初步构建了一个天地一体化的量子保密通信与实验体系，在世界上率先实现了全球化的量子保密通信。

1.1.4 电子商务

电子商务是以信息网络技术为手段、以商品交换为中心的商务活动；也可理解为在互联网（internet）、企业内部网（intranet）和增值网（value added network，VAN）上以电子交易方式进行交易和相关服务的活动，是传统商业活动各环节的电子化、网络化、信息化。

从本质上讲，电子商务是一组电子工具在商务中的应用，如电子数据交换（electronic data interchange，EDI）、电子邮件（E-mail）、电子公告系统（bulletin board system，BBS）、博客（Web blog）、条码（bar code）、智能卡（IC card）等。商城、消费者、产品、物流是电子商务的四要素。

电子商务涵盖的范围很广，一般可分为代理商、商家和消费者（agent, business, consumer，ABC），企业对企业（business-to-business，B2B），企业对消费者（business-to-consumer，B2C），消费者对消费者（consumer-to-consumer，C2C），企业对政府（business-to-government，B2G），线上与线下结合的电子商务（online-to-offline，O2O）等。随着计算机网络技术和社会需求的发展，新电子商务模式将层出不穷。

1.2 信息的表示与存储

1.2.1 信息与数据

信息是对客观事物的反映，从本质上看信息是对社会和自然界的事物特征、现象、本质及规律的描述。数据是客观事物的符号表示，如数值、文字、语言、图形、图像等都是不同形式的数据。信息必须经数字化编码，才能传送、存储和处理。信息具有针对性和时效性。

信息和数据是有区别的，数据是信息的载体，信息是数据经处理之后产生的结果。信息有意义，而数据没有。例如，一组数据 2，4，8，16，32，本身是没有意义的，但对它进行分析后发现，其是一组等比数列，从而可以很清晰地得到后面的数字，这组数据便被赋予了意义，这就是信息，是有用的数据。

1.2.2 计算机中的数据

在日常生活中，人们主要使用十进制，但是在计算机中，所有数据均使用二进制来进行存储。无论是指令还是数据，若想存入计算机中，都必须采用二进制编码形式，即使是图形、图像、声音等信息，也必须转换成二进制，才能存入计算机中。

二进制只有 0 和 1 两个数字，相对十进制而言，采用二进制表示不但运算简单、易于物理实现、通用性强，而且所占用的空间和所消耗的能量小得多，机器可靠性高。

计算机内部均用二进制数来表示各种信息，但计算机输出仍采用人们熟悉和便于阅读的形式，如十进制数据、文字显示以及图形描述等。其间的转换，则由计算机系统的硬件和软件来实现。

1.2.3 计算机中的数据单位

计算机中数据的最小单位是位，存储容量的基本单位是字节。

1. 位

位（bit，b）也称为二进制位（binary digit），是计算机存储数据的最小单位，代码只有 0 和 1，采用多个数码（0 和 1 的组合）表示一个数，其中每一个数码称为 1 位。

2. 字节

字节（byte，B）是信息组织和存储的基本单位，一个字节由 8 个二进制位组成（1 byte = 8 bit）。字节也是计算机体系结构的基本单位，计算机中的数据统一以字节为单位。

存储器的容量大小是以字节数来度量的，常见的存储单位如表 1-2 所示。

表 1-2 常见的存储单位

单位	名称	含义	说明
KB	千字节	1 KB=1024 B=2^{10} B	适用于文件计量
MB	兆字节	1 MB=1024 KB=2^{20} B	适用于内存、软盘、光盘计量
GB	吉字节	1 GB=1024 MB=2^{30} B	适用于硬盘计量
TB	太字节	1 TB=1024 GB=2^{40} B	适用于硬盘计量

提示

日常生活中，商家对外存容量是以 10 的幂次方为换算单位来计算的。例如，某个 32 GB 的 U 盘，其容量约为 31943770112 B。在计算机中进行单位转换时，31943770112 B/（1024 × 1024 × 1024）约为 29.7 GB。实际使用时，31943770112 B/（1000 × 1000 × 1000）约为 32 GB。所以，标称 32 GB 的 U 盘并不能装下 32 GB 的数据，必须注意外存的度量单位差异。

3. 字长

字长（word）是指 CPU 能够同时处理的二进制位数目。字长通常是字节的整数倍，如 8 位、16 位、32 位、64 位、128 位等。它是衡量计算机性能的一个重要指标，标志着计算机的计算精度和表示数据的范围，字长越长，数据处理速度越快。

1.2.4 数制转换

计算机是信息处理的工具，信息必须转换成二进制形式的数据后，才能由计算机进行处理、存储和传输。为了书写方便，也常采用八进制或十六进制。

1. 进位计数制

用一组固定的数字（数码符号）和一套统一的规则来表示数值的方法称为数制（number system）。

十进制（decimal system）是日常计数方法，由数字 1，2，3，4，5，6，7，8，9，0 组成，逢十进一。数字符又称数码，数码处于不同的位置（数位）代表不同的数值。从对十进制计数制的分析可以得出，任意 R 进制计数制都有基数 R、权 R^i 和按权展开式。其中 R 可以是任意正整数，如二进制的 R 为 2，十进制的 R 为 10，十六进制的 R 为 16 等。

（1）基数

基数是指计数制中所用到的数码的个数。例如，基数为 10 的计数制称为十进制。十进制数包含 0，1，2，3，4，5，6，7，8，9 共 10 个数码，基数 $R=10$，运算时遵循“逢十进一”的规则。由此可以得知，在基数为 R 的计数制中，包含 0，1，…，$R-1$ 共 R 个数码，进位规律是“逢 R 进一”，称为 R 进位计数制，简称 R 进制。

为区分不同数制的数，书中约定对于任意 R 进制的数 N，记作$(N)_R$。例如，$(10101)_2$，$(7034)_8$，$(AE06)_{16}$ 分别表示二进制数 10101、八进制数 7034 和十六进制数 AE06。不用括号及下标的数，默认为十进制数，如 256。

（2）权（位值）

在进位计数制中，一个数码处在数的不同位置时，它所代表的数值是不同的。每一个数码位置上对应的固定值称为权值。例如，十进制的基数是 10，有 0～9 共 10 个不同的数字符，运算时遵循“逢十进一”的规则，整数部分从低位到高位数字的权值分别为 10^0，10^1，10^2，…，小数部分从高位到低位数字的权值依次为 10^{-1}，10^{-2}，10^{-3}，…。二进制的基数是 2，使用的数码为 0 和 1，运算时遵循“逢二进一”的规则，整数部分从低位到高位数字的权值分别为 2^0，2^1，2^2，…，小数部分从高位到低位数字的权值依次为 2^{-1}，2^{-2}，2^{-3}，…。其他进制同理。

（3）按权展开式

任意 R 进制数的值都可表示为各位数值与其权的乘积之和。

任意一个具有 n 位整数和 m 位小数的 R 进制数 N 的按权展开式如下。

$$(N)_R = a_{n-1}\times R^{n-1} + a_{n-2}\times R^{n-2} + \cdots + a_2\times R^2 + a_1\times R^1 + a_0\times R^0 + a_{-1}\times R^{-1} + \cdots + a_{-m}\times R^{-m}$$

$$= \sum_{i=-m}^{n-1} a_i \times R^i$$

式中，a_i 为 R 进制的数码，R 是基数，R^i 是数位的权值，n 为整数部分的位数，m 为小数部分的位数。

例如，将十进制数 576.23 和二进制数 1101.01 按权展开，分别表示如下。

$$(576.23)_{10} = 5\times10^2+7\times10^1+6\times10^0+2\times10^{-1}+3\times10^{-2}$$

$$(1101.01)_2 = 1\times2^3+1\times2^2+0\times2^1+1\times2^0+0\times2^{-1}+1\times2^{-2}$$

2. 计算机中的常用数制

（1）二进制

二进制（binary system）只有 0 和 1 两个数码符号，其基数为 2，遵循“逢二进一”的进位规则，其按权展开时，各数位的位权是以 2 为底的幂次方。

二进制技术实现简单、可靠，运算规则简单，适合逻辑运算。但是当使用二进制表达一个比较大的数值时，数字冗长，书写麻烦且容易出错，不方便阅读。所以，在计算机技术文献的书写中，常用八进制和十六进制作为二进制的简化表示。

（2）八进制

八进制（octal system）使用 0，1，2，3，4，5，6，7 共 8 个数码符号来表示，其基数为 8，遵循“逢八进一”的进位规则，按权展开时，各数位的位权是以 8 为底的幂次方。

例如，八进制数 216.57 按权展开的多项式如下。

$$(216.57)_8=2\times8^2+1\times8^1+6\times8^0+5\times8^{-1}+7\times8^{-2}$$

（3）十六进制

十六进制（hexadecimal system）使用 0，1，2，3，4，5，6，7，8，9，A，B，C，D，E，F 共 16 个数码符号来表示，其中 A～F 分别表示 10～15。其基数为 16，遵循“逢十六进一”的进位规则，按权展开时，各数位的位权是以 16 为底的幂次方。

例如，十六进制数 5AF3.E2 按权展开的多项式如下。

$$(5AF3.E2)_{16}=5\times16^3+A\times16^2+F\times16^1+3\times16^0+E\times16^{-1}+2\times16^{-2}$$

为了书写方便，除了使用下标来表示数制，还可以在一个数的后面加上后缀字母来表示数制，通常用 D 来表示十进制，用 B 来表示二进制，用 O 或 Q 来表示八进制，用 H 来表示十六进制，如二进制数 10101 可以写成$(10101)_2$或 10101B；八进制数 7034 可以写成$(7034)_8$或 7034Q；十六进制数 AE06 可以写成$(AE06)_{16}$或 AE06H。

3. 数制之间的转换

在计算机内部，使用二进制来表示和处理数据，而计算机的输入、输出常常采用十进制数表示。计算机需自动完成各种数制之间的转换。

（1）*R* 进制数转换成十进制数

任意 *R* 进制数按权展开、相加即可得到相应的十进制数。

【例 1-1】 将二进制数 1110.101 转换成十进制数。

$$1110.101B=1\times2^3+1\times2^2+1\times2^1+0\times2^0+1\times2^{-1}+0\times2^{-2}+1\times2^{-3}=8+4+2+0.5+0.125=14.625D$$

【例 1-2】 将八进制数 476.5 转换成十进制数。

$$476.5Q=4\times8^2+7\times8^1+6\times8^0+5\times8^{-1}=256+56+6+0.625=318.625D$$

【例 1-3】将十六进制数 2BF 转换成十进制数。

$$2BFH=2\times16^2+B\times16^1+F\times16^0=512+176+15=703D$$

（2）十进制数转换成 R 进制数

十进制数转换成 R 进制数，需将整数部分和小数部分分别进行转换。

1）整数转换。采用除 R 取余法，即用十进制数整数部分除以 R，余数作为相应 R 进制数整数部分的最低位；用上一步的商再除以 R，余数作为 R 进制的次低位；以此类推；一直除到商为 0 为止，最后一步的余数作为二进制的最高位。

【例 1-4】将十进制整数 53 转换成二进制整数。

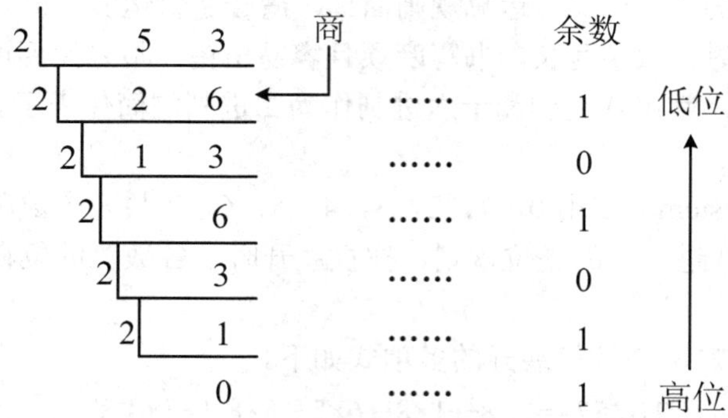

计算出来的结果，其余数部分由高位到低位记为 110101，所以 53D = 110101B。

了解十进制整数转换成二进制整数的方法后，再学习十进制整数转换成八进制、十六进制整数的方法就很容易了。十进制整数转换成八进制整数的方法是“除 8 取余法”，十进制整数转换成十六进制整数的方法是“除 16 取余法”。

2）小数转换。采用乘 R 取整法的规则，即用 R 去乘给出的十进制数的小数部分，取乘积的整数部分作为转换后 R 进制小数部分的最高位；再用 R 去乘上一步乘积的小数部分，然后取新乘积的整数部分作为转换后 R 进制小数部分的次高位；以此类推，一直到乘积为 0 或得到要求的精度数位为止。

【例 1-5】将十进制小数 0.625 转换成二进制小数。

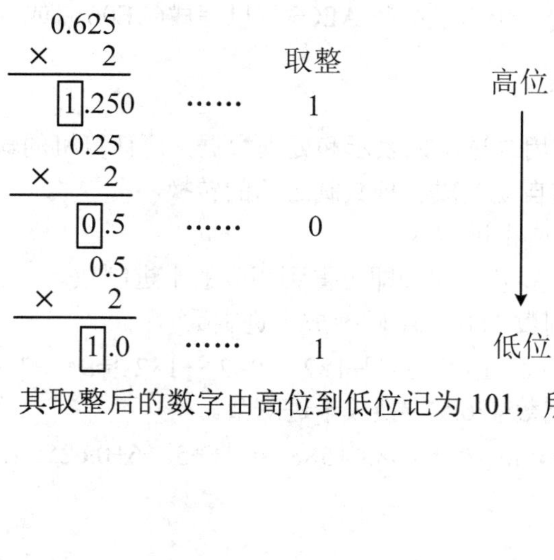

计算出来的结果，其取整后的数字由高位到低位记为 101，所以 0.625D = 0.101B。

（3）二进制数与八进制、十六进制数间的相互转换

用二进制数编码存在这样一个规律：n 位二进制数最多能表示 2^n 种状态，分别对应 0，1，2，3，…，2^{n-1}。因为 $2^3=8$，$2^4=16$，所以 3 位二进制数对应 1 位八进制数，4 位二进制数对应 1 位十六进制数。

1）二进制整数转换成八进制整数。从小数点开始分别向左或向右，将每 3 位二进制数分成 1 组，不足 3 位数的补 0，然后将每组用 1 位八进制数表示即可。

【例 1-6】 将二进制整数 1111101011001B 转换成八进制整数。

分组得 001，111，101，011，001。在所划分的二进制数中，第一组不足 3 位，是经高位补 0 得到的。再以 1 位八进制数字符替代每组的 3 位二进制数字，得

001	111	101	011	001
1	7	5	3	1

故得结果：1111101011001B=17531Q。

2）二进制整数转换成十六进制整数。从小数点开始分别向左或向右，将每 4 位二进制数分成 1 组，不足 4 位数的补 0，然后将每组用 1 位十六进制数表示即可。

【例 1-7】 将二进制整数 1111101011001B 转换成十六进制整数。

分组得 0001，1111，0101，1001。在所划分的二进制数中，第一组不足 4 位，是经高位补 0 得到的。再以 1 位十六进制数字符替代每组的 4 位二进制数字，得

0001	1111	0101	1001
1	F	5	9

故得结果：1111101011001B=1F59H。

3）八进制整数转换成二进制整数。将每位八进制数用 3 位二进制数表示即可。

【例 1-8】 将 375Q 转换成二进制数。

因为	3	7	5
	011	111	101

故得结果：375Q=11111101B。

4）十六进制整数转换成二进制整数。将每位十六进制数用 4 位二进制数表示即可。

【例 1-9】 将 3FCH 转换成二进制数。

因为	3	F	C
	0011	1111	1100

故得结果：3FCH=1111111100B。

1.2.5　字符编码

计算机除用于数据计算外，还要处理大量的非数值数据，其中字符数据占重要地位。字符数据包括西文字符（英文字母、数字、各种符号）和汉字字符，它们进行二进制编码后，才能存储到计算机中进行处理。

1. 西文字符的编码

西文字符数据在计算机内也是用二进制形式表示的，目前普遍采用 ASCII（American

Standard Code for Information Interchange，美国信息交换标准码），被国际标准化组织指定为国际标准。ASCII 有 7 位码和 8 位码两种版本，国际通用的是 7 位 ASCII，采用 7 位二进制数表示一个字符的编码，共有 2^7=128 个不同的编码值，相应可以表示 128 个不同字符的编码，标准 ASCII 字符集如表 1-3 所示。

表 1-3　标准 ASCII 字符集

$b_3b_2b_1b_0$	$b_6b_5b_4$							
	000	001	010	011	100	101	110	111
0000	NUL	DLE	SP	0	@	P	`	p
0001	SOH	DC1	!	1	A	Q	a	q
0010	STX	DC2	"	2	B	R	b	r
0011	ETX	DC3	#	3	C	S	c	s
0100	EOT	DC4	$	4	D	T	d	t
0101	ENQ	NAK	%	5	E	U	e	u
0110	ACK	SYN	&	6	F	V	f	v
0111	BEL	ETB	‘	7	G	W	g	w
1000	BS	CAN	(	8	H	X	h	x
1001	HT	EM	)	9	I	Y	i	y
1010	LF	SUB	*	:	J	Z	j	z
1011	VT	ESC	+	;	K	[	k	{
1100	FF	FS	,	<	L	\	l	|
1101	CR	GS	-	=	M	]	m	}
1110	SD	RS	.	>	N	^	n	~
1111	SI	US	/	?	O	_	o	DEL

表 1-3 中对大、小写英文字母，阿拉伯数字，标点符号及控制符等特殊符号规定了编码，表中每个字符都对应一个数值，称为该字符的 ASCII 值。其排列次序为 $b_6b_5b_4b_3b_2b_1b_0$，b_6 为最高位，b_0 为最低位。例如，大写字母 A 的编码是 1000001。

ASCII 表中共有 34 个非图形字符（即控制字符），其余 94 个为可打印字符，也称为图形字符。

计算机的内部用一个字节（8 个二进制位）存放一个 7 位 ASCII 值，最高位置为 0。

2. 汉字的编码

ASCII 只对英文字母、数字和标点符号进行了编码。为了使计算机能够处理、显示、打印、交换汉字字符，同样也需要对汉字进行编码。

（1）国标码

我国于 1980 年发布了国家汉字编码标准《信息交换用汉字编码字符集 基本集》（GB/T 2312—1980），简称国标码。国标码把最常用的 6763 个汉字分成两级：一级汉字有 3755 个，按汉语拼音字母的次序排列；二级汉字有 3008 个，按偏旁部首排列。因为一个字节只能表示 256 种编码，不足以表示 6763 个汉字，所以一个国标码用 2 字节来表示一个汉字，每字节的最高位为 0。

（2）区位码

区位码将 GB/T 2312—1980 中的 6763 个汉字分为 94 行、94 列，组成一个矩阵。在此矩阵中，每一行称为一个区，每一列称为一个位，因此，这个方阵实际上组成了一个有 94 个区（区号分别为 1～94）、每个区内有 94 个位（位号分别为 1～94）的汉字字符集。一个汉字所在的区号和位号简单地组合在一起就构成了该汉字的区位码。在汉字的区位码中，高两位为区号，低两位为位号；01～09 区为特殊字符，10～55 区为一级汉字，56～87 区为二级汉字，88～94 区是保留区，可用来存储自造字代码。实际上，区位码也是一种输入法，其最大的优点是一字一码，无重码，最大的缺点是难以记忆。例如，汉字“中”的区位码为 5448，即它位于第 54 行、第 48 列。

为了与 ASCII 兼容，汉字输入区位码与国标码之间有一个简单的转换关系。具体方法是：将一个汉字的十进制区号和十进制位号分别转换成十六进制，然后分别加上 20H，就成为汉字的国标码，即国标码=区位码+2020 H。

（3）其他编码

我国制定的 GBK 码（《汉字内码扩展规范》），对 2 万多个简、繁汉字进行了编码，是对国标码的扩充。这种内码仍以 2 字节表示一个汉字，第一个字节为$(81)_{16}$～$(FE)_{16}$，第二个字节为$(40)_{16}$～$(FE)_{16}$。简体中文 Windows 系统使用的是 GBK 内码。

UCS 码是国际标准化组织（ISO）为各种语言字符制定的编码标准。ISO/IEC 10646 字符集中的每个字符用 4 字节唯一地表示，第一个平面称为基本多文种平面，包含字母文字、音节文字以及中、日、韩（CJK）的表意文字等。

Unicode 编码是另一个国际编码标准，是由 Apple 公司发起并制定的通用多文种字符集，后来被由多家计算机厂商组成的 Unicode 协会开发，并得到计算机界的支持，成为能用双字节编码统一地表示几乎世界上所有书写语言的字符编码标准。目前，Unicode 编码可容纳 65536 个字符编码，主要用来解决多语言的计算问题，在网络、Windows 系统和很多大型软件中得到应用。

BIG5 码是目前中国台湾、香港地区普遍使用的一种繁体字的编码标准。中文繁体版 Windows 系统使用的是 BIG5 内码。

3. 汉字的处理过程

计算机内部只能识别二进制数，任何信息（包括字符、汉字、声音、图像等）在计算机中都是以二进制形式存放的。汉字需要经过一个处理过程才能输入计算机中，并在计算机中存储、在屏幕上显示或在打印机上打印。

从汉字编码的角度看，计算机对汉字信息的处理过程实际上是各种汉字编码间的转换过程。这些编码主要包括汉字输入码、汉字内码、汉字地址码、汉字字形码等。

（1）汉字输入码

汉字输入码是为了使用户能够使用西方键盘输入汉字而编制的编码，也叫外码。好的输入编码应该编码短，可以减少击键的次数；重码少，可以实现盲打，便于学习和掌握，但目前还没有一种符合上述全部要求的汉字输入编码方法。

汉字输入码有许多种不同的编码方案，大致分为 4 类：音码（如搜狗拼音输入法）、音形码（如自然码输入法）、形码（如五笔输入法）、数字码（如区位码）。

（2）汉字内码

汉字内码是为了在计算机内部对汉字进行处理、存储和传输而编制的汉字编码。不论用何种输入码，输入的汉字在机器内部都要转换成统一的汉字机内码，才能在机器内传输、处理。

在计算机内部，为了能够区分是汉字还是 ASCII，将国标码每个字节的最高位由 0 变为 1，变换后的国标码为汉字内码（即汉字内码的每个字节都大于 128）。汉字内码和汉字的国标码之间存在这样一个转换关系：汉字内码=汉字的国标码+8080H。

（3）汉字地址码

汉字地址码是指汉字库中存储汉字字形信息的逻辑地址码。在汉字库中，字形信息都是按一定顺序连续存放在存储介质中的，所以汉字地址码也大多是连续有序的，而且与汉字内码有着简单的对应关系，从而简化了汉字内码到汉字地址码的转换。

（4）汉字字形码

汉字字形码是存放汉字字形信息的编码，它与汉字内码一一对应。每个汉字的字形码是预先存放在计算机内的，常称为汉字库。

汉字编码及转换、汉字信息处理中的各编码及流程如图 1-4 所示。

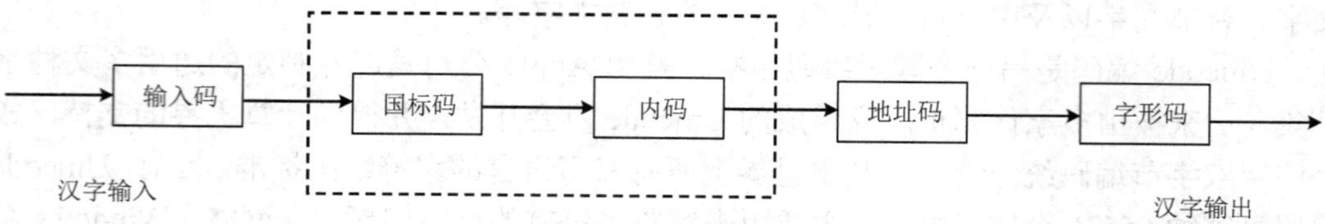

图 1-4　汉字信息处理系统的模型

1.3　计算机硬件系统

一个完整的计算机系统包括两大部分，即硬件系统和软件系统，如图 1-5 所示。

计算机硬件系统包括组成计算机的所有电子、机械部件和设备，是计算机工作的物质基础。计算机软件系统包括所有在计算机上运行的程序及相关的文档资料。只有配备完善而丰富的软件，计算机才能充分发挥其硬件的作用。

计算机硬件是计算机中的物理装置，是看得见、摸得着的实体。计算机的组成都遵循冯•诺依曼结构，由控制器、运算器、存储器、输入设备和输出设备 5 个基本部分组成，如图 1-6 所示。

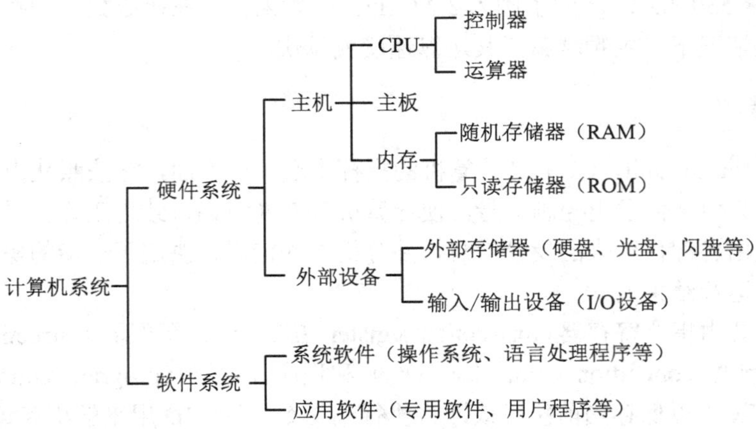

图 1-5　计算机系统的组成

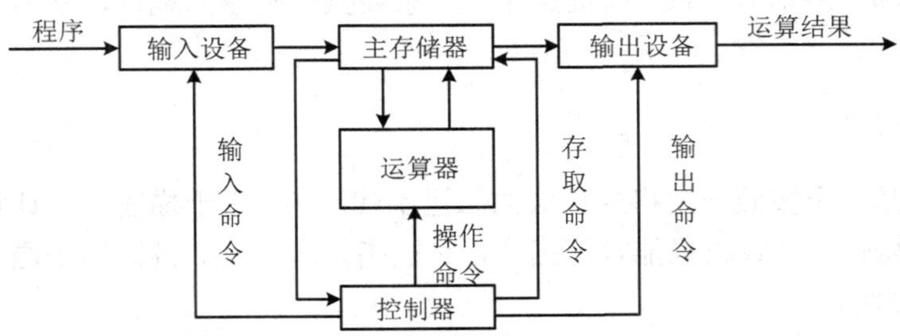

图 1-6　计算机硬件系统的组成

1.3.1　运算器

运算器又称算术逻辑单元（arithmetic and logic unit，ALU），是对数据进行加工、运算的部件，它可以按照算术运算规则进行加、减、乘、除等算术运算，还可以进行与、或、非等逻辑运算。

计算机之所以能完成各种复杂操作，最根本的原因是运算器的运行。参加运算的数据全部是在控制器的统一指挥下被从内存储器读取到运算器，并由运算器完成运算任务。

运算器的性能指标是衡量整个计算机性能的重要因素之一，与运算器相关的性能指标包括计算机的字长和运算速度。

字长是指计算机运算部件能够同时处理的二进制数的位数。作为存储数据，字长越长，计算机的运算精度就越高，所能处理的数的范围就越大，处理速度也就越快。早期的微型计算机的字长一般是 8 位或 16 位，后来 Intel Pentium 系列的 CPU 字长为 32 位。当前的 CPU 字长大多为 64 位，如 Core i7 900、AMD A10-5800K 均为 64 位 CPU。

运算速度通常是指计算机每秒所能执行的加法指令的数目，常用百万条指令每秒

（million instructions per second，MIPS）来表示。微型计算机一般采用主频来描述运算速度，如 Core i3 550 3.2 GHz 的主频为 3.2 GHz。一般来说，在核心数、缓存等其他参数相同或相近的情况下，主频越高，其运算速度就越快。

1.3.2 控制器

控制器（control unit，CU）是计算机的指挥中心。一方面，它按照从内存储器中取出的指令，向其他部件发出控制信号，使计算机各部件协调一致地工作；另一方面，它又不停地接收由各部件传来的反馈信息，并分析这些信息，决定下一步的操作，如此反复，直到程序运行结束。

控制器主要由指令寄存器（instruction register，IR）、指令译码器（instruction decoder，ID）、操作控制器（operation controller，OC）和程序计数器（program counter，PC）4 个部件组成。IR 用以保存当前执行或即将执行的指令代码；ID 用来解析和识别 IR 中所存放指令的性质和操作方法；OC 则根据 ID 的译码结果，产生该指令执行过程中所需的全部控制信号和时序信号；PC 总是保存下一条要执行指令的地址，从而使程序可以自动、持续地运行。

1. 机器指令

机器指令是一个按照一定格式构成的二进制代码串，用于描述一台计算机可以理解并执行的基本操作。计算机只能执行指令，它被指令所控制。机器指令通常由操作码和操作数两部分组成。

1）操作码：指明指令所要完成操作的性质和功能。

2）操作数：指明操作码执行时的操作对象。

指令的基本格式如图 1-7 所示。

操作码	源操作数（或地址）	目的操作数地址

图 1-7　指令的基本格式

2. 指令的执行过程

计算机的工作过程就是按照控制器的控制信号自动、有序地执行指令的过程。指令是计算机正常工作的前提，所有程序都是由一条条指令序列组成的。一条机器指令的执行过程需要取指令、分析指令、生成控制信号、执行指令、重复执行等，直至执行到指令结束。

控制器和运算器是计算机的核心部件，这两部分合称中央处理器（central processing unit，CPU），在微型计算机中通常也称作微处理器。

时钟主频是指 CPU 的时钟频率，是微机性能的一个重要指标，它的高低一定程度上决定了计算机速度的快慢。主频以吉赫兹（GHz）为单位。一般来说，主频越高，速度越快。由于微处理器发展迅速，微机的主频也在不断提高。

1.3.3 存储器

存储器（memory）是计算机的记忆装置，主要用来保存程序和数据。计算机中的全部信息，包括输入的原始数据、计算机程序、中间运行结果和最终运行结果都保存在存储器中。存储器分为两大类：一类是设在主机中的内部存储器（简称内存），也称主存储器（main memory），用于存放当前运行的程序和程序所用的数据，属于临时存储器；另一类是属于计算机外部设备的存储器，称为外部存储器（简称外存），也称辅助存储器，用于存放暂时不用的数据和程序，属于永久性存储器。中央处理器（CPU）只能直接访问存储在内存中的数据，外存中的数据只有调入内存后，才能被中央处理器访问和处理。通常所说的内存指内存条，如图 1-8 所示。

图 1-8 内存条

1. 内存

内存分为随机存储器（random access memory，RAM）和只读存储器（read only memory，ROM）两类。

随机存储器也称读写存储器，存储单元的内容可按需随意取出或存入，且存取的速度与存储单元的位置无关。这种存储器在断电时将丢失其存储内容，故主要用于存储短时间使用的程序。按照存储信息的不同，随机存储器又分为静态随机存储器（static RAM，SRAM）和动态随机存储器（dynamic RAM，DRAM）。

只读存储器是只能读出事先所存数据的固态半导体存储器，它所存数据一般是装入整机前事先写好的，整机工作过程中只能读出，而不像随机存储器那样能快速、方便地加以改写。只读存储器所存数据稳定，断电后所存数据也不会改变；其结构较简单，读出较方便，因而常用于存储各种固定程序和数据。

内存的主要性能指标有两个：容量和速度。

1）存储容量指一个存储器包含的存储单元总数，它反映了存储空间的大小。内存容量越大，系统功能越强大，数据处理速度也越快。

2）存取速度指 CPU 从内存中存取（读出或写入）一次数据所需的时间，单位为纳秒（ns），1 ns $=10^{-9}$ s。存取时间越短，速度就越快。

内存工作速度低于 CPU 的速度，会直接影响计算机的性能。为了缓解它们之间速度不匹配的矛盾，人们在 CPU 和内存之间增设了容量不大但速度很快的高速缓冲存储器（cache）。当 CPU 访问程序和数据时，首先从 cache 中查找，如果 cache 中没有，则到内存中查找，如果内存中也没有，再到外存中查找。因此，cache 的容量越大，CPU 在 cache 中找到所需数据或指令的概率就越大，这个概率称为命中率。为了提高命中率，从而提高 CPU 运行效率，人们运用一些替换算法来调整 cache 中的内容，如最近最少使用（least recently used，LRU）法、先进先出（first in first out，FIFO）法等。

2. 外存

与内存相比，外存的特点是存储量大、价格较低，而且在断电的情况下也可以长期保存信息，属于永久性存储器。目前，常用的外存有硬盘、闪速存储器、光盘等。

（1）硬盘

硬盘是最重要的外存，用于存放系统软件、大型文件、数据库等大量程序与数据，其特点是存储容量大、可靠性高、存取速度快。

硬盘一般由一组相同尺寸的磁盘片环绕共同的核心组成。这些磁盘片是涂有磁性材料的铝合金盘片，质地较硬，质量较好。每个磁面各有一个磁头，磁头在驱动马达的带动下在磁盘上做径向移动，寻找定位点，完成写入或读出数据的工作。硬盘驱动器通常采用温切斯特技术，将硬盘驱动电机和读写磁头等组装并封装在一起，称为温切斯特驱动器。硬盘内部结构如图 1-9 所示。

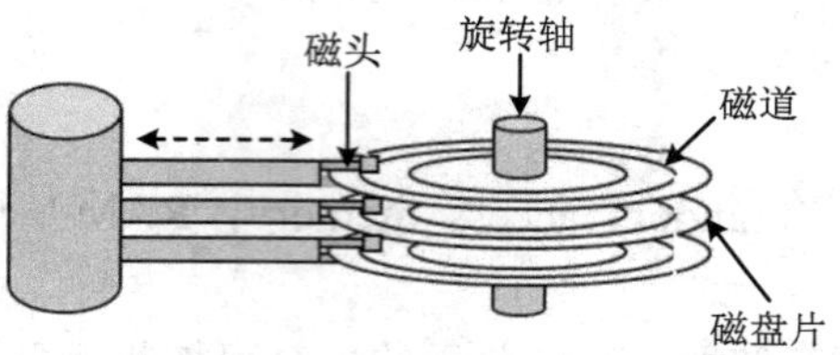

图 1-9 硬盘内部结构

硬盘所有磁盘片的同一磁道共同组成了一个圆柱面，称为柱面。由此可知，硬盘容量=每扇区字节数×扇区数×磁道数×记录面数×磁盘片数。

硬盘的技术指标如下。

1）容量。硬盘用于存储数据，容量是硬盘最主要的参数。硬盘的容量一般以吉字节（GB）为单位，1 GB = 1024 MB。但硬盘厂商在标称硬盘容量时通常取 1 GB = 1000 MB，因此在 BIOS 中或在格式化硬盘时看到的容量会比厂家的标称值要小。目前，硬盘中一般有 1～5 个存储盘片，所有盘片容量之和为硬盘的存储容量。

2）转速。转速是指硬盘盘片每分钟转动的圈数，单位为 r/min。目前，市场上主流硬盘的转速一般可达到 7200 r/min，而更高的则达到了 10000 r/min。

3）平均寻道时间。硬盘的平均寻道时间是指硬盘的磁头移动到盘面指定磁道所需的时间，该时间越短，硬盘的工作速度就越快。目前，硬盘的平均寻道时间通常为 8～12 ms。

4）平均等待时间。硬盘的平均等待时间是指磁头已处于要访问的磁道，等待所要访问的扇区旋转至磁头下方的时间。平均等待时间为盘片旋转一周所需时间的一半。

5）数据传输率。硬盘的数据传输率是指硬盘读写数据的速度，单位为兆字节每秒（MB/s）。硬盘数据传输率又包括内部数据传输率和外部数据传输率。内部数据传输率反映了硬盘在盘片上读写数据的速度，主要依赖于硬盘的旋转速度；外部数据传输率与系统总线、硬盘缓冲区的大小有关。

常见的硬盘接口有 ATA、SATA 和 SCSI 接口。采用 ATA 和 SATA 接口的硬盘主要应用于个人计算机。ATA 并口线的抗干扰性差，故其逐渐被 SATA 取代。采用 SATA 接口的硬盘又称串口硬盘，采用串行连接方式，具备更强的纠错能力，还具有结构简单、支持热插拔等特点。SCSI 不是专门为硬盘设计的接口，是一种广泛应用于小型机的高速数据传输技术。SCSI 接口具有应用范围广、多任务、带宽大、CPU 占用率低，以及热插拔等优点，但较高的价格使得它很难如 ATA 硬盘般普及，因此 SCSI 硬盘主要应用于中、高端服务器和高档工作站中。

（2）闪速存储器

闪速存储器（flash memory）简称闪存，是一种新型非易失性半导体存储器。U 盘、存储卡、基于闪存的固态硬盘都以闪存作为存储介质。

U 盘采用闪存作为存储介质，通过通用串行线接口（USB）与主机相连，用户可以像使用硬盘一样在 U 盘上读写文件。U 盘之所以被广泛使用是因为它具有以下优点。

1）体积小、重量轻，便于携带。

2）采用 USB 接口，无须外接电源，支持即插即用和热插拔，在 Windows Me 以上的操作系统中不用安装驱动程序就可以使用。

3）存取速度快，数据至少可保存 10 年，擦写次数可达 10 万次以上。

4）抗振、防潮性能好，还具有耐高低温等特点。

存储卡是闪存做成的另一种固态存储器，形状为扁平的长方形或正方形，可热插拔。

基于闪存的固态硬盘采用 Flash 芯片作为存储介质，它也是通常所说的 SSD 固态硬盘，可用来在便携式计算机中代替常规的硬盘。

（3）光盘

光盘是利用光学和电学原理读/写信息的存储介质，它是由反光材料制成的，通过在其表面上制造出一些变化来存储信息。当光盘转动时，上面的激光束照射已存储信息的反射表面，根据反射光的强弱变化识别出存储的信息，从而达到读出光盘上信息的目的。衡量光盘驱动器传输速率的指标是倍速，单倍速为 150 KB/s。

常用的光盘存储器可分为下列几种类型。

1）CD（compact disk）。CD 是最早出现的光盘存储器，容量约为 650 MB，可分为 CD-ROM、CD-R 和 CD-RW。

CD-ROM（CD-read only memory）是一种只读型光盘。它由生产厂家预先写入数据和程序，使用时用户只能读出，不能修改或写入新内容。

CD-R（CD-recorder）又称“只写一次型光盘”，其盘片可由用户写入信息，但只能写入一次，写入后的信息将永久保存在光盘上，可多次读取，但不能重写或修改。

CD-RW（CD-rewritable）又称“可擦写光盘”，可以重复读写。

2）DVD（digital video disk）。最早出现的 DVD 是一种只读型光盘，必须由专门的影碟机播放。随着技术的不断发展，数字通用光盘取代了原先的数字视频光盘。DVD 的基本类型有 DVD-ROM、DVD-R、DVD-RW、DVD-RAM 等。DVD 单面单层容量为 4.7 GB，双面双层容量可达 17 GB。

3）BD（blu-ray disk）。BD 是先进的大容量光盘，利用波长更短的蓝色激光来读写信息，一个单层的蓝光光盘的容量为 25 GB（读写速度为 4.5～9 MB/s），可用于存储高品质的影音以及高容量的数据。BD 可分为 BD-ROM、BD-R 和 BD-RW。

1.3.4 输入设备

输入设备（input device）用来向计算机输入数据和信息，其主要作用是把人们可读的信息（命令、程序、数据、文本、图形、图像、音频和视频等）转换为计算机能识别的二进制代码输入计算机，供计算机处理。输入设备是人与计算机系统之间进行信息交换的主要装置之一。例如，用键盘输入信息时，敲击它的每个键都能产生相应的电信号，再由电路板转换成相应的二进制代码送入计算机。

目前，常用的输入设备有键盘、鼠标、扫描仪、数码相机、数码摄像机、游戏操作杆、麦克风、触摸屏、手写笔、条码阅读器、光学字符阅读器等。

1.3.5 输出设备

输出设备（output device）将各种计算结果数据或信息以数字、字符、图像、声音等形式表示出来，其主要功能是将计算机处理后的各种内部格式的信息转换为人们能识别的形式（文字、图形、图像和声音等）表达出来。例如，在纸上打印出印刷符号或在屏幕上显示字符、图形等。

输出设备是人与计算机交互的部件。常用的输出设备除显示器、打印机外，还有绘图仪、影像输出系统、语音输出系统、磁记录设备等。

1.4 计算机软件系统

软件系统是为运行、管理和维护计算机而编制的各种程序、数据和文档的总称。软件是计算机的灵魂，没有软件的计算机毫无用处。软件是一种特殊的商品，它的内容不是实物，而是信息，它也同其他商品一样具有设计、生产、销售及售后服务等属性。由于它的易复制性，往往使人们忽略了它也是人类智慧的结晶，因此我们要在使用软件的同时提高版权保护意识。

按功能来分，软件可分为系统软件和应用软件两大类。

1. 系统软件

系统软件是指控制和协调计算机及外部设备，支持应用软件开发和运行的软件。系统软件是软件系统的基础，所有应用软件都要在系统软件上运行。系统软件通常有操作系统、语言处理程序、数据库管理程序、系统辅助处理程序等，其中最主要的是操作系统，它提供了软件运行的环境。

（1）操作系统

操作系统是为了控制和管理计算机的各种资源，以充分发挥计算机系统的工作效率和方便用户使用计算机而配置的一种系统软件。操作系统是直接运行在计算机上的最基本的系统软件，是系统软件的核心，任何计算机都必须配置操作系统。

操作系统的主要作用是提高系统资源的利用率，为用户提供方便友好的用户界面和软件开发与运行环境。

（2）语言处理程序

程序设计语言是人们为了描述解题步骤而设计的一种具有语法语义描述的记号。按其发展分为机器语言、汇编语言和高级语言。

用机器语言编写的程序能被计算机直接识别并执行，但用汇编语言或高级语言编写的程序要经过翻译以后才能被计算机执行，这种翻译程序称为语言处理程序，包括汇编程序、解释程序和编译程序。

（3）数据库管理程序

数据库管理程序是应用最广泛的软件。建立、使用和维护数据库，把各种不同性质的数据进行组织，以便能够有效地查询、检索并管理这些数据是运用数据库的主要目的。各种信息系统，从一个提供图书查询的书店销售软件，到银行、保险公司等企业的信息系统，都需要使用数据库。

（4）系统辅助处理程序

系统辅助处理程序主要是指一些为计算机系统提供服务的工具软件和支撑软件，如调试程序、系统诊断程序、编辑程序等。这些程序的主要作用是维护计算机系统的正常运行，方便用户在软件开发和实施过程中的应用。

2. 应用软件

应用软件是为满足用户不同领域、不同问题的应用要求而开发的软件。应用软件可以拓宽计算机系统的应用领域，增加硬件的功能。应用软件可以根据应用的不同领域和不同功能划分为若干子类，如财务软件、办公软件、CAD 软件等。

典型的应用软件有如下几种。

1）办公软件：Microsoft Office、WPS 等。

2）图像、图形软件：Photoshop、3ds Max、Illustrator、CorelDraw 等。

3）统计分析软件：SAS、SPSS、MATLAB 等。

4）系统优化/保护工具：Windows 清理助手、CCleaner、360 安全卫士、一键 GHOST、PCTools 等。

此外，还有杀毒软件、多媒体软件、商务软件、压缩软件、翻译软件、互联网软件等。

需要指出的是，计算机软件发展非常迅速，新软件层出不穷，系统软件和应用软件的界线正在变得模糊。一些具有通用价值的应用软件可以纳入系统软件之中，作为一种资源提供给用户。

第 2 章　Windows 10 操作系统

操作系统（operating system，OS）是介于硬件和应用软件之间的一个系统软件，它直接运行在裸机上，是对计算机硬件系统的第一次扩充。操作系统负责管理计算机中各种软、硬件资源并控制各类软件运行，它是人与计算机之间通信的桥梁，为用户提供了一个清晰、简洁、友好、易用的工作界面。用户通过使用操作系统提供的命令和交互功能实现对计算机的操作。经过几十年的发展，计算机操作系统已经成为既复杂又庞大的计算机软件系统之一。

2.1　操作系统概述

2.1.1　操作系统的定义

操作系统是最重要、最核心的系统软件。操作系统通过处理机管理、存储器管理、设备管理、文件管理和作业管理这五大管理功能实现对计算机软、硬件资源的合理调度与分配，改善资源的共享和利用状况，最大限度地发挥计算机的效率，提高计算机在单位时间内处理工作的能力。

1. 专属概念及名词介绍

操作系统中有若干重要概念和名词，介绍如下。

（1）进程

进程是操作系统中的一个核心概念，是程序的一次执行过程。它是指进行中的程序，通俗地说就是一个正在执行的程序，即进程=程序+执行。程序执行结束后，该进程也就消亡了。一个程序可以对应多个进程，而一个进程只能对应一个程序。

现代操作系统把进程管理归纳为：“程序”成为“作业”，进而成为“进程”。

作业是从程序被选中到运行结束并再次成为程序的整个过程。显然，所有作业都是程序，但不是所有程序都是作业。

进程是正在内存中运行的程序。一个作业被选中后进入内存运行，这个作业就成为进程。同样，所有进程都是作业，但不是所有作业都是进程。

（2）线程

为了提高 CPU 的利用率，目前很多操作系统把进程再细分成线程。线程是进程的一个实体，是比进程更小的、能独立运行的基本单位，同一个进程中的多个线程可以并发执行。使用线程可以提高 CPU 的利用率，并且能更好地实现并发处理和资源共享。

（3）内核态和用户态

计算机世界中的各个程序是不平等的，有的程序可以访问计算机的任何资源，有的程序则只能访问非常受限的少量资源，因此有特权态和普通态之分。特权态即内核态，其拥有计算机中所有的软、硬件资源或者说访问资源不受限制；普通态即用户态，也即非特权态，其访问资源的数量和权限受到限制。关系到计算机根本运行的程序在内核态下执行（如 CPU 管理、内存管理等），只与用户数据和应用相关的程序则放在用户态中执行（如文件系统、网络管理）。

（4）裸机

裸机是指没有配置操作系统和其他软件的电子计算机。

裸机的特点是只有硬件部分，还未安装任何软件系统，或者主板、硬盘、显卡等必备硬件不安装在机箱内。

让一台裸机进行信息处理，必须经历以下步骤：硬盘分区和格式化，安装操作系统，安装驱动程序，安装应用程序。

2. 操作系统

操作系统是计算机硬件与用户之间的界面，由一系列的程序构成。它控制和管理计算机的软、硬件资源，合理地组织计算机的工作流程，控制程序的执行，提供给用户方便使用计算机的接口，并能使计算机系统高效地运行。其主要作用是管理计算机、方便用户使用计算机，因此它有共享性、并发性、虚拟性、异步性这 4 个主要特征。

共享是指系统中的资源可供内存中多个并发执行的进程共同使用，分为两种方式。

1）互斥共享方式：一段时间内只允许一个进程访问该资源。

2）同时访问方式：允许多个进程“同时”对该资源进行访问，是分时共享，即要满足分时访问的效果与连续完成的效果相同，宏观上体现出同时访问。

并发和共享是计算机操作系统的两个最基本特征。共享是以并发为条件的，共享管理影响程序并发执行。

虚拟是指通过时分复用（CPU 的分时共享）以及空分复用（如虚拟内存）技术实现把一个物理实体虚拟为多个。

异步是指允许多个程序并发执行。进程的执行不是一贯到底而是走走停停，是以不可预知的速度向前推进。

操作系统的发展阶段划分如下。

1）单用户操作系统（single user operating system）：无 OS，用户独占全机，CPU 等待手工操作。

2）批处理操作系统（batch processing operating system）：OS 出现，单道批处理系统向多道批处理系统发展。前者具有自动性、顺序性、单道性的特点；后者具有多道和宏观上并行、微观上串行的特点。

3）分时操作系统（time-sharing operating system）：是实现人机交互的多道批处理系统，具有及时性、独立性、交互性、同时性的特点。

4）实时操作系统（real-time operating system）：要求在规定时间内完成事件，具有及时性和可靠性的特点。

5）网络操作系统（network operating system）：服务于计算机网络，采用集中控制。

6）分布式操作系统（distributed operating system）：是若干同等地位的计算机相互协调地完成网络通信任务的系统，具有分布性和并行性的特点。

2.1.2　操作系统的功能

从资源管理的角度看，操作系统具有处理器管理、存储器管理、设备管理、文件管理和作业管理等功能；从用户的角度看，操作系统能够为用户提供方便的用户接口。

1. 处理器管理（进程管理）

处理器管理基本的功能是处理中断事件，负责管理、调度和分配处理器，控制程序的执行。处理器只能发现中断事件并产生中断而不能进行处理。配置操作系统后，就可以对各种事件进行处理了。在多道程序或多用户的状态下，需要组织多个作业同时运行，然而 CPU 的个数通常少于作业数，此时处理器管理的任务就是把 CPU 资源合理、动态地分配给多道程序系统，采取不同的调度策略，使多个作业同时运行而互不干扰，并且最大限度地发挥处理器的效率。

2. 存储器管理

存储器管理主要是指针对内存的管理，包括对内存的分配、回收、保护等。

在多道程序环境下，允许多个程序同时运行并使用内存，就必须进行内存管理以提高内存的使用效率。操作系统存储器管理的主要任务如下。

1）存储器空间的分配与回收。

2）保证进程间互不干扰、相互保密的存储保护。

3）进程逻辑地址到内存物理地址的地址映射。

4）提高内存利用率、扩大进程内存空间的内存。

3. 设备管理

设备管理是指管理计算机系统中除 CPU 和内存以外的各类外围设备（简称外设），包括分配、启动和故障处理等。

设备管理的主要任务是：当用户使用外部设备时，必须提出要求，待操作系统进行统一分配后方可使用。当用户的程序运行到要使用某外设 I/O 请求时，由操作系统负责驱动外设，如设备控制器、直接内存存取（direct memory access，DMA）控制器、中断控制器、I/O 处理机等支持设备。操作系统还具有处理外设中断请求的能力。

4. 文件管理

在计算机系统中，通常把程序和数据等信息资源以文件的形式存放在外存储器上供用户使用。文件管理是指操作系统对信息资源的管理。在操作系统中，将负责存取和管理信息的部分称为文件系统。文件是在逻辑上具有完整意义的一组相关信息的有序集合，每个文件都有一个文件名。文件管理支持文件的存储、检索和修改等操作以及文件的保护功能。操作系统一般都提供功能较强的文件系统，有的还提供数据库系统来实现信息的管理工作。

5. 作业管理

作业是每个用户请求计算机系统完成的一个独立的操作。作业管理包括作业的输入和输出、作业的调度与控制，这是根据用户的需要来控制作业运行的。一个作业从交给计算机系统到执行结束退出系统，一般都要经历提交、后备、运行和完成 4 个状态（图 2-1）。

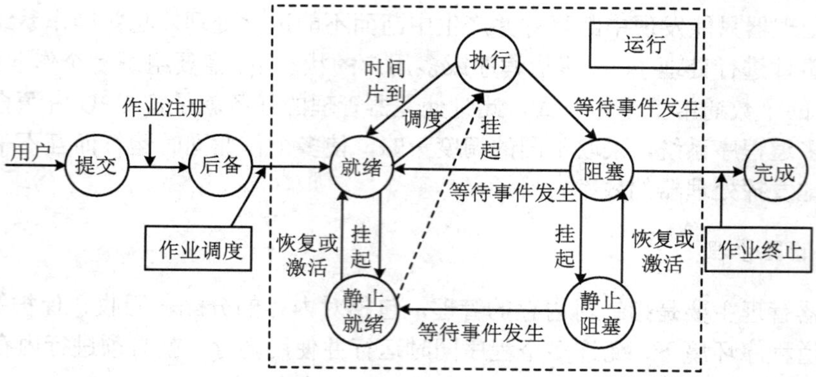

图 2-1 作业的状态及其转换

1）提交状态。用户向系统提交一个作业时，该作业所处的状态。

2）后备状态。用户作业经过输入设备送入输入井中存放，等待进入内存时所处的状态。

3）运行状态。一个作业被作业调度程序选中，且分配了必要的资源，建立相应的进程后，该作业就进入了活动状态。处于活动状态的作业在系统中以进程的形态从事各种活动。它可能被进程调度程序选中而在处理机上执行；或可能因为输入/输出请求不能得到满足而被阻塞；还可能处于就绪状态，等待处理机调度。

4）完成状态。当作业正常运行结束或发生错误而终止时，便进入完成状态。

2.1.3 操作系统的分类

按照功能特征，操作系统可以分为典型的四大类。

1. 服务器操作系统

服务器操作系统是指安装在大型计算机上的操作系统，如 Web 服务器、应用服务器和数据库服务器等。Windows 是由美国微软公司设计的基于图形用户界面的操作系统，因其生动友好的用户界面、简便的操作方法吸引了上亿用户，成为目前装机普及率最高的一种操作系统。服务器操作系统主要分为四大流派：Windows、UNIX、Linux、Netware。

2. PC 操作系统

PC 操作系统是指安装在个人计算机上的操作系统，如 DOS、Windows、Mac OS、Chrome OS。

DOS（disk operating system）是第一个个人计算机操作系统。它是微软公司研制的配置在 PC 上的单用户命令行界面操作系统，用户只能在命令提示符后（如 C:\DOS>）输入命令才能操作计算机。DOS 功能简单，硬件要求低，但存储能力有限，而且命令行操作方式要求用户必须记住各种命令，使用起来很不方便。

Windows 与 DOS 的最大区别是其提供了图形用户界面，使得用户的操作变得简单高效。典型的图形用户界面操作系统有 Windows NT、Windows 7、Windows 8、Windows 10、Windows 11 等。

Mac OS 是一套运行于苹果 Macintosh 系列计算机上的基于 UNIX 内核的操作系统，也是首个在商用领域成功运用的图形用户界面操作系统。

Chrome OS 是 Google 的一项轻型的、基于网络的计算机操作系统计划，其基于 Google 的浏览器 Google Chrome 的 Linux 内核。

Windows、Mac OS、Chrome OS 操作系统均是典型的多用户多任务分时操作系统。

3. 实时操作系统

实时操作系统是保证在一定时间限制内完成特定任务的操作系统，如 VxWorks。

VxWorks 操作系统是美国风河（WindRiver）公司于 1983 年设计开发的一种嵌入式实时操作系统，是嵌入式开发环境的关键组成部分。它具有良好的可靠性和卓越的实时性，被广泛应用在通信、军事、航空、航天等高精尖技术及实时性要求极高的领域中。

4. 嵌入式操作系统

嵌入式操作系统是以应用为中心，以计算机技术为基础，软、硬件均可修改，适应应用系统对功能、可靠性、成本、体积、功耗严格要求的专用计算机系统，如 Palm OS 是 Palm 公司开发的专用于掌上电脑（personal digital assistant，PDA）的工位嵌入式操作系统。Palm OS 与同步软件 HotSync 结合可以使掌上电脑与 PC 上的信息实现同步，把台式机的功能扩展到掌上电脑。Android 也是一种基于 Linux 的自由及开放源代码的嵌入式操作系统。

2.2 Windows 10 操作系统概述

2.2.1 Windows 发展史

自 1985 年微软推出 Windows 1.0(图 2-2)以来，Windows 系统经历了多年变革，从最初运行在 DOS 下的 Windows 3.0，到现在的 Windows XP、Windows 7、Windows 8 和 Windows 10。Microsoft Windows 操作系统也被称为视窗操作系统，Windows 代替了 DOS 曾经的位置，并获得了世界个人计算机操作系统软件的垄断地位。

图 2-2　Windows 1.0 系统界面

Windows 系统发展简史如表 2-1 所示。

表 2-1　Windows 系统发展简史

发布时间	版本	基本说明
1985 年 11 月	Windows 1.0	Microsoft Windows 1.0 是微软第一次对 PC 操作平台进行图形用户界面（graphical user interface，GUI）的尝试。Windows 1.0 本质上宣告了 MS-DOS 操作系统的终结
1990 年 5 月	Windows 3.0	对 Windows 的内存管理、图形界面做出了重大改进，使图形界面更加美观并支持虚拟内存
1992 年 3 月	Windows 3.1	添加了对声音输入、输出的基本多媒体的支持和一个 CD 音频播放器，以及对桌面出版很有用的 TrueType 字体
1993 年 7 月	Windows NT 3.1	第一款真正对应服务器市场的产品，稳定性比桌面操作系统更出色
1995 年 8 月	Windows 95	全 32 位高性能的抢先式多任务和多线程；内置对 Internet 的支持，更加高级的多媒体支持；便捷的即插即用（PnP）操作等
1998 年 6 月	Windows 98	改良了硬件标准的支持，提供了对 FAT32 文件系统、多显示器和 WebTV 的支持，以及整合到 Windows 图形用户界面的 IE 浏览器
2000 年 2 月	Windows 2000	包含新 NTFS 文件系统、EFS 文件加密、增强硬件支持等新特性，主要面向商业
2000 年 9 月	Windows ME	是一个 16/32 位混合的操作系统，集成了 Media Player 和 IE 5.5，增加了 Movie Make 组件，提供了基本的视频编辑和设计
2001 年 10 月	Windows XP	它是微软把所有用户要求合成一个操作系统的尝试。主要有两个版本：①Windows XP Professional，面向企业和高级家庭的用户；②Windows XP Home，面向普通的家庭
2006 年 11 月	Windows Vista	包含最新版本的图形用户界面、Windows Aero 视觉风格、新的多媒体创作工具 Windows DVD Maker 等功能，系统安全性高
2009 年 10 月	Windows 7	可供家庭及商业工作环境、笔记本式计算机、平板计算机、多媒体中心等使用。2020 年 1 月 14 日，微软正式结束对 Windows 7 的技术支持
2012 年 10 月	Windows 8/ Windows RT	系统独特的开始界面和触控式交互系统，旨在让人们的日常计算机操作更加简单和快捷，为人们提供更高效、易行的工作环境
2015 年 7 月	Windows 10/ Windows Server 2016	在易用性和安全性方面有了极大的提升，除对云服务、智能移动设备、自然人机交互等新技术进行融合外，还对固态硬盘、生物识别、高分辨率屏幕等硬件进行了优化、完善与支持

2.2.2　Windows 10 的启动与关闭

1. Windows 10 的启动

按机箱上的 Power On 按钮，电源便被点亮，主板开始运行基本输入/输出系统（basic input/output system，BIOS）中的自检程序，接着引导硬盘上安装的操作系统。如果计算机安装了多个操作系统，则会显示多操作系统列表，按键盘上的方向控制上、下箭头“↑”或“↓”选择 Windows 10，然后按 Enter 键，系统会进入 Windows 10 欢迎界面。用户登录有如下两种情况需要了解。

1）如果系统用户没有设置密码或者密码被系统记住，则系统会直接进入 Windows 10 的桌面。

2）如果创建了多个用户，系统登录前会要求用户选择一个用户名，将鼠标指针移动到要选择的用户名上单击即可；若设置了密码保护，则需要在用户名下方的空白文本框内输入密码，按 Enter 键或单击→按钮进入系统，如图 2-3 所示。

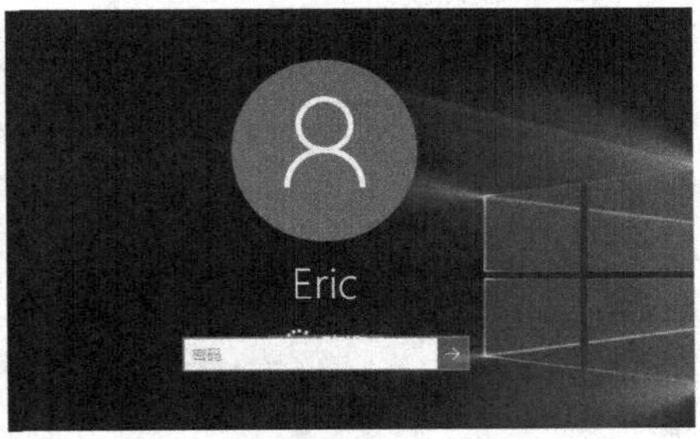

图 2-3　用户密码输入界面

2. Windows 10 的关闭

在关闭计算机电源之前，用户要确保退出 Windows 10，否则可能会损坏一些没有保存的文件和正在运行的程序。如果用户在没有退出 Windows 系统的情况下关机，系统将认为是非法关机，当再次开机时，系统会自动执行 BIOS 中的自检程序。

关机的操作方法如下。

单击任务栏中的“开始”按钮，在弹出的“开始”菜单中单击“电源”按钮，在弹出的菜单中选择“关机”命令，即可关闭计算机，如图 2-4（a）所示。若单击用户名按钮，则弹出如图 2-4（b）所示的菜单，选择菜单中的命令可进行“更改账户设置”、“锁定”或“注销”操作。

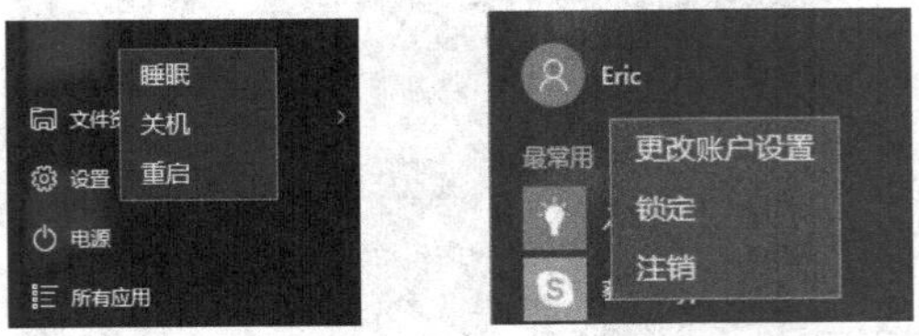

（a）“电源”快捷菜单　　（b）账户设置菜单

图 2-4　关机及其他操作选项

（1）更改账户设置

若用户选择“更改账户设置”命令，则弹出“账户设置”对话框，可以对账户或者登录选项等进行设置。

（2）锁定

若用户因故需要离开计算机而又不希望关机或其他人操作计算机，可选择“锁定”命令，这时当前程序继续运行，计算机屏幕将被锁定，用户只有重新输入密码，才可继续进行操作。

（3）注销

若用户选择“注销”命令，则当前用户身份被注销并退出操作系统，计算机回到当前用户登录之前的状态。

（4）重启

若用户选择“重启”命令，则计算机执行命令后将重新启动操作系统。

（5）睡眠

若用户暂时不使用计算机，可选择“睡眠”命令。系统将保持当前的运行，并转入低功耗状态，当用户再次使用计算机时，移动鼠标或按 F8 键即可恢复原来的状态。

2.3 Windows 10 的基本知识与操作

Windows 10 的基本元素包括桌面、图标、窗口工作区、菜单、对话框、任务栏等。只要掌握这些基本元素的功能和使用方法，就可方便地使用 Windows 10。

2.3.1 Windows 10 的桌面组成

启动 Windows 10 后，屏幕上的整个区域称为桌面，桌面是打开计算机并登录到系统之后看到的显示器主屏幕区域。就像实际的桌面一样，它是用户工作的平面。打开程序或文件夹时，它们便会出现在桌面上。用户可以将一些项目（如文件和文件夹）放在桌面上，并且随意排列它们。桌面一般由图标、任务栏和桌面背景等组成，如图 2-5 所示。

图 2-5 Windows 10 的桌面组成

1. 桌面背景

桌面背景可以显示个人收集的数字图片、Windows 提供的图片、纯色或带有颜色框架的图片，也可以显示幻灯片图片。Windows 10 操作系统自带了很多漂亮的背景图片，用户可以从中选择自己喜欢的图片作为桌面背景。

2. 桌面图标

Windows 10 操作系统中，所有的文件、文件夹和应用程序等都由相应的图标表示。桌面图标一般由文字和图片组成，文字说明图标的名称或功能，图片是它的标识符。新安装的系统桌面中只有一个“回收站”图标。

双击桌面上的图标，可以快速打开相应的文件、文件夹或者应用程序，如双击桌面上的“回收站”图标，可以打开“回收站”窗口。

3. 任务栏

任务栏通常位于桌面底部，显示系统正在运行的程序、当前时间等，主要由“开始”按钮、搜索框、任务视图、快速启动区、系统图标显示区和“显示桌面”按钮组成。和以前的操作系统相比，Windows 10 中的任务栏设计得更加人性化，使用更加方便，功能更强大，灵活性更高。按 Alt +Tab 组合键可以在不同的窗口之间进行切换操作。

4. 通知区域

默认情况下，通知区域位于任务栏的右侧。它包含一些程序图标，提供有关传入的电子邮件、更新、网络连接等事项的状态和通知。安装新程序时，可以将此程序的图标添加到通知区域。

5. “开始”按钮

单击桌面左下角的“开始”按钮或按 Windows 徽标键，即可打开“开始”菜单，左侧依次为用户账户头像、常用的应用程序列表及快捷选项，右侧为“开始”屏幕。

6. 搜索框

Windows 10 中，搜索框和 Cortana（小娜私人助理）高度集成，在搜索框中输入关键词或打开“开始”菜单输入关键词，即可搜索相关的桌面程序、网页、资料等。

2.3.2 鼠标和键盘操作

1. 鼠标操作

鼠标是计算机的常用输入设备。在 Windows 的图形界面下，使用鼠标操作图标、菜单、窗口、工具按钮等更为方便。

在 Windows 中，随着鼠标指针指向屏幕的不同区域，鼠标指针的形状会发生不同的变化，因此对应的操作也有所不同。鼠标指针的常见形状及含义如表 2-2 所示。

表 2-2　鼠标指针的常见形状及含义

指针常见形状	含义
	正常选择，系统处于就绪状态，用于指向、单击、双击、拖动等操作
	系统忙，要等待当前操作完成后，才能接收鼠标的操作
	表示当前操作正在后台运行
	出现在文本区，用于选择文本或定位插入点
	超链接指针，鼠标指针指向超链接时变为该形状，单击可打开超链接
	手写功能打开
	不可用操作，表示当前操作无效
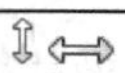	垂直调整指针和水平调整指针，用于改变对象纵向/横向的大小
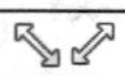	对角线调整指针，用于同时改变对象纵向和横向的大小
	移动指针，鼠标指针指向可移动对象时变为该形状，拖动鼠标可移动对象的位置
	帮助指针，此时指向某个对象并单击，即可显示该项目的帮助说明

2. 键盘操作

键盘作为计算机的重要输入设备，其作用绝不仅仅是用来打字，它可以代替鼠标实现对计算机的完全控制，而且更快速、高效。Windows 10 中常用的键盘组合键及其功能如表 2-3 所示。

表 2-3　常用的键盘组合键及其功能

组合键	功能	组合键	功能
Win+I	显示“设置”窗口	Win+T	快速在任务栏上浏览已经打开窗口的缩略图，然后打开窗口
Win+Break	显示“系统属性”对话框	Ctrl+.	切换中/英文标点
Win+D	显示桌面	Ctrl+Shift+Esc	打开“任务管理器”窗口
Win+M	最小化所有窗口	Alt+Enter	查看文件属性
Win+E	开启“文件资源管理器”窗口	Alt+Space	打开控制菜单
Win+F	打开反馈中心	Alt+PrintScreen	将当前活动窗口复制到剪贴板
Win+R	开启“运行”对话框	PrintScreen	将当前屏幕复制到剪贴板
Win+L	切换用户账户	Alt+F4	关闭当前程序
Ctrl+Esc	显示“开始”菜单	Alt+Tab	切换窗口
Ctrl+F5	在 IE 中强制刷新	Shift+Del	彻底删除文件
Ctrl+Shift	切换各种输入法	Shift+空格	切换全/半角
Ctrl+空格	切换中/英文	Shift+右击	打开快捷菜单
Ctrl+Backspace	启动/关闭输入法	Shift+F10	选中文件的右键快捷菜单

2.3.3　Windows 10 的窗口组成与操作

1. 窗口的组成

窗口是屏幕上与一个应用程序相对应的矩形区域，是该应用程序的可视界面。当用户开始运行一个应用程序时，应用程序就创建并显示一个窗口；当用户操作窗口中的对象时，程序会做出相应的反应。用户通过关闭一个窗口来终止一个程序的运行，通过选择相应的应用程序窗口来选择相应的应用程序。

图 2-6 所示是“此电脑”窗口，由标题栏、快速访问工具栏、菜单栏、地址栏、搜索框、导航窗格、内容窗口和状态栏等部分组成。

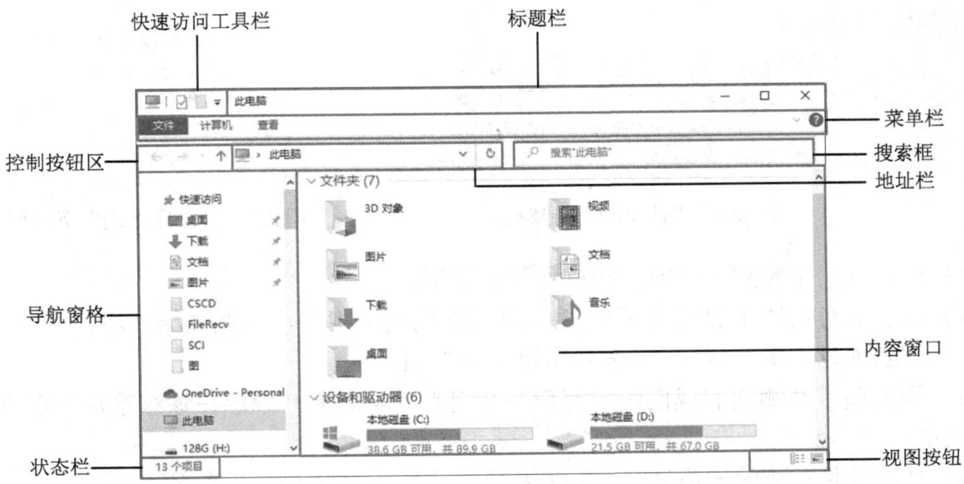

图 2-6　窗口布局

（1）标题栏

标题栏位于窗口的最上方，显示当前的目录位置。标题栏右侧分别为“最小化”“最大化/向下还原”“关闭”3 个按钮，单击相应的按钮可以执行相应的窗口操作。

（2）快速访问工具栏

快速访问工具栏位于标题栏的左侧，显示当前窗口图标和“查看属性”“新建文件夹”“自定义快速访问工具栏”3 个按钮。

单击“自定义快速访问工具栏”下拉按钮，在弹出的下拉列表中选中相应的功能按钮，即可将其添加到快速访问工具栏，如图 2-7 所示。

图 2-7　自定义快速访问工具栏

（3）菜单栏

菜单栏位于标题栏下方，包含当前窗口或窗口内容的一些常用操作菜单。在菜单栏的右侧为“展开功能区/最小化功能区”和“帮助”按钮，如图 2-8 所示。

选择“查看”选项卡，在“当前视图”选项组中，单击“排序方式”下拉按钮，弹出下拉列表，如图 2-9 所示。

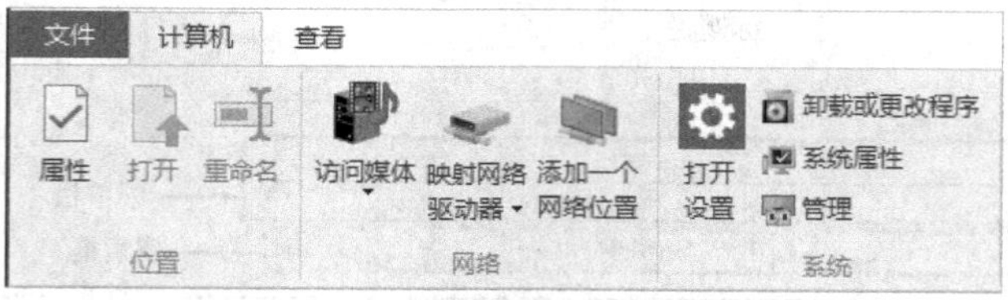

图 2-8 “此电脑”菜单栏

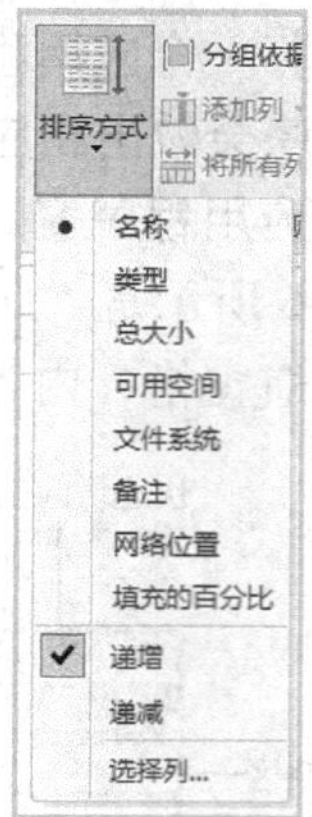

图 2-9 “排序方式”下拉列表

“排序方式”下拉列表中的一些符号含义如下。

1）列表项目左侧小黑圆点（•）表示其所在的选项组中，只能选择一项。

2）列表项目左侧对号（✓）表示可以选择多项。

3）列表项目右侧向右或向下的黑色三角箭头（▶或▼）表示在该级菜单下还有下一级菜单。

4）列表项目右边的省略号（…）表示单击此处会弹出下一级菜单。

此外，有时某些选项呈现灰色，表示其暂时不可用。当操作满足某个条件后，灰色就会变成黑色，表示此选项可用。

（4）地址栏

地址栏位于菜单栏的下方，主要反映从根目录开始到现在所在目录的路径，在地址栏中单击即可看到具体的路径。如图 2-10 所示，其路径为 C 盘下 Program Files 文件夹。

在地址栏中直接输入路径地址，单击“转到”下拉按钮或按 Enter 键，可以快速到达要访问的位置，如图 2-11 所示。

图 2-10 地址栏

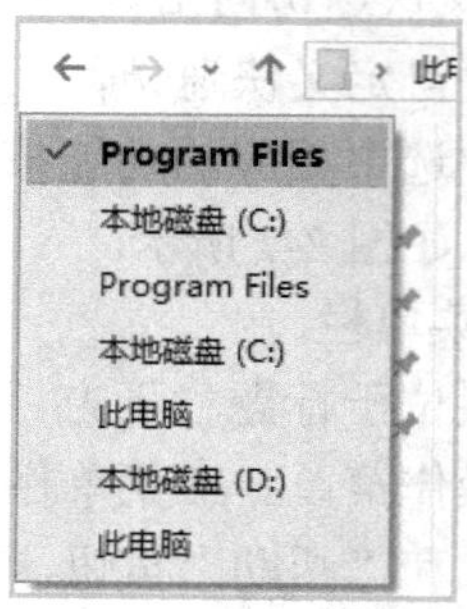

图 2-11 最近使用的访问位置

（5）搜索框

搜索框位于地址栏的右侧，在搜索框中输入要查看信息的关键字，可以快速查找当前目录中相关的文件、文件夹。

（6）导航窗格

导航窗格位于控制按钮区下方，显示计算机中包含的具体位置，如快速访问、OneDrive、此电脑、网络等，用户可以通过导航窗格快速定位相应的目录。另外，用户也可以在导航窗格中单击“展开”按钮或“收缩”按钮，显示或隐藏详细的子目录。

（7）内容窗口

内容窗口位于导航窗格右侧，是显示当前目录内容的区域，也叫工作区域。

（8）状态栏

状态栏位于导航窗格下方，显示当前目录文件中的项目数量，也会根据用户选择的内容，显示所选文件或文件夹的数量、容量等属性信息。

（9）视图按钮

视图按钮位于状态栏右侧，包含“在窗口中显示每一项的相关信息”和“使用大缩略图显示项”两个按钮，用户可以单击选择视图方式。

（10）控制按钮区

控制按钮区位于地址栏的左侧，主要用于返回、前进、上移到前一个目录位置。单击相关按钮，打开下拉列表，可以查看最近访问的位置信息，单击下拉列表中的位置信息，可以快速进入该位置目录。

2. 窗口的操作

1）移动窗口：将鼠标指针指向窗口的标题栏，按住鼠标左键，然后拖动鼠标到适当位置，松开左键即可。

2）调整窗口大小：除直接使用窗口右上角的“最小化”、“最大化/向下还原”和“关闭”按钮以外，还可以将鼠标指针移动到窗口的边框或者边角，当鼠标指针变成⇔、⇕、⤡、⤢时拖动窗口到适当大小即可。

3）排列窗口：要将多个打开的窗口整齐排列在桌面上，可以使用排列窗口命令。这里介绍 Windows 10 窗口的 3 种排列模式。在任务栏空白处右击，弹出如图 2-12 所示的快捷菜单。菜单中有 3 个窗口排列命令：“层叠窗口”、“堆叠显示窗口”和“并排显示窗口”，对应 3 种排列模式。

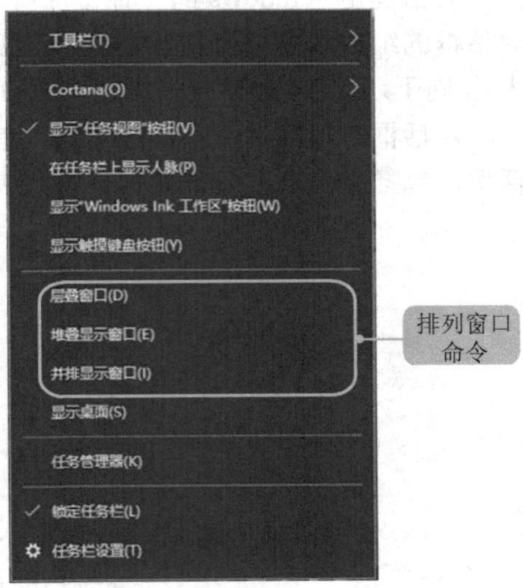

图 2-12　快捷菜单

4）切换窗口：打开多个窗口后，用户可以通过以下操作在不同的窗口间进行切换。

① 将鼠标指针移到任务栏，并停留在某个程序图标上，在任务栏图标上方即可看到预览窗口，单击相应的预览窗口即可切换程序窗口。

② 按 Alt+Tab 组合键逐个浏览窗口标题进行切换。

5）关闭窗口：关闭窗口即终止程序的运行，有以下方法可供选择。

① 单击窗口的“关闭”按钮。

② 按 Alt+F4 组合键。

③ 在窗口标题栏的空白处右击，在弹出的快捷菜单中选择“关闭”命令，如图 2-13 所示。

④ 在任务栏上右击要关闭的文件图标，在弹出的快捷菜单中选择“关闭窗口”命令，如图 2-14 所示。

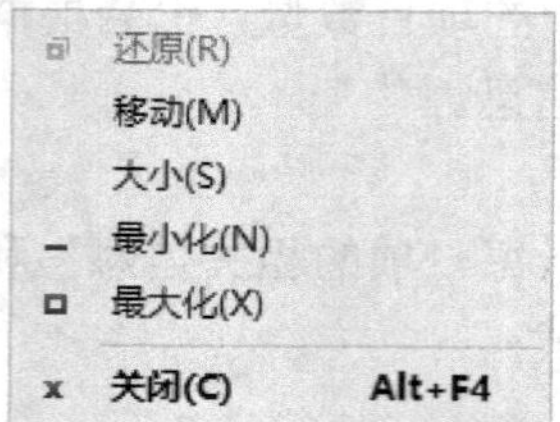

图 2-13　窗口标题栏快捷菜单

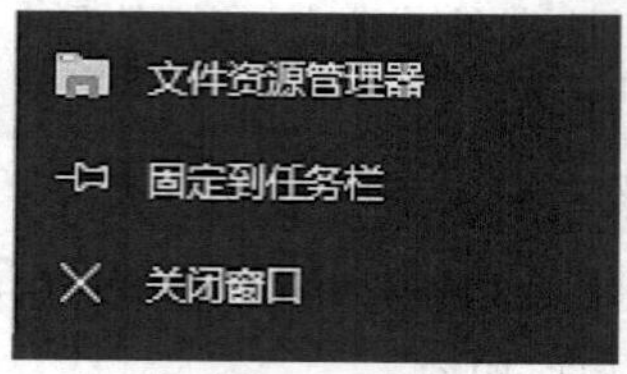

图 2-14　任务栏文件快捷菜单

2.3.4　其他基本操作

1. 对话框操作

对话框是 Windows 的一种特殊窗口，是用户和应用程序之间进行信息交互的界面。对话框的组成和窗口有相似之处，但也有自己的特点，如对话框不能改变大小，没有“最大化/向下还原”“最小化”按钮，只有“关闭”按钮。

对话框有很多种，不同的对话框差异很大。如图 2-15 所示的“引导高级选项”对话框，包括文本框、复选框、下拉列表框、按钮等。

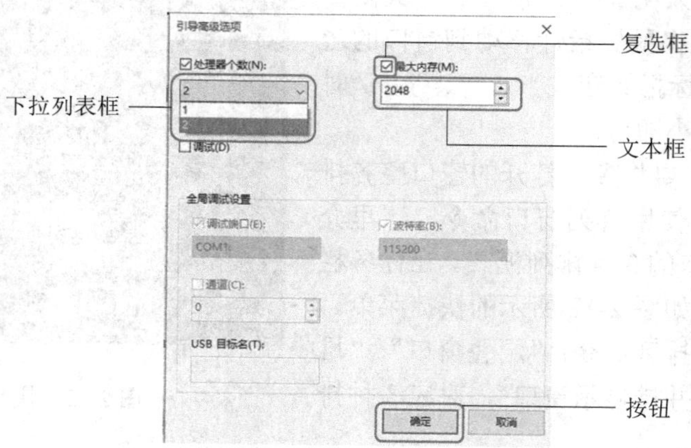

图 2-15　“引导高级选项”对话框

1）文本框：单击该区域，即可输入文本。

2）复选框：表示在该选项组中可以同时选中多个项目。

3）下拉列表框：列出可供用户选择的项目，单击其右侧的下拉箭头，在打开的下拉列表中选择需要的项目。

4）按钮：单击即执行相关操作功能。

2. 快捷方式操作

快捷方式是 Windows 提供的一种快速启动程序、打开文件或文件夹的方法，其实质是对系统中各种资源的一个链接。快捷方式不改变对应文件的位置，并且删除快捷方式的图标，对应的文件也不会被删除。这些图标有一个共同的特点，即在每个图标的左下角都有一个非常小的箭头。这个箭头表明该图标是一个快捷方式。快捷方式文件是应用程序的快速连接，其扩展名一般为.lnk。

创建快捷方式的方法通常有两种。

（1）拖动法

将鼠标指针指向要创建快捷方式的应用软件或文件夹，按住鼠标右键将应用软件或文件夹拖动至桌面，松开鼠标将弹出快捷菜单，在弹出的快捷菜单中选择“在当前位置创建快捷方式”命令，如图 2-16 所示。

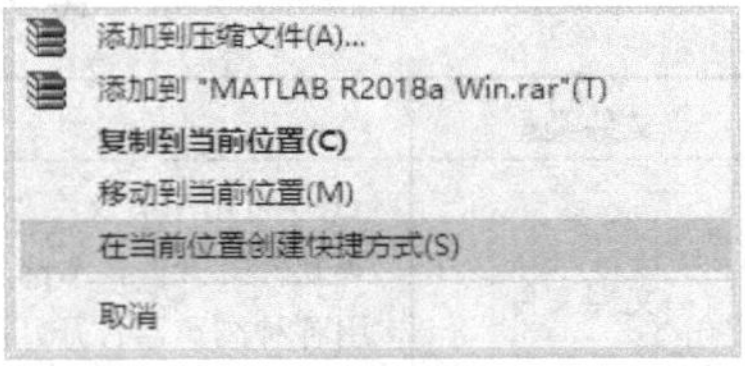

图 2-16　快捷菜单

（2）使用快捷菜单

右击选定的对象，在弹出的快捷菜单中选择“发送到”命令，在下一级菜单中选择“桌面快捷方式”命令，即可在桌面上看到快捷方式图标。

3. 剪贴板操作

剪贴板是 Windows 用来在应用程序之间交换数据的一个临时存储空间，它占用的是内存资源。按 Win+V 组合键，即可调出“剪贴板”对话框，其中会保留用户最后一次操作信息。这些信息可以是文本、图像、声音和应用程序。单击历史记录右侧的叉号或大头针图标，即可删除或固定该记录。

剪贴板操作：首先使用“剪切”或“复制”按钮对数据进行操作，把这些数据暂时存放在剪贴板中；然后使用“粘贴”按钮把这些数据从剪贴板中复制到需要的位置。

2.4　管 理 文 件

管理文件是操作系统的基本功能之一，包括文件的创建、查看、复制、移动、删除、搜索、重命名、属性等操作。在 Windows 10 中，文件的管理主要是通过“此电脑”窗口和文件资源管理器完成的。

2.4.1 文件与文件夹

1. 文件的概念

文件是具有某种相关信息的数据的集合。文件可以是应用程序，也可以是应用程序创建的文档。文件的基本属性包括文件名、文件大小、文件类型和创建时间等。不同的文件通过文件名和文件类型进行区别。

2. 文件的命名规则

在 Windows 中，文件的命名有如下规则。

1）文件的名称由文件名和扩展名组成，中间用“.”字符分隔，通常扩展名说明文件的类型，如表 2-4 所示。

表 2-4 文件类型、扩展名及打开方式

文件类型	扩展名及打开方式
文档文件	.txt（可用所有文字处理软件或编辑器打开），.doc、.docx、.xls、.xlsx（可用 MS Office 及 WPS 等软件打开），.wps（可用 WPS 软件打开），.rtf（可用 Word 及 WPS 等软件打开），.html（可用各种浏览器打开，用写字板打开可查看其源代码），.pdf（可用 Adobe Acrobat Reader 和各种电子阅读软件打开）
压缩文件	.rar（可用 WinRAR 打开）、.zip（可用 WinZIP、WinRAR 打开）、.arj（可用 ARJ 打开）、.gz（UNIX 系统的压缩文件，可用 WinZIP 打开）
图形文件	.bmp、.gif、.jpg、.pic、.png、.tif（这些文件类型可用常用图像处理软件打开）
声音文件	.wav（可用媒体播放器打开）、.aif（可用常用声音处理软件打开）、.au（可用常用声音处理软件打开）、.mp3（可由 Winamp 播放）、.ram（可由 realPlayer 播放）、.wma、.mmf、.amr、.aac、.flac
视频文件	.avi、mp4、.mkv、.mpg（可用常用视频播放软件播放）、.mov（可由 QuickTime 播放）、.swf（可用 Flash Players 程序播放）
系统文件	.int、.sys、.dll、.adt
可执行文件	.exe、.com
语言文件	.c、.asm、.for、.lib、.lst、.msg、.obj、.pas、.wki、.bas
映像文件	.map（其每一行都定义了一个图像区域以及当该区域被触发后应返回的 url 信息）
备份文件	.bak（被自动或通过命令创建的辅助文件，它包含某个文件的最近一个版本）
临时文件	.tmp（操作 Word、Excel 等软件时会产生此类文件）
模板文件	.dot（通过 Word 模板可以简化一些常用格式文档的创建工作）
批处理文件	.bat、.cmd（在 MS-DOS 中，.bat 与.cmd 文件是可执行文件）

2）在 Windows 操作系统中，文件名最多由 255 个字符组成，文件名可以包含字母、汉字、数字和部分符号，但不能包含?、*、/、\、|、“、”、<、>等非法字符。

3）在同一文件夹中不能有同名的文件。

4）文件名不区分字母大小写。

5）当用户要对某一类或某一组文件进行操作时，可以使用通配符来表示文件名中不同的字符。在 Windows 中引入两种通配符：?和*。具体含义和使用举例如表 2-5 所示。

表 2-5　通配符的含义和使用举例

通配符	含义	举例
?（问号）	表示任意一个字符	3?e.txt，表示文件名由 3 个字符组成，并且第 2 个字符是任意字符的 txt 文件
*（星号）	表示 0 个或多个字符	AEW*，查找以 AEW 开头的所有文件类型的文件，如 AEWT.txt、AEWU.EXE、AEWI.dll 等

3. 文件夹

文件夹（目录）是系统组织和管理文件的一种形式。在计算机的磁盘上存放了大量的文件，为了便捷地查找、存储和管理文件，用户可以将文件分门别类地存放在不同的文件夹内。

文件夹中可以存放独立文件，也可以存放文件夹。文件夹也是通过名称进行标识的，其命名规则与文件命名规则相同，同一目录下也不允许出现两个同名的文件夹。

2.4.2　浏览计算机资源

Windows 10 系统提供了两种重要的管理资源工具——“此电脑”窗口和文件资源管理器。

【例 2-1】使用文件资源管理器浏览计算机中的文件和文件夹。

具体方法如下。

（1）启动文件资源管理器

可以通过以下 3 种方式打开文件资源管理器窗口。

1）单击“开始”按钮，在弹出的“开始”菜单中选择“文件资源管理器”命令，即可打开 Windows 10 的文件资源管理器窗口。

2）右击“开始”按钮，在弹出的快捷菜单中选择“文件资源管理器”命令，即可打开 Windows 10 的文件资源管理器窗口。

3）在搜索框中输入“资源管理器”进行搜索，在搜索结果中选择“文件资源管理器”选项，也可打开 Windows 10 的文件资源管理器窗口。

（2）用不同的方式浏览计算机资源

1）树形结构资源管理器。

如图 2-17 所示的文件资源管理器窗口显示了驱动器、文件夹、文件以及网络等栏目，它采用双窗格显示结构，系统中的所有资源以分层树形结构显示出来：用户在左侧窗格中选择一个驱动器或文件夹后，该驱动器或文件夹所包含的所有内容均会在右侧窗格中显示。

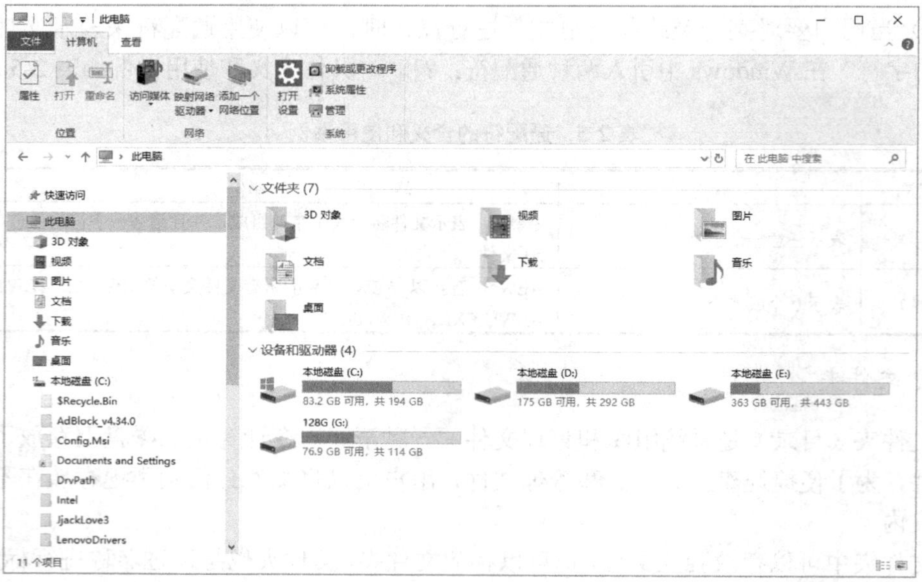

图 2-17　资源管理器窗口

操作系统为每个存储设备设置了一个称为目录的文件列表，目录包含存储设备上每个文件的相关信息，如文件名、文件扩展名、文件创建时间和日期、文件大小等。每个存储设备上的主目录又称为根目录，若要在包含很多文件的根目录中查找所需文件，那么执行效率将会降低。为了更好地组织文件，提升查找效率，大多数文件系统都支持将目录分成更小的列表，称为子目录或文件夹。文件夹还可以进一步细分为其他文件夹（又称为子文件夹）。这种由存储设备开始，层层展开，直到最后一个文件夹的结构如同一棵倒置的树，由树根到树枝不断分支，因此称为树形结构。在资源管理器的目录树中，凡带有“>”的节点，表示其有下层子文件夹，单击可以展开；而带有“∨”的节点，则表示其下层子文件夹已经展开，单击可以收拢。同时，上方地址栏会给出当前文件夹的路径和名称。

2）路径。

在多级目录的文件系统中，用户要访问某个文件时，除文件名外，通常还要提供找到该文件的路径信息。路径是从根目录出发，一直到所要找的文件，把途经的各个子文件夹连接在一起而形成的，两个子目录之间用分隔符“\”分开，如 C:\Program Files\WinRAR\Uninstall.exe 就是一个路径。

在文件资源管理器右侧窗格空白处右击，可以看到弹出的快捷菜单中列出了文件和文件夹的查看、排序方式、分组依据等选项，其中“查看”的下一级菜单中包括超大图标、大图标、中等图标、小图标、列表、详细信息、平铺、内容等选项。图 2-18 所示为以“平铺”方式浏览文件和文件夹。

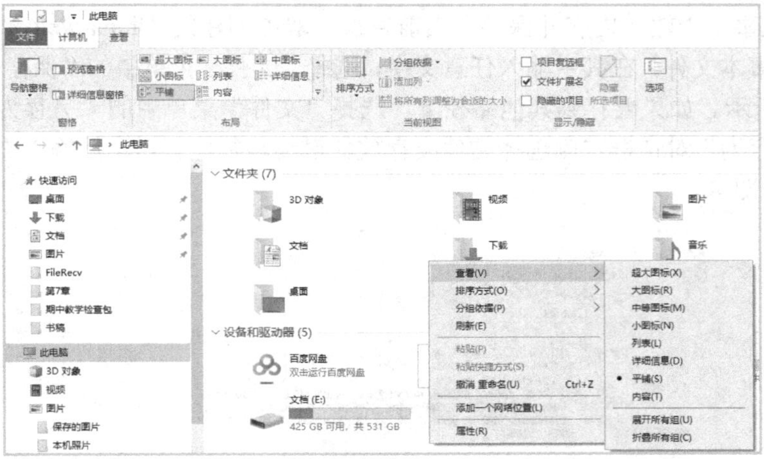

图 2-18　以“平铺”方式浏览文件和文件夹

2.4.3　文件与文件夹的基本操作

1. 创建文件

通常，用户可通过应用程序新建文档，还可以在桌面或某一个文件夹的空白处右击，在弹出的快捷菜单中选择“新建”命令，在其下一级菜单中选择相应的命令来创建。

2. 创建文件夹

创建文件夹的方法有多种，非常简单的一种是在创建文件夹的目标位置右击，在弹出的快捷菜单中选择“新建”下的“文件夹”命令，如图 2-19 所示。如此就会出现一个新的文件夹，并且是待命名状态，输入文件夹名称，按 Enter 键确定。

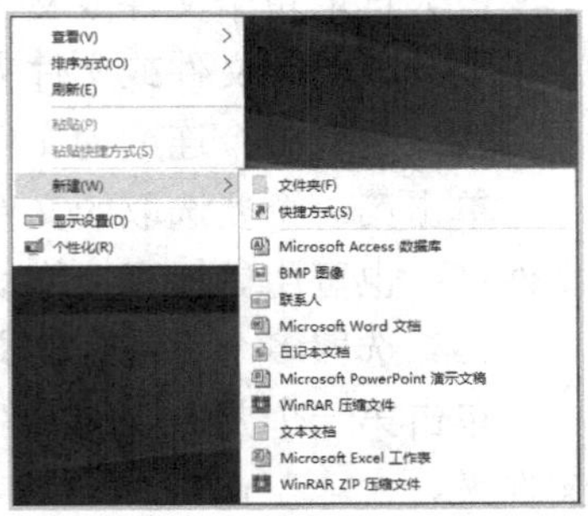

图 2-19　创建文件或文件夹

如果感觉不方便，可以使用 Ctrl+Shift+N 组合键，这样可以快速新建文件夹，十分便捷。

【例 2-2】在 D 盘创建一个名为 China 的文件夹，再用记事本创建一个名为 China-welcome 的新文本文件，保存在新建的 China 文件夹中。

具体方法如下。

1）双击桌面上的“此电脑”图标，打开文件资源管理器窗口，双击“设备和驱动器”窗格中的磁盘驱动器 D，打开 D 盘。在 D 盘窗口空白处右击，在弹出的快捷菜单中选择“新建”下的“文件夹”命令，建立一个默认名为“新建文件夹”的文件夹，此时直接输入文件夹名 China，按 Enter 键确认。

2）双击新建的 China 文件夹，进入文件夹窗口，在空白处右击，在弹出的快捷菜单中选择“新建”下的“文本文档”命令，建立一个默认名为“新建文本文档”的文件，此时直接输入文件名 China-welcome，按 Enter 键确认，文件便创建完成。

3）在记事本中输入内容并保存在当前目录。双击创建的 China-welcome 文件，即可打开该记事本文件，在其中输入任意文字，选择“文件”菜单中的“保存”命令即可，如图 2-20 所示。如果要存到其他路径下，选择“文件”菜单中的“另存为”命令，在打开的“另存为”对话框左侧选择文件要存放的最终路径位置，然后输入文件名，单击“保存”按钮即可。

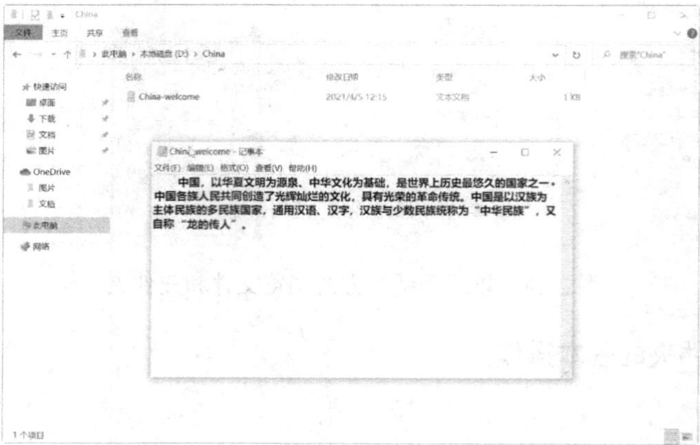

图 2-20 保存文件

3. 选取文件或文件夹

Windows 的操作特点是先选取操作对象，再执行操作命令。因此，用户在对文件或文件夹进行操作前，必须先选取对象。选取文件或文件夹的方法如下。

（1）选取单个文件或文件夹

要选取单个文件或文件夹，只需单击所要选取的对象即可。

（2）选取多个连续的文件或文件夹

单击第一个要选取的文件或文件夹，然后按住 Shift 键的同时单击最后一个文件或文件夹；也可用鼠标直接拖动并框选多个连续的文件或文件夹。

（3）选取多个不连续的文件或文件夹

单击第一个要选取的文件或文件夹，然后按住 Ctrl 键，逐个单击需要选取的文件或文件夹。

（4）选取当前窗口所有的文件或文件夹

选择菜单栏中的“主页”选项卡，在“选择”选项组中单击“全部选中”按钮。当然最便捷的方式就是按 Ctrl+A 组合键完成全选操作。

4. 复制、移动文件或文件夹

（1）使用菜单选项

首先选取要复制或移动的文件或文件夹。若要进行复制操作，选择菜单栏中的“主页”选项卡，单击“剪贴板”选项组中的“复制”按钮（也可以按 Ctrl+C 组合键完成）；

若要进行移动操作，单击“组织”选项组中“移动到”按钮的三角下拉箭头，选定目标存放位置，再单击“移动”按钮即可将选取的文件或文件夹复制或移动到目标位置；也可以使用 Ctrl+X 组合键剪切所需的文件或文件夹，然后打开要存放的路径位置，按 Ctrl+V 组合键粘贴。

（2）使用鼠标拖动

1）复制文件或文件夹。使用鼠标拖动时，如果两个文件或者文件夹在同一个根目录下，则计算机默认为移动操作，如果在不同的根目录下，则为复制操作。若被复制的文件或文件夹与目标位置在同一目录内，需要按住 Ctrl 键再拖动文件或文件夹到空白位置完成复制。

2）移动文件或文件夹。打开两个窗口，一个是源文件夹或文件，一个是需要存放的目标文件夹，若在同一个根目录下，直接按住鼠标左键将想要复制的源文件或文件夹拖动到目标文件夹下，然后松开鼠标即可；若不在同一个根目录下，需要按住 Shift 键的同时拖动文件或文件夹到指定目标位置。

（3）使用右键拖动

选取要操作的文件或文件夹，按住鼠标右键将其拖动到目标位置后松开鼠标，这时会弹出快捷菜单，根据需要选择“复制到当前位置”或“移动到当前位置”命令。

5. 删除文件或文件夹

选取要删除的文件或文件夹后，可以使用下列方法将其删除。

1）按住鼠标左键直接将文件或文件夹拖动到“回收站”图标上。

2）直接按 Delete 键，即可将文件或文件夹放入回收站。

3）按 Shift+Delete 组合键可以一次性永久删除文件或文件夹。注意：此操作有一定风险。因为被删除的文件或文件夹并不是存入回收站中，而是直接被删除，并且不能还原。

提示

在回收站中的文件或文件夹没有从磁盘中永久删除，仍然可以找回。具体方法是：打开“回收站”窗口，选取要恢复的文件或文件夹并右击，在弹出的快捷菜单中选择“还原”命令，则选取的文件或文件夹从回收站移动到文件原先存放的位置。

6. 重命名文件或文件夹

具体方法如下。

1）选取要重命名的文件或文件夹。

2）在选取的对象上右击，在弹出的快捷菜单中选择“重命名”命令，或按 F2 键，即可对文件或文件夹进行重命名。

3）对文件或文件夹重命名后，按 Enter 键确认。

提示

在 Windows 中，每次只能对一个文件或文件夹重命名。重命名文件时，不要轻易修改其扩展名，否则会出现文件无法被应用程序打开的情况。

7. 搜索文件或文件夹

搜索文件是按照文件的某种特征在计算机中查找相应的文件或文件夹。在系统桌面左下角任务栏中可以找到搜索框，用户可以在这里直接搜索本地计算机中的文件等各种信息，还可以直接搜索互联网上的各种问题，也可以利用文件资源管理器来查找所需文件。

【例 2-3】 搜索本机 C 盘中所有扩展名为.txt 的文本文件。

具体方法如下。

1）双击桌面上的“此电脑”图标，在文件资源管理器左侧窗格中选择“本地磁盘（C:)”。

2）在文件资源管理器窗口右上角的搜索框中输入搜索关键词*.txt，系统将自动在 C 盘内搜索符合条件的文件，搜索结果如图 2-21 所示。

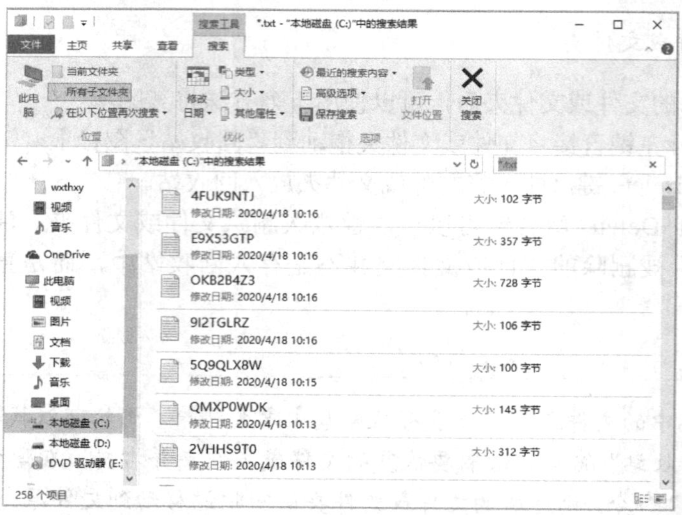

图 2-21　搜索 C 盘中的文本文件

2.5　系 统 设 置

在 Windows 10 系统中，用户经常会通过控制面板来进行一些设置，如添加或卸载应用程序，如图 2-22 所示。

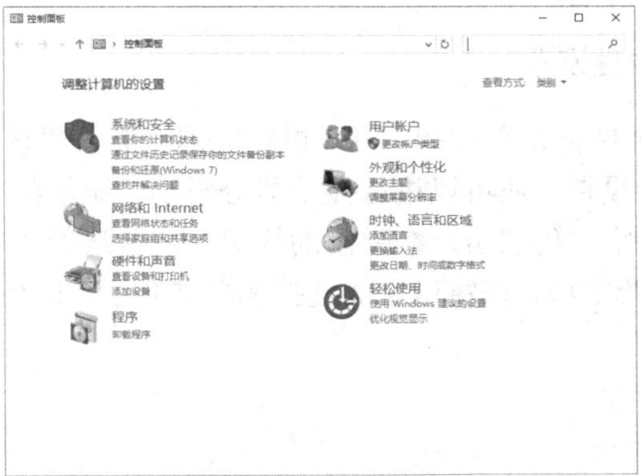

图 2-22　“控制面板”窗口

打开控制面板的方法有很多，下面介绍 3 种打开方法。

1）右击“此电脑”图标，在弹出的快捷菜单中选择“属性”命令，打开“设置”窗口，在左上角的“查找设置”搜索框中输入“控制面板”，即可在搜索框的下方显示“控制面板”按钮，双击“控制面板”按钮即可进入控制面板，如图 2-23（a）所示。

2）按 Win+R 组合键，打开“运行”对话框，在文本框中输入“control”，单击“确定”按钮即可，如图 2-23（b）所示。

3）使用“开始”菜单中的搜索功能，在搜索框中输入“控制面板”也可找到最佳匹配下的控制面板，如图 2-23（c）所示。

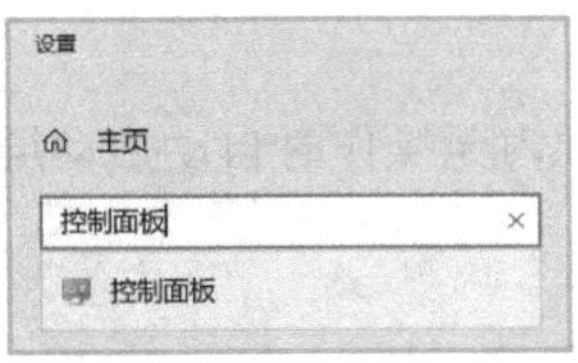

（a）通过“设置”窗口打开控制面板

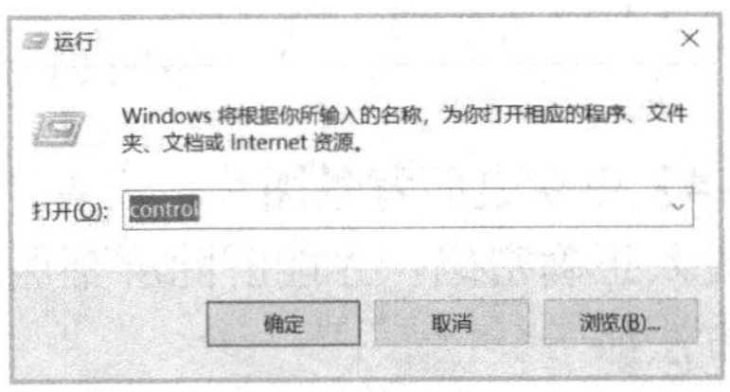

（b）通过“运行”对话框打开控制面板

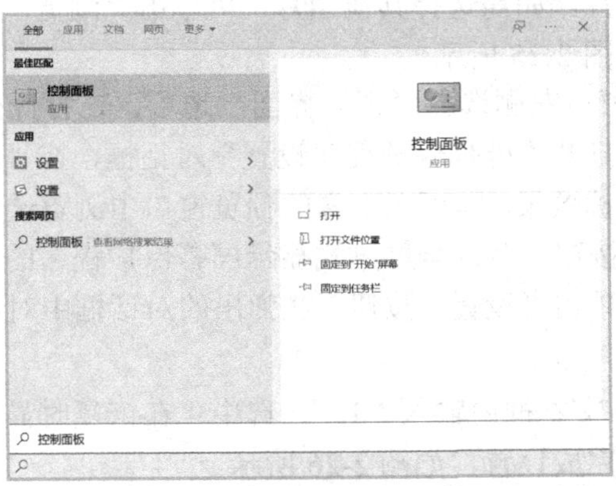

（c）使用“开始”菜单的搜索功能打开控制面板

图 2-23　打开控制面板

2.5.1 个性化和显示属性设置

Windows 10 自带个性化设置功能，可以进行主题、桌面背景、锁屏界面、屏幕保护程序和任务栏等信息的设置，还可以进行显示器分辨率、刷新频率、颜色等显示属性的设置。用户可以在桌面空白处右击，在弹出的快捷菜单中选择“个性化”命令或“显示设置”命令打开“设置”窗口，在窗口左侧选择相关选项后，即可在右侧区域进行设置，如图 2-24 所示。

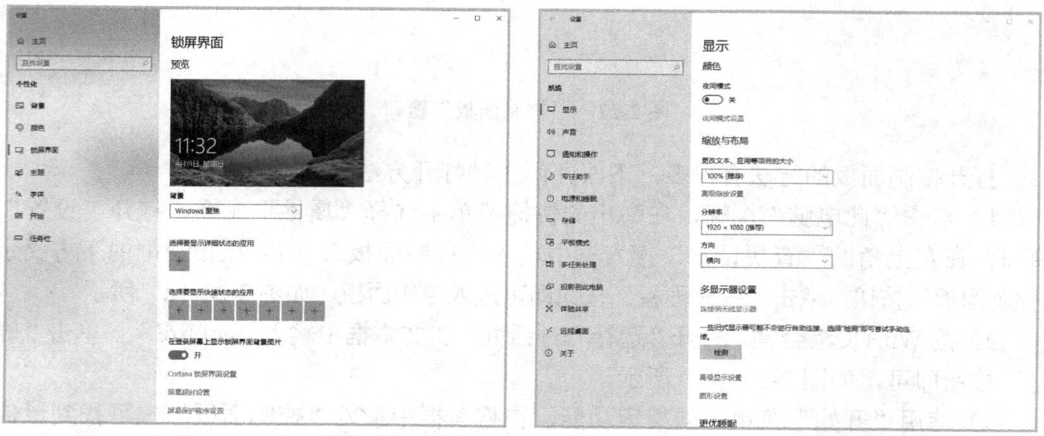

（a）个性化设置窗口　　（b）显示设置窗口

图 2-24　Windows 设置

【例 2-4】更新桌面背景图片，设置计算机 15 分钟内无操作时自动启动屏幕保护程序，只有输入正确密码，才能解除屏幕保护程序。

具体方法如下。

1）打开个性化设置窗口，选择“背景”选项，在打开的窗口右侧选择“选择图片”选项组中的任意一张图片。如需选择其他图片，可单击“浏览”按钮，在指定路径选择一张图片作为背景，如图 2-25 所示。

2）在个性化设置窗口左侧选择“锁屏界面”选项，在打开的窗口右侧单击“屏幕保护程序设置”按钮，打开“屏幕保护程序设置”对话框，在“屏幕保护程序”下拉列表框中选择一个屏幕保护效果，即可在上方的预览窗口中浏览选中的屏幕保护程序的显示效果。单击“预览”按钮，会以全屏方式显示屏幕保护程序的运行效果。如需对屏幕保护效果进行设置，则单击“设置”按钮，在弹出的对话框中对所选屏幕保护程序的属性进行设置即可。

3）在“等待(W):”文本框内输入“15”，选中“在恢复时显示登录屏幕”复选框，单击“确定”按钮即可完成设置，如图 2-26 所示。

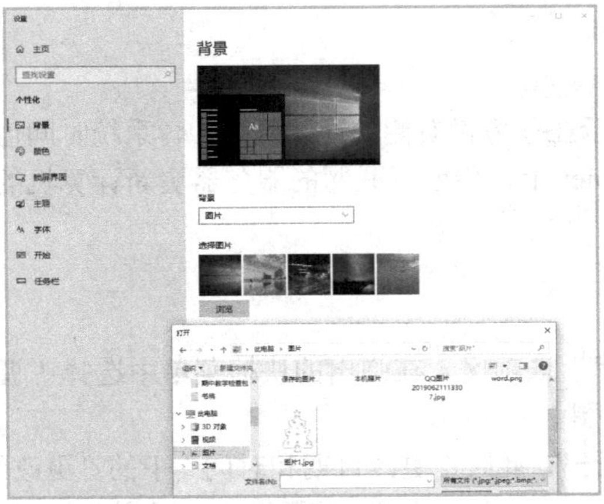

图 2-25 修改桌面背景设置

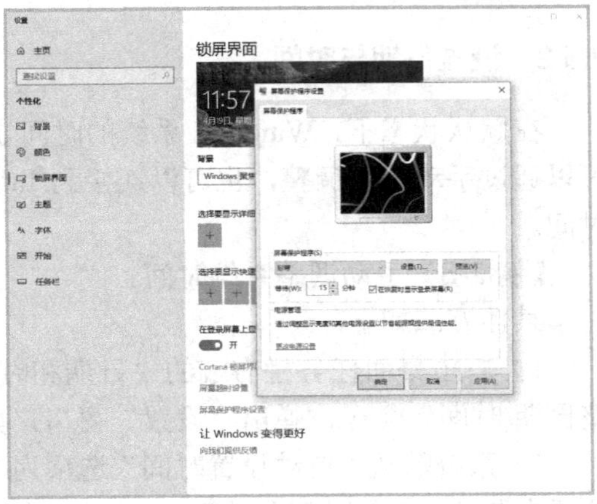

图 2-26 “屏幕保护程序设置”对话框

【例 2-5】设置显示器的分辨率。

具体方法如下。

1）右击桌面空白处，在弹出的快捷菜单中选择“显示设置”命令。

2）在打开的“设置”窗口左侧选择“显示”选项，在右侧窗口中单击“分辨率”下拉按钮，在下拉列表中选择需要的屏幕分辨率。

提示

为显示器设置合适的分辨率是一个好习惯，该分辨率是厂商根据显示器大小而设计的适合显示的分辨率。单击“分辨率”下拉按钮，找到标记为“(推荐)”的分辨率，这是显示器的原始分辨率，通常是显示器可以支持的最高分辨率，如图 2-27 所示。

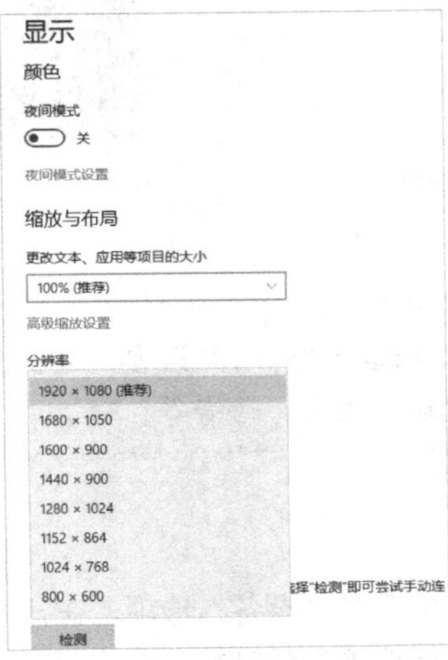

图 2-27 屏幕分辨率列表

2.5.2 设置日期与时间

在默认状态下，Windows 系统的时间显示在任务栏右侧的通知区域中。系统时间值可以通过手动操作调整，也可以连接到 Internet 上，借助互联网的服务器更新计算机的时间。

【例 2-6】手动调整系统时间。

具体方法如下。

1）右击桌面任务栏右端的“日期和时间”选项区，在弹出的快捷菜单中选择“调整日期/时间”命令，弹出“设置”窗口，如图 2-28 所示。

2）系统默认“自动设置时间”选项为“开”，此时“更改日期和时间”下的“更改”按钮为灰色，系统时间跟随 Internet 自动校准。如需手动校准，需要单击“开/关”按钮，将“自动设置时间”选项调整为“关”，然后单击“更改日期和时间”下的“更改”按钮，打开“更改日期和时间”对话框，便可手动调整，调整完成后单击“更改”按钮保存设置，如图 2-29 所示。

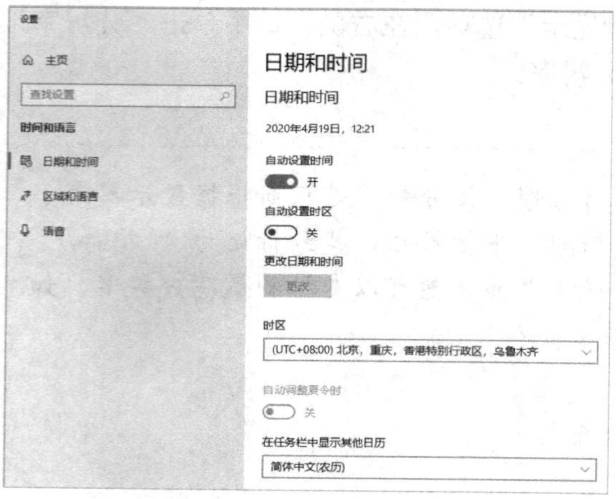

图 2-28　设置日期和时间

图 2-29　更改日期和时间

> **提示**
>
> 在“Windows 设置”窗口选择“时间和语言”选项也能打开上述窗口，除设置日期和时间外，还能设置区域、语言、语音等。

2.5.3 设置鼠标

在“Windows 设置”窗口中选择“设备”选项，在打开的窗口左侧选择“鼠标”选项，单击窗口右侧的“其他鼠标选项”超链接，弹出“鼠标 属性”对话框，如图 2-30

所示。

选择“鼠标键”选项卡，可以实现切换左右键，或者通过拖动速度滑块，改变鼠标双击的时间间隔，双击右侧的文件夹图标，可进行预览测试。

选择“指针”选项卡，可以更改鼠标指针方案。

选择“指针选项”选项卡，可以设置指针移动的速度和精度，设置是否显示鼠标移动的轨迹等。

选择“滑轮”选项卡，可以设置滚动滑轮一个齿格时，屏幕滚动的行数。

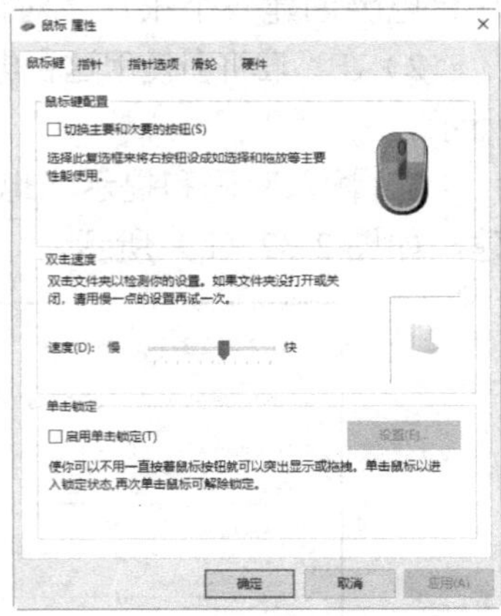

图 2-30　“鼠标 属性”对话框

2.5.4　管理用户账户

在 Windows 中，拥有管理员优先权的用户有权建立新的用户账户。如果计算机连接到 Internet 上，只有获得网络管理员分配的访问权限，才能进行添加用户的操作。

在“Windows 设置”窗口中选择“账户”选项，在打开的窗口左侧选择“家庭和其他用户”选项，在右侧窗格中找到并选择“将其他人添加到这台电脑”选项，系统弹出相应的登录设置对话框。在对话框中单击“我没有这个人的登录信息”超链接，会打开新用户界面，在其中输入新建用户的用户名与密码等信息后，单击“下一步”按钮。这时一个新的本地账户就创建好了，如图 2-31 所示。

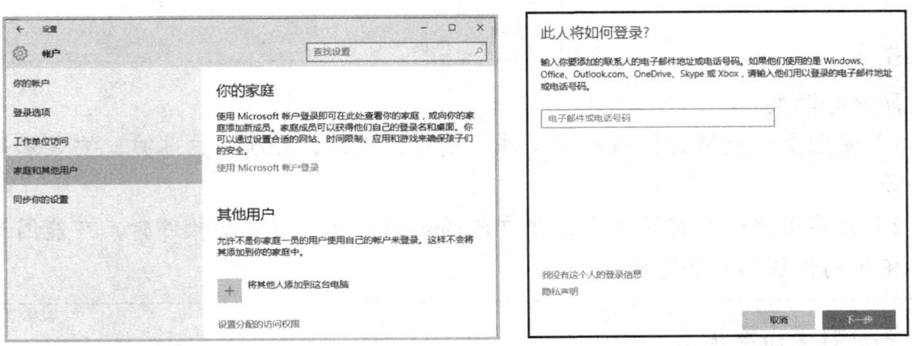

（a）“家庭和其他用户”选项　　（b）登录设置对话框

图 2-31　管理账户

【例 2-7】创建一个新的标准用户 Willian。

具体方法如下。

1）打开控制面板，选择“用户账户”选项，在打开的窗口中单击“用户账户”超链接，在打开的“更改账户信息”窗口中单击“管理其他账户”超链接，打开“管理账户”窗口，单击“在电脑设置中添加新用户”超链接。在弹出的窗口右侧选择“将其他人添加到这台电脑”选项，在弹出的对话框中单击“我没有这个人的登录信息”超链接，打开“创建账户”对话框，选择“添加一个没有 Microsoft 账户的用户”选项，弹出“为这台电脑创建一个账户”对话框。

2）在“谁将会使用这台电脑？”文本框中输入新账户的名称，如 Willian，如图 2-32（a）所示。

3）输入密码和提示（也可不输入，密码留空），单击“下一步”按钮，完成账户创建，如图 2-32（b）所示。

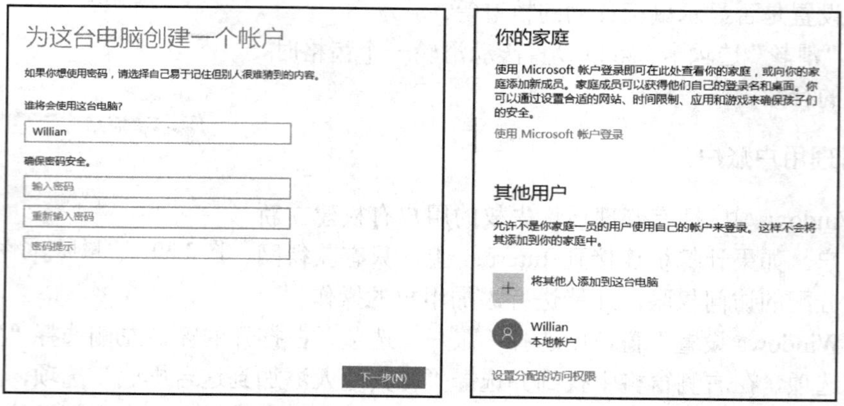

（a）输入新账户名称　　（b）完成账户创建

图 2-32　创建新账户

提示

账户分两类。

1）管理员：能够访问所有的文件；创建、更改、删除用户账户；安装和删除程序等。

2）标准用户：只能访问自己账户范围内的文件。安装新软件时，可能因为不具备相应的权限而无法完成操作。

2.5.5　更改计算机名称

每台计算机都有一个名称，它是在 Windows 安装时系统自动设定的。计算机的名称对于家庭计算机用户来说用处不是很大。但是在一个企业网络中，网管员可以通过计算机名称对其进行管理，也可以通过计算机名称访问网络的共享资源。

【例 2-8】查看计算机信息并将计算机名称更改为 Eric-PC。

具体方法如下。

1）右击“此电脑”图标，在弹出的快捷菜单中选择“属性”命令，打开“系统”窗口，如图 2-33（a）所示，其中显示了当前计算机的基本信息。单击窗口右侧的“更改设置”超链接，打开如图 2-33（b）所示的对话框。

（a）“系统”窗口　　（b）“系统属性”对话框

图 2-33　计算机系统信息

2）单击“更改”按钮，打开“计算机名/域更改”对话框，如图 2-34 所示。在“计算机名”文本框中输入新的计算机名称，如 Eric-PC，单击“确定”按钮，完成计算机更名操作。

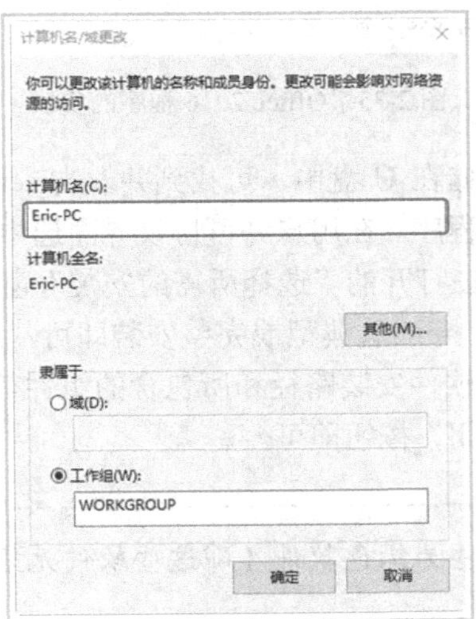

图 2-34　系统属性

提示

计算机名称由长度不超过 15 个字符的字母、数字和“-”构成。更名后，新的计算机名在重新启动计算机后才有效。

2.5.6 软件的安装与卸载

1. 安装软件

通常，应用程序软件可以通过程序U盘、光盘或从网上下载后安装。从网络下载和安装软件时，请确保软件下载网站的安全性以及软件的可靠性，防止软件被植入恶意代码或病毒，安装后导致系统出现安全故障问题等。

通过光盘安装软件时，只要把光盘插入光驱，光盘的自启动安装程序就会开始运行，只需根据屏幕提示一步一步地进行操作，即可完成安装。如果安装程序没有自己启动，可以打开光盘，在其根目录下找到文件 setup.exe 或 install.exe，然后双击该文件即可运行安装程序。从网上下载软件，通常下载的是其安装程序，双击该程序进行安装即可。如以 Office 2016 软件套装的安装为例，双击下载的安装文件，即可启动其安装向导，如图 2-35 所示。

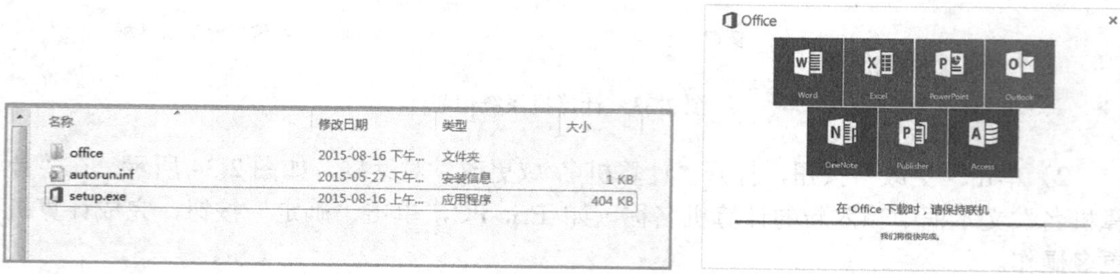

（a）双击 setup.exe 文件　　（b）安装向导

图 2-35　Office 2016 程序的安装

如果软件的安装文件存储在U盘中，可找到并双击 setup.exe 文件（有的软件显示为 autorun 文件），运行安装程序。在用户许可协议界面选中“我接受此协议的条款”复选框，单击“继续”按钮。在打开的“选择所需的安装”窗口中单击“立即安装”按钮（个别软件会显示多个选项，一般选典型或完整安装即可，或者直接保持默认设置；单击“自定义”按钮可以选择软件安装路径和所包含的组件等），开始安装并显示安装进度。安装完毕后，单击“关闭”按钮即可。

提示

从网上下载的软件有些为绿色软件（即这些软件无须安装便可使用），可存放于U盘上便于随身携带。

2. 卸载软件

卸载软件时，首先打开“Windows 设置”窗口，选择“应用”选项，弹出“应用和功能”窗口，在右侧应用程序列表中选择要卸载的应用程序，单击其下方的“卸载”按钮，弹出提示对话框，继续单击“卸载”按钮，然后根据提示操作卸载该程序。

【例 2-9】删除计算机中的 Foxmail 软件。

具体方法如下。

1）打开控制面板，单击“程序”按钮，在打开的窗口中单击“程序和功能”超链接，打开“卸载或更改程序”窗口，该窗口显示了系统中安装的程序。

2）在程序列表中，选中要卸载的软件“Foxmail 6.5 正式版”，单击“卸载/更改”按钮，弹出该软件的卸载确认对话框，如图 2-36 所示，单击“卸载”按钮。

3）依次单击向导中的“下一步”按钮，最后单击“确定”按钮完成卸载 Foxmail 的操作。

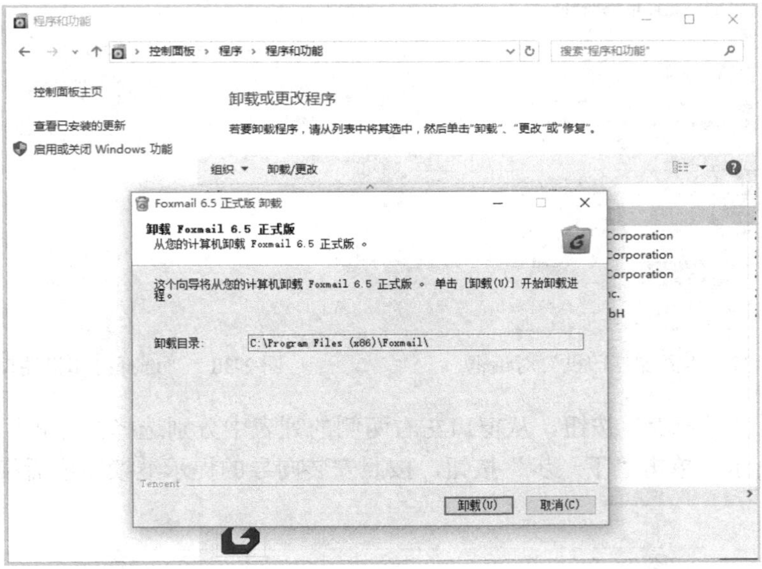

图 2-36　卸载 Foxmail 程序

2.6　添加打印机和 Windows 功能

2.6.1　添加打印机

Windows 几乎支持所有厂商生产的不同类型的打印机。使用打印机之前，需要将打印机连接到计算机上，并安装相应的打印机驱动程序。添加打印机分为添加本地打印机和添加网络打印机，下面以添加本地打印机为例进行介绍。

【例 2-10】添加本地打印机。

连接好打印机后，在任务栏右端的通知区域显示“发现新硬件”。此时，系统在驱动程序库中搜索相匹配的打印机驱动程序，自行完成安装。如果 Windows 没有提示找到打印机，则必须先检查连接是否正确，打印机的电源是否打开，然后手动添加打印机，具体方法如下。

1）单击“开始”按钮，在弹出的菜单中选择“设置”命令，打开“Windows 设置”窗口。

2）选择“设备”选项，在打开的窗口左侧选择“打印机和扫描仪”选项，在窗口右侧选择“添加打印机和扫描仪”选项，弹出“添加打印机”对话框，如图 2-37 所示。

3）选择需要添加的打印机，单击“下一步”按钮，进入“选择打印机端口”界面，选中“使用现有的端口”单选按钮，并单击右侧的下拉按钮，在下拉列表中选择端口类型（默认打印机端口是 LPT，但目前打印机一般是 USB 接口），如图 2-38 所示。

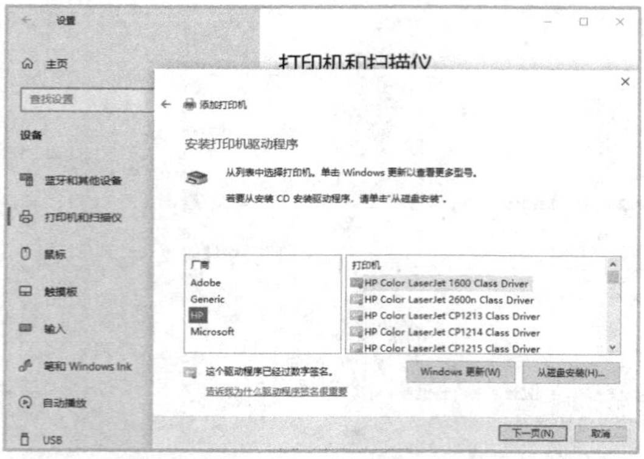

图 2-37 “添加打印机”对话框

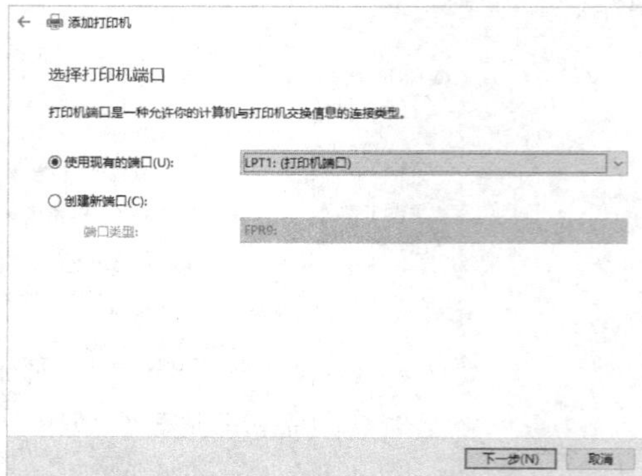

图 2-38 “选择打印机端口”界面

4）单击“下一步”按钮，从窗口左右两侧的列表中分别选择打印机厂商和型号，如图 2-39 所示。单击“下一步”按钮，按照安装向导的提示继续完成后续的驱动程序安装过程。

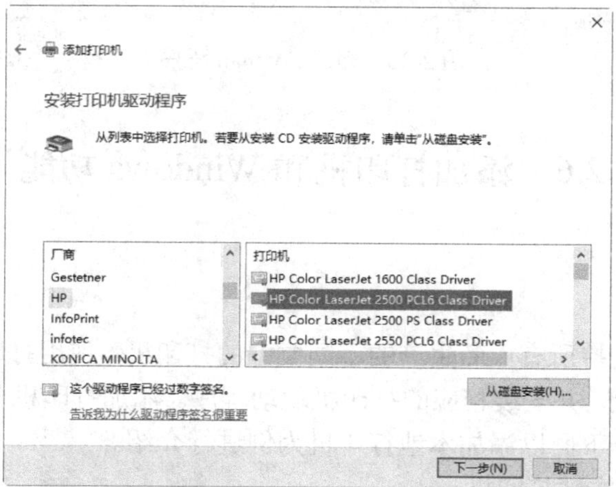

图 2-39 安装打印机驱动程序

5）若要修改默认打印机名称，则重新输入打印机名称即可。可以选择是否共享打印机，若选择共享打印机，则局域网中的用户都可以安装并打印，设置完成后，单击“完成”按钮。

6）安装完成后，打印机名称会出现在“打印机和扫描仪”列表中。

2.6.2　添加 Windows 功能

安装 Windows 10 时，在默认情况下会安装常用的若干功能，其他功能，如 Telnet 客户端等只能单独安装。启用或关闭 Windows 功能的方法如下。

打开控制面板，单击“程序”按钮，在弹出的“程序”窗口中单击“程序和功能”超链接，在弹出的“卸载或更改程序”窗口左侧选择“启用或关闭 Windows 功能”选项，弹出“Windows 功能”窗口，如图 2-40 所示。在该窗口中，有些功能前的复选框显示“√”，表示该功能已经启用，有些是空白的，表示功能处于关闭状态；有些复选框前显示“■”，表示该功能部分启用，有些前面显示“+”，表示该功能下有多个子功能。用户可以启用所有功能，也可以启用部分功能。要启用某些 Windows 功能，就选中其对应的复选框；要禁用某些 Windows 功能，就取消选中其对应的复选框，然后单击“确定”按钮。

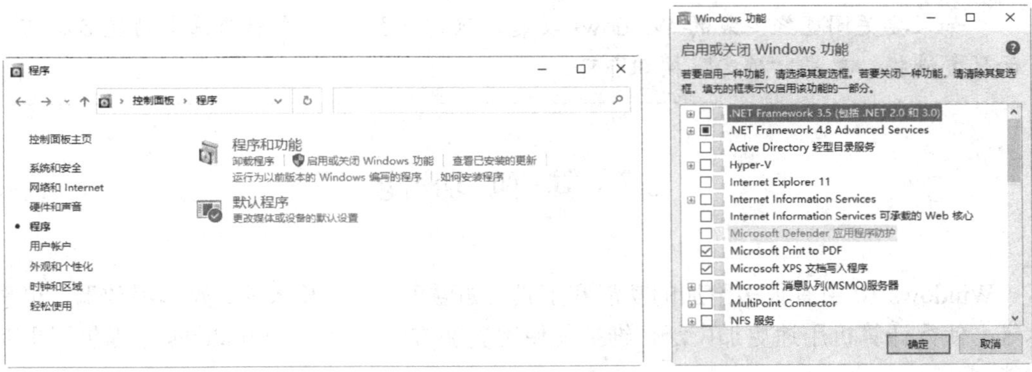

（a）“程序”窗口　　　　（b）“Windows 功能”窗口

图 2-40　启用或关闭 Windows 功能

【例 2-11】添加 Windows 10 功能——Telnet 客户端。

具体方法如下。

1）打开控制面板，单击“程序”按钮，在弹出的窗口中单击“程序和功能”超链接。

2）在弹出的“卸载或更改程序”窗口左侧选择“启用或关闭 Windows 功能”选项，打开“Windows 功能”窗口，在该窗口中列出了 Windows 中可安装的所有功能。其中，功能前面的复选框中显示“√”表示已启用该功能，否则表示没有启用，复选框前显示“■”表示只启用了部分功能。

3）选中“Telnet 客户端”前的复选框，单击“确定”按钮，如图 2-41 所示，完成安装。

图 2-41　启用“Telnet 客户端”功能

提示

如果要关闭已经安装的 Windows 功能，只需在图 2-41 中取消选中功能名称前面的复选框，单击“确定”按钮即可。

2.7　其他功能

Windows 10 中有很多附加的功能和工具，如磁盘管理、输入法、媒体播放器、记事本等，使得计算机用途更加广泛，维护与使用更加方便。此外，Windows 还提供了更新功能。

2.7.1　磁盘管理

1. 磁盘清理

计算机在使用一段时间后，磁盘中会出现许多临时文件和缓冲文件，它们会占用大量的磁盘空间，影响计算机的存储空间与运行速度。因此，需要定期对计算机磁盘进行清理。使用 Windows 自带的磁盘清理程序既可以删除临时文件、缓冲文件，也可以压缩原有文件。

【例 2-12】清理本地磁盘 C（默认的 Windows 系统盘）。

具体方法如下。

打开文件资源管理器窗口，在 C 盘上右击，在弹出的快捷菜单中选择“属性”命令，弹出“本地磁盘（C:）属性”对话框。在“常规”选项卡中单击“磁盘清理”按钮，即可自动完成 C 盘的清理工作，如图 2-42 所示。

2. 对驱动器进行优化和碎片整理

在使用磁盘的过程中，由于不断地添加、删除文件，磁盘中会形成一些存储位置不连续的文件，称为磁盘碎片。由于这些不连续位置的随机性，因此计算机在读、写文件时需要耗费大量时间去确定位置，从而影响运行速度。Windows 10 中的磁盘碎片整理程序可以分析磁盘上存储的所有数据、文件，将分散存放的文件和文件夹重新排列整理，从而提高文件的执行效率。

【例 2-13】优化和整理 C 盘中的磁盘碎片。

具体方法如下。

1）打开文件资源管理器窗口，在 C 盘上右击，在弹出的快捷菜单中选择“属性”命令，打开“本地磁盘（C:）属性”对话框。在“工具”选项卡中单击“优化”按钮。

2）打开“优化驱动器”窗口，在“状态”列表中选择 C 盘，单击“优化”按钮，则系统对 C 盘的空间占用情况进行分析并开始整理磁盘碎片，如图 2-43 所示。

3）碎片整理完成后，单击“关闭”按钮。

图 2-42　清理磁盘

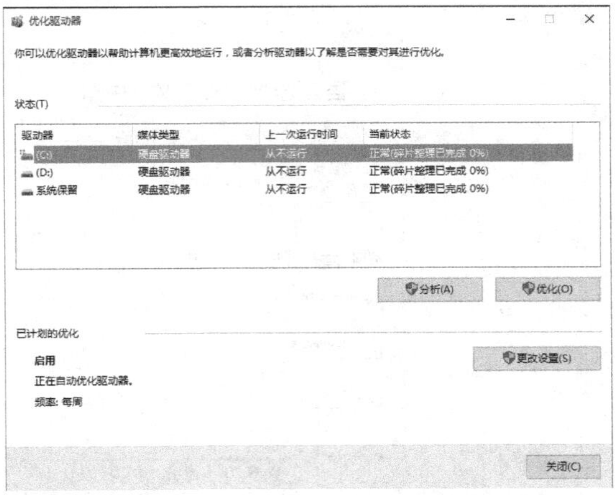

图 2-43　整理磁盘碎片

2.7.2　输入法

中文版 Windows 10 提供了多种中文输入法，如“微软拼音”“微软五笔”。用户在使用过程中可以根据需求添加或删除输入法，也可以设置中文输入法的快捷键。

【例 2-14】安装“微软五笔”输入法。

具体方法如下。

1）单击“开始”按钮，在“开始”菜单中单击“设置”按钮，在打开的“Windows 设置”窗口中选择“时间和语言”选项，在“设置”窗口左侧窗格中选择“语言”选项，在右侧窗格中选择“首选语言”选项组中的“中文（简体，中国）”选项，在弹出的选项组中单击“选项”按钮，如图 2-44（a）所示。

2）在打开的“语言选项：中文（简体，中国）”界面中，找到“键盘”选项组，如图 2-44（b）所示，选择“添加键盘”选项，在弹出的列表中选择“微软五笔”选项，完成输入法的添加。此时，在“键盘”选项组中即可看见新添加的“微软五笔”输入法。

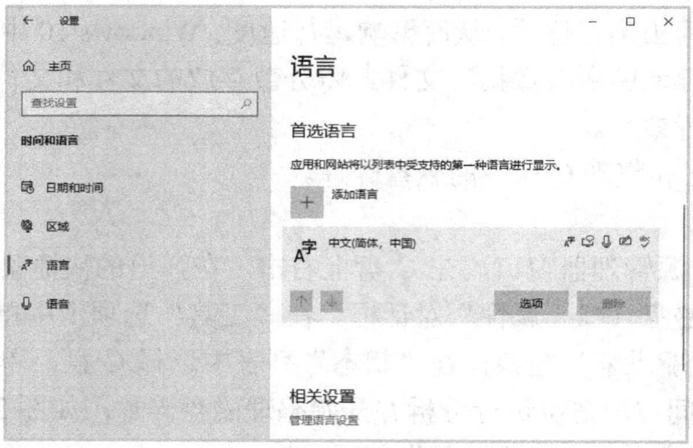

（a）设置首选语言

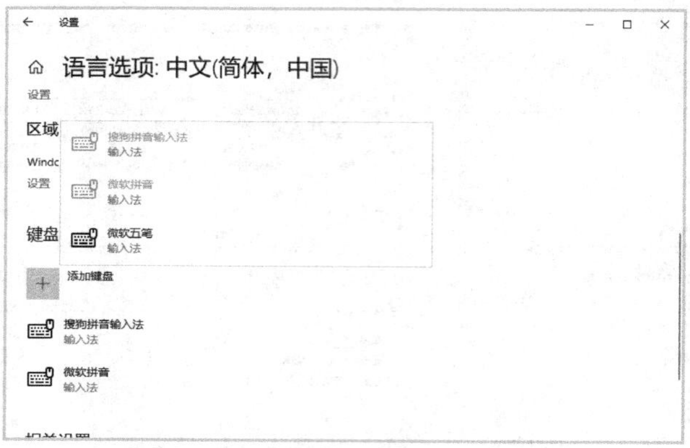

（b）添加输入法

图 2-44　安装“微软五笔”输入法

如果要删除某种输入法，单击要删除的输入法，再单击弹出选项组中的“删除”按钮即可。

2.7.3　媒体播放器

在 Windows 10 中，默认视频播放器为“电影和电视”。但是 Windows Media Player（Windows 媒体播放器）是一个功能强大的多媒体播放器，可用于播放几乎所有格式的多媒体文件，可以刻录、翻录、同步、流媒体传送、观看视频和照片、欣赏音乐，还可以从在线商店下载音乐和视频，并且同步到手机或存储卡中。

【例 2-15】 使用 Windows Media Player 播放歌曲。

具体方法如下。

1）单击“开始”按钮，在打开的菜单中单击“Windows 附件”下拉按钮，在打开的下拉列表中选择“Windows Media Player”选项，打开播放器。

2）右击“音乐”选项，在弹出的快捷菜单中选择“管理音乐库”命令，打开“音乐库位置”对话框，在对话框右侧单击“添加”按钮，弹出“将文件夹加入到‘音乐’中”对话框，选择对应的文件夹或磁盘驱动器，单击“加入文件夹”按钮，则所选文件夹或磁盘驱动器中的所有歌曲会显示在播放器窗口中间列表中，如图 2-45 所示。

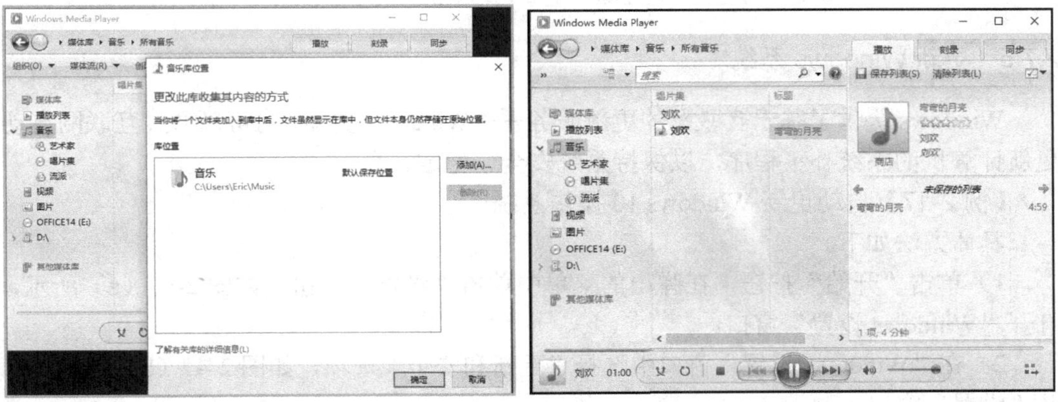

（a）“音乐库位置”对话框　　（b）添加歌曲

图 2-45　Windows Media Player

3）选择一个要播放的文件，单击播放按钮，开始播放文件。单击“刻录”按钮，可以对所选择的项目进行光盘刻录。

2.7.4 记事本

记事本是用来加工处理纯文本文件的工具。在记事本中，不能插入图形图像，只能输入文本，可用于批处理文件、源程序代码、网页文件等。

【例 2-16】 使用记事本编辑一段文字，并以“练习”为文件名保存到 D 盘。

具体方法如下。

1）单击“开始”按钮，在打开的菜单中单击“Windows 附件”下拉按钮，在打开的下拉列表中选择“记事本”选项，打开“记事本”窗口。

2）在窗口中输入如图 2-46 所示的文字内容。选择“文件”菜单中的“保存”命令，在打开的“另存为”对话框中选择保存路径为 D 盘，设置文件名为“练习”，默认文件类型为“.txt”。设置完成后单击“保存”按钮。

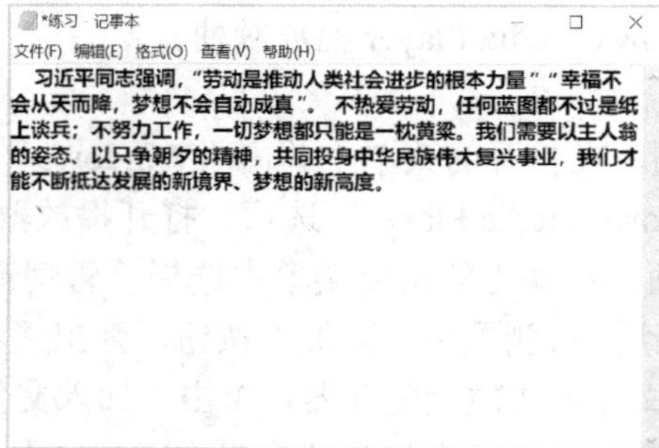

图 2-46　记事本输入练习

2.7.5　更新 Windows 系统

Windows 提供了基于互联网的更新服务——Windows 更新，它可以通过互联网自动更新计算机的系统补丁程序，以保持系统安全、稳定、高效。

【例 2-17】 自动更新 Windows 10 操作系统。

具体方法如下。

1）单击“开始”按钮，在弹出的菜单中单击“设置”按钮，如图 2-47（a）所示，打开“Windows 设置”窗口。

2）在“Windows 设置”窗口中选择“更新和安全”选项，如图 2-47（b）所示，打开“设置”窗口。

（a）单击“设置”按钮　　（b）“Windows 设置”窗口

图 2-47　设置自动更新

3）在“设置”窗口右侧单击“检查更新”按钮进行系统更新。这时计算机会显示“正在检查更新”，如图 2-48（a）、（b）所示。

4）当系统检查出需更新的系统补丁项目后，会自动下载更新并进行预安装，如图 2-48（c）所示。

5）安装完毕后，重启计算机即可完成安装。用户也可以通过查看“历史更新记录”了解更新的补丁情况，如图 2-48（d）所示。

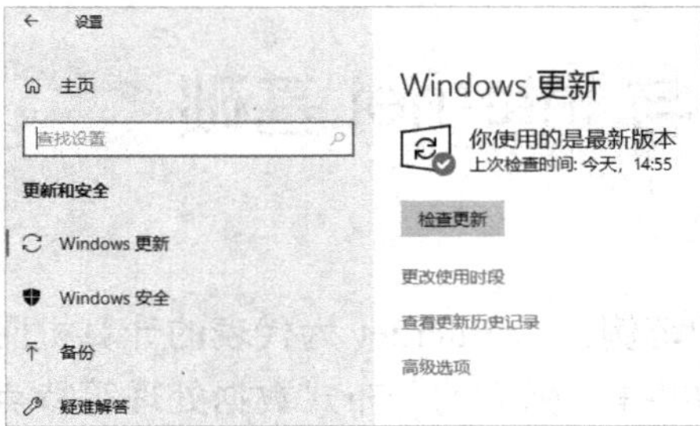

（a）单击“检查更新”按钮

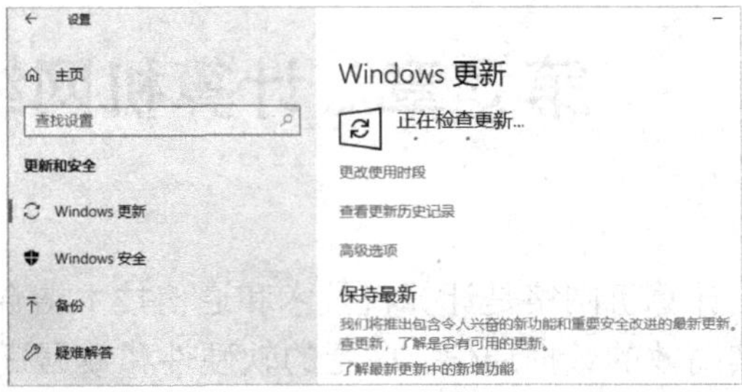

（b）检查更新

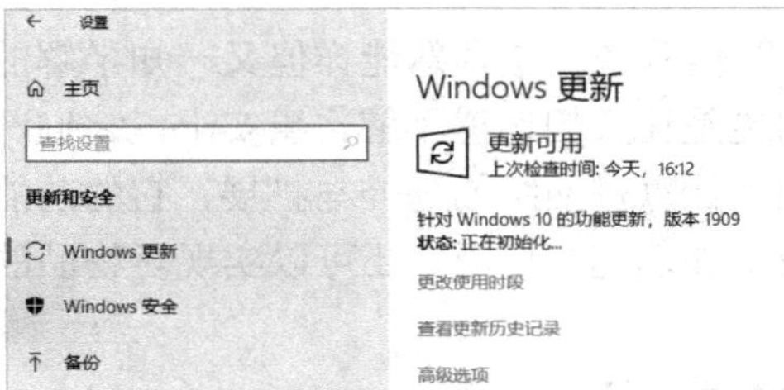

（c）下载更新并安装

（d）“历史更新记录”情况

图 2-48　Windows 更新

第 3 章　计算机网络与 Internet 基础

计算机网络是计算机技术和通信技术结合的范例，以 Internet 为代表的计算机网络因其高效的数据通信、广泛的软硬件和数据资源共享、强大的分布式数据处理等特点而渗透到各个领域，颠覆了人们生活和工作中的传统习惯，给人们带来了意想不到的惊喜与方便。

对于非专业人士而言，电子商务、微博、微信等是一些耳熟能详但又一知半解的事物；云计算、专业云、移动办公、物联网等则更是让人们迷惑不解。事实上，它们都是计算机网络飞速发展的产物。例如，物联网就是计算机网络的延伸与扩展，它的功能更为广泛与强大，不仅可以使信息的传递与交流更加迅速与广泛，还可以实现对物品的智能化识别、定位、跟踪、监控和管理。

本章主要介绍计算机网络的基本知识和 Internet 的基本应用。

3.1　数据通信基础

在数据通信中，文字、图形、声音、图像和数据等信息通常以数据的形态存在，因此，计算机网络的信息传递需要解决的首要问题是计算机之间的数据通信，即在两台计算机或终端之间以二进制形式进行的数据传输。随着人们对信息传输速度要求的提高，四进制、八进制等多进制信息传输也得到了快速发展。

3.1.1　数据通信系统的构成

如图 3-1 所示，数据通信系统通常有 5 个要素：信源、发送器、信道、接收器和信宿。

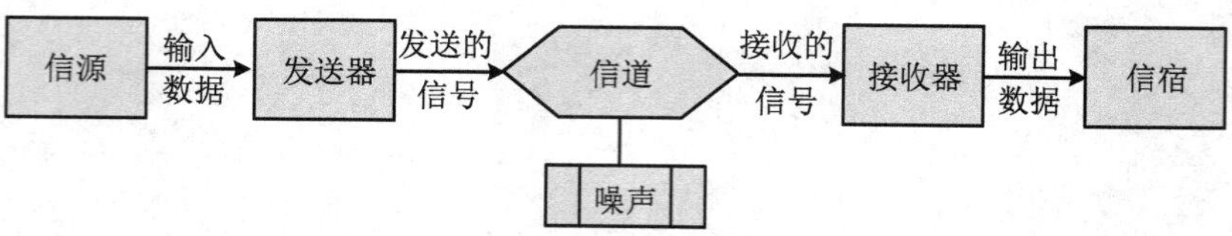

图 3-1　数据通信系统的基本结构

信息产生者为信源；信息接收者为信宿；信道是信息传输的媒介，其作用是把携带信息的信号从发送端传递到接收端，以完成信源和信宿之间的信息交换；把信源的文字、图形、声音、图像和数据等信息变换成适合在信道中传输的信号的分系统称为发送器；把受到噪声干扰的信道输出信号反变换为信源信息的分系统称为接收器。

常见的信道分为有线信道和无线信道。有线信道包括明线、对称电缆、同轴电缆、光纤等，无线信道则包括无线电波、激光等传播空间。

1. 数字信号与模拟信号

通信系统中数据的表现形式是信号，可以分为模拟信号和数字信号两类。

模拟信号是幅度和相位连续变化的信号，它可以用连续函数来描述，信源的图形、声音、图像等信息由传感器变换为模拟信号，如图 3-2（a）所示。

由于数字计算机不能直接处理模拟信号，因此需要把模拟信号变换为数据，这就是模拟信号的数字化。信号的数字化需要 3 个步骤：采样、量化和编码。

1）采样。采样是指每隔一定时间用给定时刻上的信号采样值来表示信号，称为在时间上将模拟信号离散化。

2）量化。信号采样值是任意的有理数值或无理数值，不同的采样值通常需要用不同长度的二进制数表示，以供计算机处理。由于数字计算机的字长有限且为定值，因此不同的采样值只能用相同长度的二进制数表示，这就是幅度量化，简称量化。显然，计算机字长为 N，意味着数轴上无穷多个实数中只有 2^N 个数值可以精确表示，不能精确表示的采样值就会产生误差，这就是量化误差。

采样后经过幅度量化的信号被称为数字信号。也就是说，借助于脉冲信号的正、负极性（或者有、无电压或电流）分别表示二进制数字 1、0，如图 3-2（b）所示。信息可以由表征 1 码、0 码的正、负极性脉冲序列，即二进制数据流来表示。

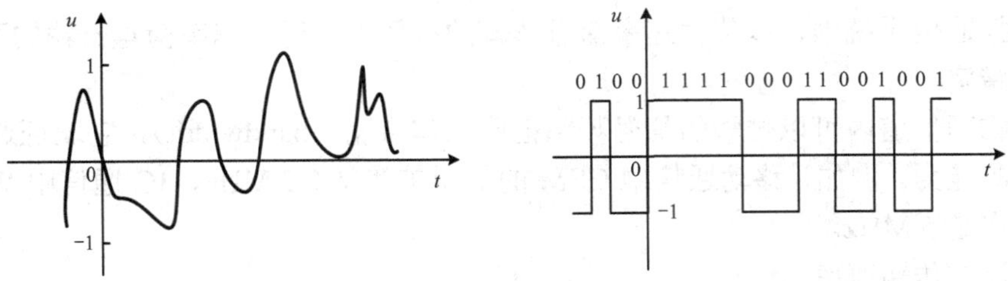

（a）模拟信号图　　（b）数字信号图

μ——电平；t——时间

图 3-2　模拟信号图和数字信号图

以脉冲序列形式传输数据的通信系统称为数字通信系统；以模拟信号形式传输信息的通信系统称为模拟通信系统。

上述模拟信号数字化的过程称为脉冲编码调制（pulse code modulation，PCM）。

3）把量化得到的二进制数字根据需要以一定的规则排列，称为编码。例如，为了减少二进制数据量化误差的影响，需要把二进制数据流编码为折叠二进制码传输；为了增强抗干扰性能，需要把二进制数据流编码为检错码或纠错码；为了提高信息的安全性，需要按照某些数学规则把二进制数据流加密为密文。

2. 调制器与解调器

在发送端，把数字信号转换成适合在信道中传输的模拟信号的过程称为调制。调制有 3 种基本方法：幅移键控、频移键控和相移键控。随着用户对通信的快速性、可靠性以及安全性等要求的提高，各种新的调制方式也在不断出现。模拟信号在传输过程中会衰减，还会受到噪声的干扰。在接收端，把接收到的模拟信号重新还原为数字信号的过程称为解调，其流程如图 3-3 所示。

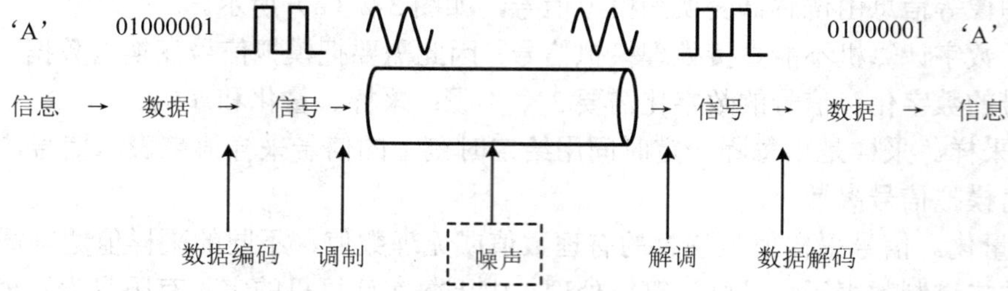

图 3-3　用模拟信号作为载频传输数字数据

人们将调制器（modulator）与解调器（demodulator）两种功能组合在一起的设备称为调制解调器（modem），它是实现模拟信号与数字信号转换的网络设备。也有人根据 modem 的谐音，称调制解调器为“猫”。

3. 数据通信的主要技术指标

在数据通信系统中，以传输速率衡量传输的有效性，以误码率衡量传输的可靠性。

（1）带宽

一个物理信道内可以传输的信号频率范围叫作带宽（bandwidth），它表征通信线路传送数据的能力。例如，移动通信中 GSM 的信道带宽是 0.2 MHz，3G 通信中 WCDMA 的信道带宽是 5 MHz。

（2）信道传输速率

信道传输速率即信道每秒所传输的信息量。在信息论中，信源符号信息量的常用度量单位是比特（bit），因此信息传输速率的单位为比特/秒（bit/s），又称为比特率（bit per second，bps）。在传输码流中 0、1 码元等概率的条件下，一个二进制码元所含的平均信息量是 1 bit，因而信道传输速率又可以用每秒传输的二进制码元数表示。例如，一个数据通信系统每秒传输 1024 个二进制码元，它的信息传输速率就是 1024 bit/s。

在计算机网络中，一般用每秒允许传输的二进制码元数作为带宽的计量单位，常用单位是 bit/s、Kbit/s、Mbit/s、Tbit/s。

$$1\ \text{Kbit/s}=1\times10^3\ \text{bit/s} \qquad 1\ \text{Mbit/s}=1\times10^3\ \text{Kbit/s}$$

$$1\ \text{Gbit/s}=1\times10^3\ \text{Mbit/s} \qquad 1\ \text{Tbit/s}=1\times10^3\ \text{Gbit/s}$$

（3）符号传输速率

符号传输速率是指每秒传输的码元（code cell）数目，其单位为波特（baud），也称为波特率。对于 M 进制信号，$M=2^m$，m 为正整数，符号传输速率（R_B）和信息传输速率（R_b）的关系为：$R_b = R_B\log_2 M$。例如，四进制数据传输时 $M=4$，信号可用二进制码表示为 00，01，10，11。如果符号传输速率为 9600 波特，在二进制时，信息传输速率为 9600 bit/s，在四进制时为 19200 bit/s。

为了提高信息传输率，现代通信的发展方向之一是多进制通信。二进制与四进制数字信号波形图如图 3-4 所示。

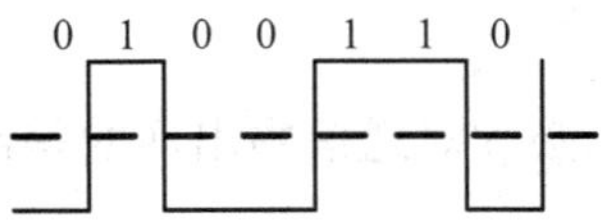

（a）二进制数字信号波形

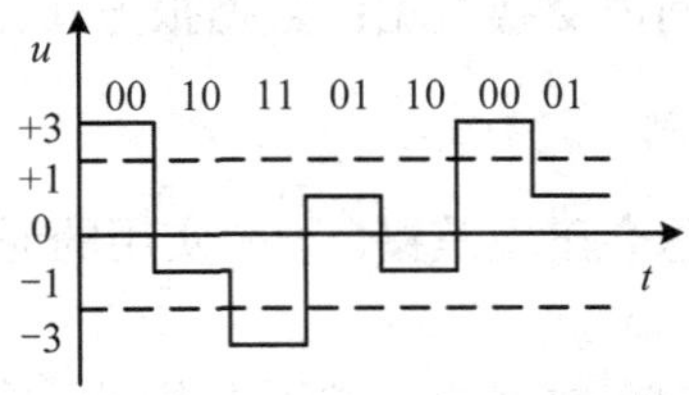

（b）四进制数字信号波形

图 3-4　二进制与四进制数字信号波形图

（4）误码率

在数据传输过程中，由于信道通常不理想以及噪声的干扰，在接收端接收到的码元可能会出现错误，这种现象叫作误码。误码率 P_e 是指在数据传输时码元被传错的概率，它是信道传输的可靠性指标，其计算式为

$$P_e = \frac{\text{接收的错误码元数}}{\text{接收的总码元数}}$$

在数据通信中，一般要求误码率低于 10^{-6}。

3.1.2　交换技术及差错控制

1. 交换技术

两个远距离终端设备要进行通信，需要在它们之间架设一条专用的点到点的通信线路。公众通信网中任意两个终端之间通常没有直接线路，必须经过中间节点的转接才能实现通信。这种转接需要用到交换技术。交换是指按某种方式动态地分配传输线路资源，在用户呼叫时为用户选择一条可用的线路进行接续，用户挂机后该线路又可分配给其他用户，这样就可以节省通信线路投资，提高通信线路利用率。

实现交换的方法主要有电路交换、报文交换和分组交换。

1）电路交换服务是指两个用户进行通信时，先建立一条临时的专用线路，通信时用户独占这条线路而不与其他用户共享，直到通信一方释放这条专用线路为止。交换过程需要经历 3 个阶段：建立连接、数据传输和释放连接。

电路交换的优点是数据传输可靠，传输延迟小，实时性好；缺点是建立连接需要的时间较长，线路利用率低。

2）报文交换是指以报文为单位进行存储交换。报文是指需要发送的整个数据块。

报文交换的优点是没有建立和拆除连接所需的等待时间，线路利用率高，传输可靠性高，控制简单，易于实现；缺点是存储转发延迟较长，由此带来更长的时延。

3）分组交换方式是把传输的报文分成若干个小的数据块，称为分组，然后以分组为单位采用存储转发技术，其延时和灵活性均优于报文交换。分组交换又称为包（packet）交换。

分组交换有两种方式：虚电路方式和数据报方式。虚电路方式的效率高，适用于在一段连续的时间内交换数据；数据报方式无呼叫建立，代价小、灵活、可靠。

2. 差错控制

信息传输总会出现差错。一个实用的通信系统必须对通信中出现的差错进行检测和复原。

差错控制指在数据通信过程中发现、检测差错，并对差错进行纠正，从而把差错限制在数据传输所允许的尽可能低的范围内。

差错控制方法主要有两类：自动请求重发和前向纠错。

1）自动请求重发是利用检错码编码规则在接收端检测差错，检测出差错后通知发送端重发数据，直到无差错为止。

2）前向纠错是利用纠错码编码规则在接收端对接收的数据进行检测，当检测出差错后能自动纠正差错。

常用的检错码主要有奇偶校验码和循环冗余编码。

（1）奇偶校验码

奇偶校验码的工作原理是在原始数据字节的最高位或最低位增加一个附加校验位，使码字内 1 的个数为奇数（奇校验）或偶数（偶校验）。增加的附加校验位称为奇偶校验位。

例如，原始数据 1010010，偶校验后的数据为 $\underline{1}1010010$，奇校验后的数据为 $\underline{0}1010010$。

（2）循环冗余编码

循环冗余编码是一种利用代数多项式检测错误的方法。其原理是将待传输的二进制码串看成系数为 0 或 1 的多项式，如 110101 可表示为多项式 $f(x)=x^5+x^4+x^2+1$。发送前收、发双方约定按国际标准选取一个生成多项式 $g(x)$，发送方在码串的末尾加上校验和，使带校验和的码串多项式能被 $g(x)$ 整除。接收方收到码串后，用 $g(x)$ 除码串多项式，若能整除，则传输无错。

循环冗余编码检错能力强，容易实现，是目前数据通信中应用最广泛的编码方法。

3.2　计算机网络基础

计算机网络是利用各种通信手段（如电话、电报、微波通信等）把地理上分散的计算机有机地连接在一起，实现相互通信而且共享软件、硬件和数据等资源的系统。它是计算机技术和通信技术相结合的产物。

3.2.1　网络的发展史

从美国国防部高级研究计划署于 1969 年出资研究开发 ARPANET 开始，计算机网络经历了一个从简单到复杂、从低级到高级的发展过程。

计算机网络的发展大致可以划分为 4 个阶段。

1. 以单机为中心的联机终端系统

第一阶段在 20 世纪 60 年代中期以前，实际上是以单个计算机为中心的远程联机系统。各个终端（terminal）通过通信线路共享主机（host）的硬件和软件资源，这种系统称为面向终端的单机系统。随着终端数目的增加，主机的数据处理和通信任务负载加重，且线路利用率低，可靠性差。为了减轻主机负担，可在主机和通信线路之间设置一个专门负责通信控制的前端处理机（front end processor，FEP），将通信任务分离，如图 3-5 所示。这种系统被称为面向终端的多机系统。

2. 以通信子网为中心的主机互连

第二阶段从 20 世纪 60 年代中期至 20 世纪 70 年代中期，随着计算机技术和通信技术的进步，将多个单机终端通过通信线路互连，形成了多计算机互连的网络，为用户提供服务。它的显著特点是网络中的多台计算机都具有自主处理能力，它们之间不存在主从关系，并且通信任务从主机中分离出来，设置通信控制处理机（communication control processor，CCP）专门负责通信任务，主机间的通信通过 CCP 的中继功能间接进行。

计算机网络逻辑结构主要分为通信子网和资源子网。由 CCP 组成的传输网络称为通信子网，主要提供数据的加工、变换、传输和交换等通信服务；建立在通信子网基础上的主机集合称为资源子网，主要提供数据处理、网络资源和网络服务，如图 3-6 所示。

3. 体系结构标准化网络

第三阶段大体上从 20 世纪 80 年代初至 20 世纪 90 年代初，人们对组网的技术、方法和理论的研究日趋成熟，建成了网络体系结构标准化的第三代网络，这是开放式、标准化的计算机网络，不同网络设备之间的兼容性和互操作性使不同的计算机网络也能方便地互连在一起。

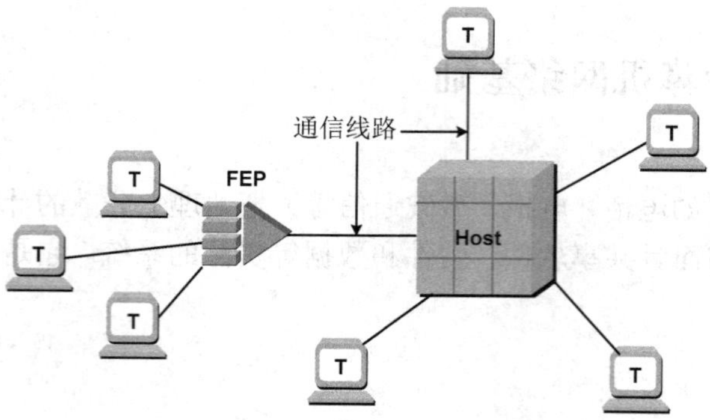

图 3-5　终端主机模式图

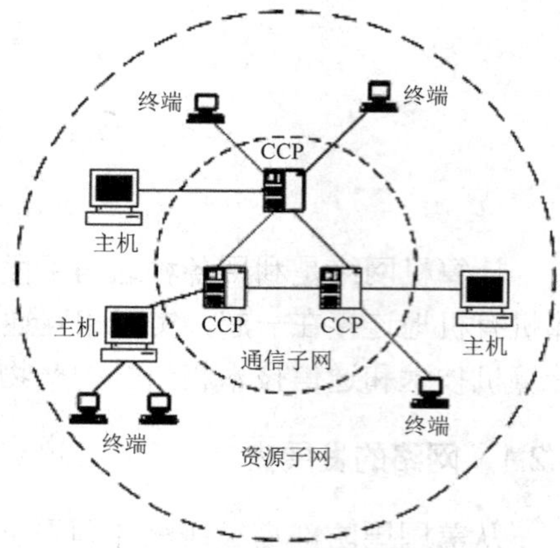

图 3-6　通信子网和资源子网结构图

国际标准化组织（International Organization for Standardization，ISO）于 1983 年正式制定了“开放系统互连参考模型”（open systems interconnection reference model，OSI/RM），即七层协议的体系结构。但是 OSI 协议实现起来过于复杂、制定周期太长、划分层次不太合理，影响了它的推广，最终得到广泛应用的是 20 世纪 80 年代使用的非国际标准 TCP/IP 族。原则上，任何计算机只要遵守 TCP/IP，都能按一定的规则接入 Internet。

4. Internet 时代

第四阶段从 20 世纪 90 年代开始，这时因特网（Internet）已成为世界上规模最大、增长速率最快和最常用的计算机网络，它的主要特征是数字通信和光纤接入，主要特点为网络化、综合化、高速化及计算机协同能力。Internet 上不仅有分布在世界各地计算机上的难以估量的信息资源，而且应用程序丰富，能为入网的用户提供各种各样的服务。Internet 的出现标志着网络时代的到来，是人类社会由工业社会向信息社会发展的重要标志。

3.2.2　网络的类别与组成

1. 网络的类别

计算机网络的分类标准有多种，如按协议分为以太网和移动通信网，按交换形式分为电路交换网和分组交换网，按通信速率分为低速网、中速网和高速网，按网络环境分为部门网、企业网和校园网等。依据网络覆盖的地理范围和规模分类是最普遍的分类方法，它把计算机网络分为 4 种：广域网、城域网、局域网和个人区域网。

1）广域网（wide area network，WAN）的作用距离通常为几十到几千千米，又称远程网。广域网是因特网的核心部分，其任务是长距离（如跨越不同的国家）运送主机所发送的数据。连接广域网各节点交换机的链路一般都是高速链路，具有较大的通信容量。

2）城域网（metropolitan area network，MAN）是介于广域网和局域网之间的一种高速网络，覆盖范围一般是一个城市，其作用距离为 5～50 km。

3）局域网（local area network，LAN）是一种在有限区域内（最大不超过 10 km）使用的网络，适用于一个部门或一个单位组建网络。现在局域网已经广泛使用，它具有数据传输率高（10 Mbit/s～10 Gbit/s）、误码率低、成本低、易管理和易维护等特点。

4）个人区域网（personal area network，PAN）是在个人工作的地方把个人使用的电子设备（如笔记本计算机、PDA 等）用无线技术连接起来的网络，也称为无线个人区域网（wireless PAN，WPAN），其作用距离为 10 m 左右。

2. 网络的组成

完整的计算机网络系统由网络硬件系统和网络软件系统组成。下面仅以基于服务器模式的计算机网络为例进行介绍。

（1）硬件组成

计算机网络硬件系统由服务器、客户机、网络接口卡、通信介质和通信处理设备组成。服务器和客户机是构成资源子网的主要设备，通信处理设备和通信介质是构成通信子网的主要设备。

1）服务器（server）：一般是一台高配置（如 CPU 速度快，内存和硬盘的容量大，总线频率高等）计算机，为客户机提供服务。按照服务器所能提供的资源来区分，可分为文件服务器、打印服务器、应用系统服务器和通信服务器等。在实际应用中，常把几种服务集中在一台服务器上，这样一台服务器就具有几种服务功能。例如，将文件服务器连接网络共享打印机，此服务器就能作为文件和打印服务器使用。

2）客户机（client）：又称为用户工作站，是用户与网络联系的设备，一般由微机担任，每一台客户机都运行在它自己的、为服务器所认可的操作系统环境中。客户机主要享受网络上提供的各种资源。

3）网络接口卡（network interface card，NIC）：是计算机和传输介质之间的物理接口，简称网卡。服务器和客户机都需要配置一块（或多块）网卡。网卡的作用是将计算机内的数据转换成传输介质上的信号发送出去，并把传输介质上的信号转换成计算机识别的数据接收进来。网卡的“金手指”插在计算机的扩展槽中（现在的网卡一般集成在计算机主板上），网络接口与传输介质相连。

4）通信介质：也称为传输介质，用于连接计算机网络中的网络设备，传输介质一般可分为有线传输介质和无线传输介质两大类。常用的有线传输介质是双绞线、同轴电缆和光导纤维（简称光纤），常用的无线传输介质是无线电波、激光等。

5）通信处理设备：主要包括调制解调器、中继器、集线器、网桥、交换机、路由器、网关和无线访问点等。

① 调制解调器（modem）：是远程计算机通过电话线连接网络所需配置的设备。调制解调器同时具备调制和解调双重功能，因此它既能发送数据又能接收数据。

② 中继器（repeater）：当信号在电缆上传输时，信号的强度会发生衰减，因此要对

信号进行放大、整形，使信号能够传输更远的距离，完成这些功能的设备称为中继器。

③ 集线器（hub）：本质上是一个多端口的中继器。它可以对接收到的信号进行放大、整形，然后通过所有端口发送出去，方便网络布线和集中管理。集线器一般有 5～24 个端口，可供计算机等网络设备连接使用。

④ 网桥（bridge）：也叫桥接器，是连接两个局域网的一种存储/转发设备。网桥比集线器性能更好，后来被交换机取代。

⑤ 交换机（switch）：分为第二层交换机和第三层交换机。第二层交换机同时具备集线器和网桥的功能。第三层交换机除具有第二层交换机的功能之外，还具有路径选择功能。

⑥ 路由器（router）：具有数据格式转换功能，可以连接不同类型的网络。它能够识别数据的目的地址所在的网络，根据内置的路由表，从多条通路中选择一条最佳路径发送数据。

⑦ 网关（gateway）：又称协议转换器，它的作用是使网络上连接的两个不兼容的系统互相通信，需要在高层进行协议的转换，进而实现互联。

⑧ 无线访问点（wireless access point，WAP）：无线也称为“无线访问点”或“无线桥接器”，通过无线，任何一台装有无线网卡的主机都可以连接有线局域网络进行数据传输。

（2）软件组成

在网络系统中，每个用户都可以享用系统中的各种资源，系统必须对用户进行控制，否则会造成系统混乱、数据丢失和破坏。网络软件是实现网络功能不可缺少的软环境。通常，计算机网络软件包括以下几种。

1）网络协议和通信软件：如 TCP/IP、FTP、SMTP 等。通过网络协议和通信软件可实现网络工作站之间的通信。

2）网络操作系统：用来实现系统资源共享，管理用户的应用程序对不同资源的访问，是最主要的网络软件，如 Windows 系列、Linux、UNIX、Mac OS X 等。

3）网络管理及网络应用软件：网络管理软件是用来对网络资源进行监控管理、对网络进行维护的软件，如事件监视器、网络防火墙等。网络应用软件是为网络用户提供服务，帮助网络用户在网络上解决实际问题的软件，如 IE、Firefox、QQ 等。

3.2.3 网络的协议与体系结构

国际上制定通信协议和标准的主要组织如下。

电气电子工程师学会（Institute of Electrical and Electronics Engineers，IEEE）：是世界上最大的专业技术团体，由计算机、通信、自动化等领域的专业人士组成。IEEE 在通信领域中著名的研究成果之一是 802 标准，该标准定义了总线网络和环形网络等通信协议。

国际标准化组织：是一个世界性组织，具有七层协议结构的开放系统互连模型（OSI）是它的一个典型范例。

国际电信联盟（International Telecommunications Union，ITU）：其前身是国际电报电话咨询委员会（Consultative Committee on International Telephone and Telegraph，CCITT）。ITU 是联合国机构，其成员包括科研机构、工业组织、电信组织、电话通信方面的权威人士，还有国际标准化组织。ITU 已经制定了网络和通信方面的许多标准。

1. 网络通信协议

一个计算机网络有许多互相连接的节点。在这些节点之间，为了保证数据通信双方能够正确、自动地进行通信，每个节点必须遵守一些事先约定的规则。这些为进行网络中的数据交换而建立的规则、标准或约定称为网络协议（network protocol）。

网络协议主要由以下 3 个要素组成。

1）语法：数据与控制信息的结构或格式。例如，在某个协议中，第一个字节表示源地址，第二个字节表示目的地址，其余字节为要发送的数据等。

2）语义：定义数据格式中每一个字段的含义。例如，发出何种控制信息，完成何种动作以及做出何种应答等。

3）同步：收发双方或多方在收发时间和速度上的严格匹配，即事件实现顺序的详细说明。

2. 计算机网络体系结构

所谓网络的体系结构，是指计算机网络各层次及其协议的集合。层次结构一般以垂直分层模型来表示。如果两个网络的体系结构不完全相同，称为异构网络。异构网络之间的通信需要相应的连接设备进行协议的转换才能实现。

（1）OSI 参考模型

OSI 的体系结构是一个堆栈式的七层模型，从下（低）到上（高）依次包括物理层、数据链路层、网络层、传输层、会话层、表示层和应用层，如图 3-7 所示。

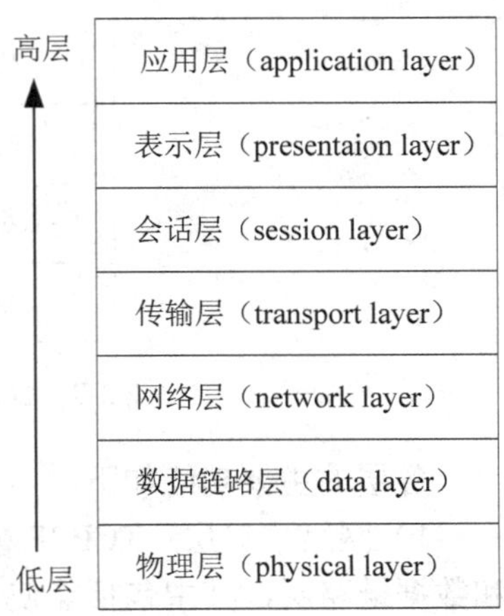

图 3-7 OSI 七层模型

各层的主要功能如下。

1）物理层：物理层是七层中的最低层，它建立在物理通信介质的基础上，作为系统和通信介质的接口，为数据链路层实体间实现透明的位流传输。

2）数据链路层：数据链路层的主要功能是在不一定可靠的物理线路上实现数据的可靠传输，即数据链路层提供网络中相邻节点之间的可靠的、以帧（帧为协议数据单元）为单位的数据通信。

3）网络层：数据链路层提供的是两个节点之间数据的传输，而主机到主机之间数据的传输工作则是由网络层来完成的。网络层的主要功能是路由选择和节点交换，使用数据链路层的服务将每个数据报文从源站点传输到目的站点。路由选择是网络层的一项主要工作。网络层传送数据的单位是分组，就是将一个报文分成等长的分组。

4）传输层：传输层亦称运输层或传送层。该层的功能是负责向源主机与目的主机进程之间的通信提供服务。由于一个主机可同时运行多个进程，因此传输层有复用和分用的功能。

5）会话层：会话层又称为会晤层或对话层。会话层所提供的会话服务主要分为两大部分，即会话连接管理与会话数据交换。

6）表示层：表示层的目的是提供两个通信系统中信息的表示方式。表示层主要完成数据字符集的转换，数据格式化和文本压缩，数据加密、解密等工作。

7）应用层：应用层位于最高层，它是 OSI 用户的窗口，并为用户提供一个 OSI 的工作环境。应用层的内容主要取决于用户的需要。应用层包括的功能最多，已经制定的应用层协议包含网络管理、电子邮件、文件传送、WWW 应用等。

（2）TCP/IP 模型

在诸多网络互连协议中，传输控制协议/互联网协议（transmission control protocol/internet protocol，TCP/IP）是当前最流行的商业化协议。目前，众多网络产品厂家都支持 TCP/IP，该协议广泛用于因特网连接的所有计算机上。TCP/IP 已成为一个事实上的工业标准或实施标准，建立在 TCP/IP 结构体系上的协议也成为应用最广泛的协议。

TCP/IP 模型采用四层的分层体系结构，由下向上依次是网络接口层、网际层、传输层和应用层。TCP/IP 模型与 OSI 参考模型的层次对照关系如图 3-8 所示。

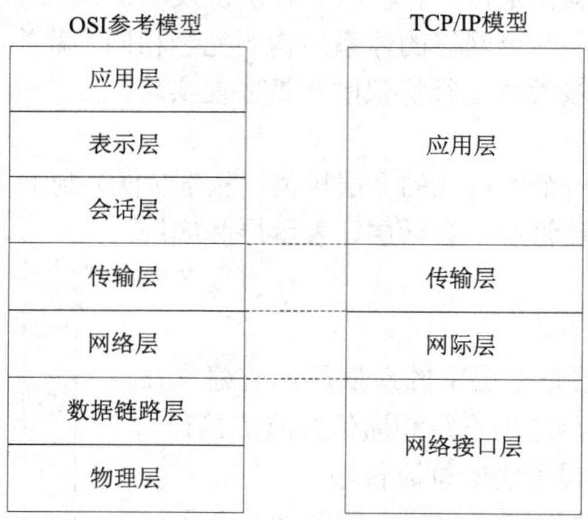

图 3-8　TCP/IP 模型与 OSI 参考模型的层次对照关系

各层的主要功能如下。

1）网络接口层：TCP/IP 模型的底层是网络接口层，对应于 OSI 参考模型的物理层和数据链路层，其中包括能使 TCP/IP 与物理网络进行通信的协议。TCP/IP 标准并没有为该层定义具体的网络接口协议，从而提高了灵活性，以适应各种网络类型。

2）网际层：网际层是在因特网标准中正式定义的第一层。它的主要功能是消息寻址、分组打包和路由选择，以及控制通信子网的操作。在网际层，最常用的协议是网际协议（IP），还包含互联网控制消息协议（ICMP）、地址转换协议（ARP）和反（逆）向地址转换协议（RARP）等。

3）传输层：在 TCP/IP 模型中，传输层的作用与 OS 参考模型的传输层作用相同，即在源节点和目的节点的两个进程实体之间提供可靠的端到端数据传输，常称为端对端的通信。传输层定义了两个主要的协议，即传输控制协议（TCP）和用户数据报协议（UDP），分别支持两种数据传送方法。

4）应用层：TCP/IP 模型的最高层是应用层，其功能相当于 OSI 参考模型的会话层、表示层和应用层功能的总和，主要为应用程序提供访问其他层服务的能力。最常用的协议包括文件传输协议（FTP）、远程登录（Telnet）、域名服务（DNS）协议、简单邮件传输协议（SMTP）和超文本传输协议（HTTP）等。

3.3　计算机局域网

局域网（LAN）是计算机网络的一种。虽然人们使用网络的范围越来越大，但绝大多数使用的都是局域网。学校、企业等都在本单位内部组建了自己的内部局域网，进行数据通信和资源共享。因此，熟悉和掌握局域网的相关知识对于学习和理解计算网络十分重要。

3.3.1　局域网的拓扑结构

计算机网络的拓扑（topology）结构引用了拓扑学中的一种研究与大小、形状无关的点、线、面特点的方法，把网络单元（如工作站、服务器等）抽象为节点，两节点间的通信线路抽象为线，这样就形成了点和线组成的几何图形。抽象出的网络系统的具体结构称为网络的拓扑结构。局域网的拓扑结构主要有总线结构、环形结构、星形结构、树形结构和网状结构。

1. 总线结构

总线结构是将网络中的所有设备都通过一根高速公共总线连接，通信时信息沿总线进行广播式传播，如图 3-9 所示。总线结构中至少需要一台服务器（server，S），其他均可以是客户端（client，C）。

总线结构比较简单，安装方便，增删节点容易。网络中任何节点的故障都不会造成全网的瘫痪，可靠性高。但是任何两个节点之间传送数据都要经过总线，总线成为整个网络的瓶颈。当总线中的某段出现故障时，会导致整个网络瘫痪。此外，当总线结构网络中工作站节点数目过多而超出总线负载能力时，易发生信息堵塞。

2. 环形结构

环形结构是一种首尾相连的总线型拓扑结构，由通信线路将各节点连接成一个闭合的环。数据信息沿着环单向流动，常用令牌控制来协调各节点的数据发送，如图 3-10 所示。在环形结构中，每一个网络单元只能和相邻节点直接通信，与其他节点通信时，数据信息必须依次经过两个网络单元间的每一个节点。

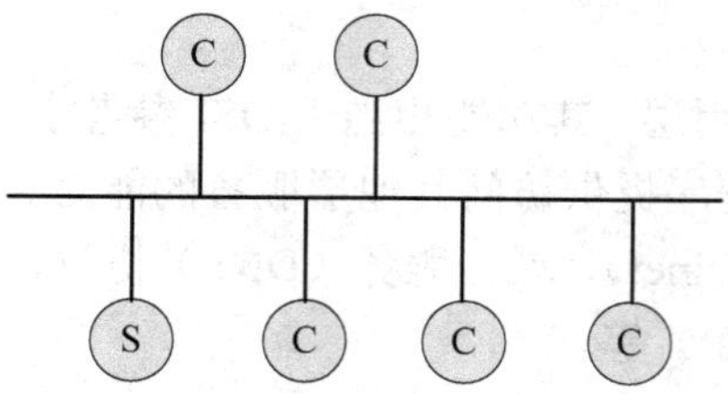

图 3-9　总线结构

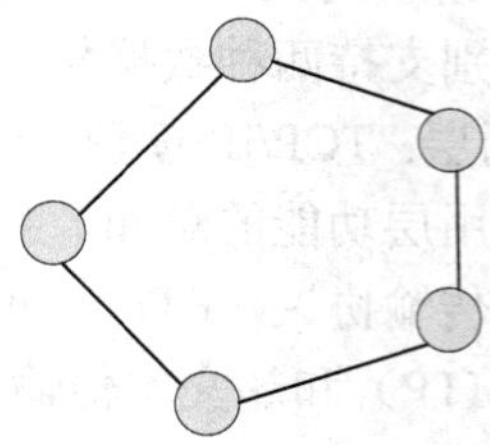

图 3-10　环形结构

环形结构传输路径固定，无路径选择问题，实现简单。但任何节点的故障都会导致全网瘫痪，可靠性较差。网络的管理比较复杂，投资费用较高。当需要调整环形结构时，如节点的增、删、改，一般需要将整个网络重新配置，因此环形结构扩展性、灵活性差，维护困难。

3. 星形结构

星形结构由一个功能较强的中心节点和若干从节点组成，如图 3-11 所示。中心节点可以与从节点直接通信，各从节点之间的通信必须经过中心节点的转发。

星形结构建网容易，易于扩充，控制简单。每个节点独占一条传输线路，消除了数据传送堵塞现象。从节点出现故障不会影响整个网络的使用，且扩展性好，配置灵活，对节点的增、删、改等操作容易实现，网络管理和维护简便。但是网络可靠性依赖于中心节点，一旦其出现故障，将导致全网瘫痪。

4. 树形结构

树形结构也称为层次结构或塔形结构，通常中心节点为根节点，像树一样经分支与叶子节点按层次进行连接，如图 3-12 所示。

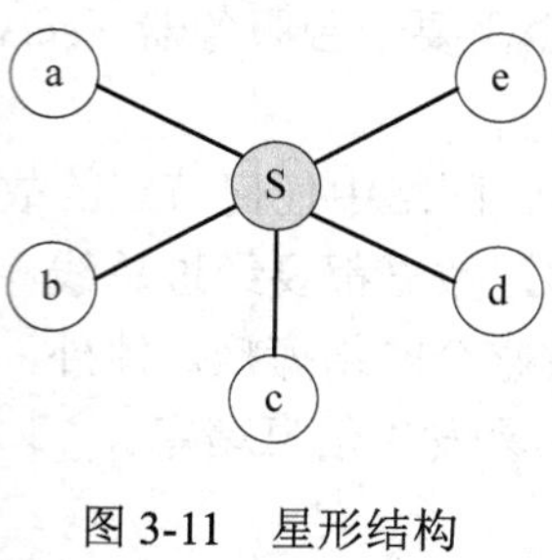

图 3-11　星形结构

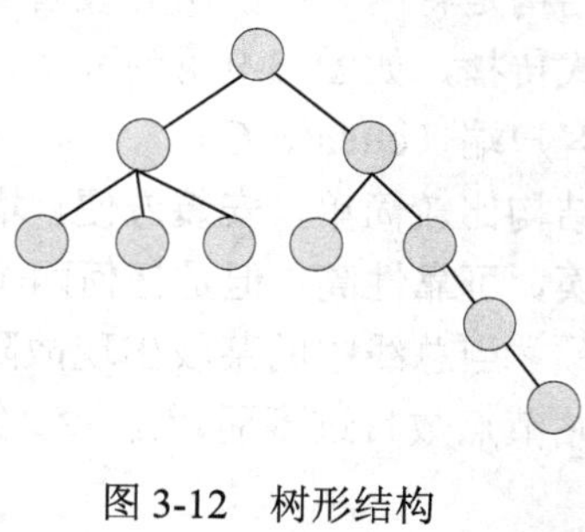

图 3-12　树形结构

树形结构适用于相邻节点通信较多的情况，信息在不同级上垂直传输，低层节点难以解决的问题依次传递到高层解决。树形结构的分层不宜过多，以免转接开销过大，影响网络的总体性能。

5. 网状结构

网状结构分为全连接型网状结构和不规则型网状结构，如图 3-13 所示。全连接型网状结构中的每个节点都与其他所有节点链路相通，总链路数为 $N\times(N-1)/2$，其中 N 为节点总数。网状结构中每个节点至少与其他两个节点直接相连。

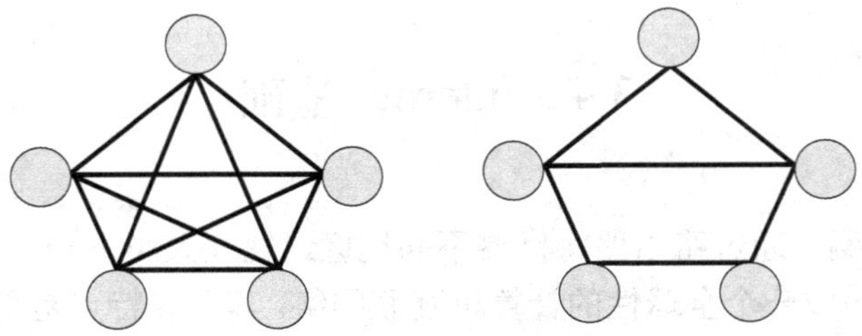

（a）全连接型网状结构　　（b）不规则型网状结构

图 3-13　网状结构

网状结构的容错能力强，无须路由选择，如果网络中一个节点或一段链路发生故障，信息可通过其他节点和链路到达目的节点，故可靠性高，通信方便。但网状结构建网费用高，布线困难。

3.3.2　无线局域网

无线局域网（wireless LAN，WLAN）是以太网和无线通信技术的结合体，使局域网不需要有线介质也可以像有线网络一样进行通信。

无线局域网的标准是 IEEE 802.11（俗称 Wi-Fi）。目前已推出的标准有 IEEE 802.11a、IEEE 802.11b、IEEE 802.11g 等。随着协议标准的发展，无线局域网的覆盖范围更加广泛，传输速率更高，更安全，更可靠。IEEE 802.11 及其 3 个补充标准的工作频段和速率分别如下。

IEEE 802.11：工作在 2.4 GHz 频段，通信速率为 1 Mbit/s 和 2 Mbit/s。

IEEE 802.11a：工作在 2.4 GHz 频段，通信速率为 5 Mbit/s 和 11 Mbit/s。

IEEE 802.11b：工作在 2.4 GHz 频段，通信速率为 1 Mbit/s、2 Mbit/s 和 11 Mbit/s。

IEEE 802.11g：工作在 2.4 GHz 频段，通信速率为 5.5 Mbit/s、11 Mbit/s 和 54 Mbit/s。

一个无线局域网可以包括多个基本服务集（basic service set，BSS），各个 BSS 可以离得很远，以便提供特定区域的无线网络连接；也可以重叠在一起，以便提供大范围的连续的无线连接。

BSS 中有两类设备：一类是无线站点，通常是一台配置了无线网卡的计算机，最常见的是 PCMCIA 无线网卡、USB 接口的无线网卡和 PCI 接口的无线网卡；另一类为无线接入点（AP），它是无线局域网中的无线基站。在一个具有接入点的无线局域网中，无线移动站点可以直接与另一个无线移动站点通信，也可以通过无线接入点连接到无线局域网上。

构建无线局域网的另一种技术称为蓝牙，它是一种短距离、低速率、低成本的无线通信技术，其目的是去掉笔记本计算机和手机等移动终端设备之间以及它们与一些附属装置（如无线耳机、无线键盘、无线鼠标等）之间的有线连接电缆，构成一个在 10 m 范围内的无线个人区域网络（WPAN）。

3.4 Internet 基础

Internet（因特网）通过路由器将世界不同地区、规模大小不一、类型各不相同的网络互相连接起来，构成一个全球性的计算机互联网络。其主要特点是采用分组交换技术，并且使用 TCP/IP 族。Internet 上的每台计算机都必须给定一个唯一的 IP 地址。

3.4.1 Internet 概述

1. *Internet 发展史*

Internet 的前身是 ARPANET（advanced research projects agency network），始建于 20 世纪 60 年代。当时，美国国防部将用于军事和研究的 4 台计算机主机连接起来，建成了一个称为 ARPANET 的网络。1983 年，ARPANET 又分成了两个网络，即 ARPANET 和 MILNET（military network），这两个网络互连互通，可进行联机通信和资源共享。随着 TCP/IP 的全面推广，建立了以 ARPANET 为主干网的早期 Internet。

1985 年，美国国家科学基金会为鼓励各大学与研究机构共享 ARPANET 所连接的 4 台计算机中的信息资源，采用 TCP/IP 建立了广域网 NSFNET（national science foundation network）。在其鼓励与资助下，很多大学和研究机构纷纷把自己的局域网并入 NSFNET，这样 NSFNET 逐渐取代了 ARPANET，成为 Internet 的主干网，这是 Internet 的第一次飞跃。

Internet 的第二次飞跃得益于 20 世纪 90 年代的商业化应用。初期的 Internet 的使用仅限于研究与学术领域，后来很多实力雄厚的商业机构介入 Internet 的推广应用中，这些机构的加入促进了 Internet 在通信、信息查询、客户服务等方面的发展，带来了 Internet 发展史上的新飞跃。

据估计，目前 Internet 已经连接数百万个网络，约 5 亿台计算机。2010 年，Internet 用户数目就超过了 20 亿，成为世界上信息资源最丰富的计算机公共网络。在许多地区，Internet 已经像手机、电话和电视机一样普及，成为人们日常生活中不可缺少的一部分。

2. Internet在我国的发展

1989年11月，我国第一个公用分组交换网CNPAC建成运行，到目前为止，我国陆续建造了基于Internet技术的、可以和Internet互连的9个全国范围的公用计算机网络，分别是中国公用计算机互联网（ChinaNET）、中国教育和科研计算机网（CERNET）、中国科技网（CSTNET）、中国联通互联网（UNINET）、中国网通公用互联网（CNCNET）、中国国际经济贸易网（CIETNET）、中国移动互联网（CMNET）、中国长城互联网（CGWNET）、中国卫星集团互联网（CSNET）。

此外，还有中国金桥信息网（ChinaGBN）、中国高速互联研究试验网（NSFNET）等。

3.4.2　Internet的IP地址

为了确保通过TCP/IP进行通信的主机能在网络中相互识别，网络中每台主机（或路由器）的每一个接口都必须分配IP地址。

IP地址有IPv4和IPv6两个标准，本书以占主导地位的IPv4为例进行介绍。IPv6有很多特点，如地址长度采用128位等，它主要是为了适应下一代互联网（NGI）的需要。

IP地址（IPv4）由32位二进制数（4字节）组成，分为4段，每段由8位二进制数组成。为便于书写，将每段8位二进制数用十进制数表示，字段之间用“.”分隔，每段数字取值范围为0～255，如IP地址11010100　01100010　10011011　00000001用点分法十进制记法表示为212.98.155.1。

IP地址由网络号（即网络地址）和主机号（即主机地址）两部分组成。一个主机号在它前面的网络号所指明的网络范围内必须是唯一的。按网络规模的大小，IP地址可分成5类：A类地址、B类地址、C类地址、D类地址和E类地址。具体规定如下。

1）A类地址：网络号以0开头，占1字节（8位），主机号占3字节（24位），用于大型网络。

2）B类地址：网络号以10开头，占2字节（16位），主机号占2字节（16位），用于中型网络。

3）C类地址：网络号以110开头，占3字节（24位），主机号占1字节（8位），用于小型网络。

4）D类地址：网络号以1110开头，用于多播地址。

5）E类地址：网络号以11110开头，用于保留今后使用。

IP地址的分类及格式如图3-14所示。

A类、B类、C类的IP地址范围（不去除特殊地址）及子网掩码如下。

A类地址：0.0.0.0～127.255.255.255　　子网掩码：255.0.0.0

B类地址：128.0.0.0～191.255.255.255　　子网掩码：255.255.0.0

C类地址：192.0.0.0～223.255.255.255　　子网掩码：255.255.255.0

例如，23.15.78.123是一个A类地址，129.1.232.54是一个B类地址，202.192.12.3是一个C类地址。

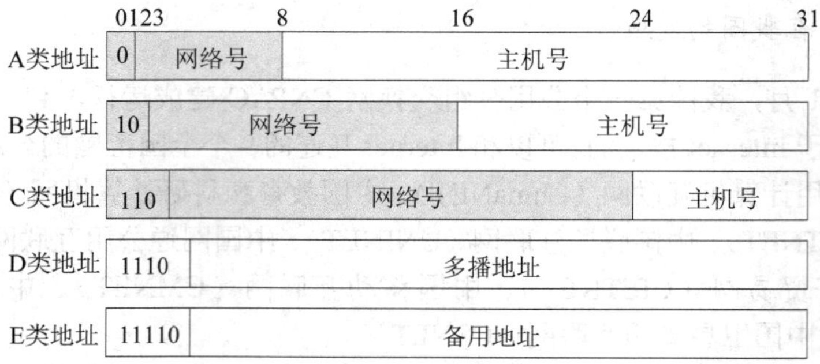

图 3-14　IP 地址的分类及格式

因为 Internet 上节点数增长太快，IP 地址匮乏，因此在标准分类的 IP 地址上，可以通过增加子网掩码（subnet mask）来灵活分配 IP 地址。

3.4.3　Internet 的接入技术

随着 Internet 的飞速发展，大量的计算机用户和局域网用户需要接入 Internet。在我国，目前比较普遍的做法是由专门的 Internet 服务供应商（Internet server provider，ISP）提供接入服务。ISP 提供的功能主要有分配 IP 地址、网关和 DNS，提供联网软件和各种 Internet 服务。

常用的接入方式有电话拨号接入、ADSL 接入、有线电视网接入、光纤接入、无线接入等。

1. 电话拨号接入

电话拨号接入是个人用户接入 Internet 最早使用的方式之一。它的接入简单，只要具备一条能打通 ISP 特服电话（如 16300、969966 等）的电话线、一台计算机、一台调制解调器就可以上网。modem 的主流产品速率是 56 Kbit/s，在实际使用过程中，由于线路损耗，使得传输速率低于 56 Kbit/s，一般只有 44 Kbit/s 左右。

modem 按照安装方式可以分为外置式（安装在机箱外，通过串行口或 USB 接口与主机连接，需要额外的电源）和内置式（安装在机箱内部主板上）。外置式 modem 的价格高于内置式 modem 的价格。

由于 modem 的数据传输速率很低，目前这种上网方式已经基本被淘汰。

2. ADSL 接入

ADSL（asymmetric digital subscriber line，不对称数字用户线）是运行在原有普通电话线上的一种新的高速、宽带技术，具有较高的安全性。它在一条电话线上同时提供语音服务和数据通信服务，其上行传输速率一般只有 16～64 Kbit/s，最高可以达到 1 Mbit/s；下行传输速率一般为 1.5～8 Mbit/s。其上下行传输速率不对称的特点非常适合于以浏览 Internet 中信息为主要目的的用户。目前，ADSL 接入技术已经广为使用，成为接入 Internet 的主要方式之一。

ADSL 接入 Internet 具有虚拟拨号（point-to-point protocol over ethernet，PPPoE）和专线接入两种方式。采用虚拟拨号方式的用户采用类似调制解调器和综合业务数字网（integrated services digital network，ISDN）的拨号程序，需到当地提供上网服务的机构办理必要的手续（取得用户名和口令），然后单击拨号程序进行连接，即可轻松上网。采用专线接入的用户由于线路已经接入 Internet，因此只要打开计算机就可以接入 Internet 享用相关服务。

3. 有线电视网接入

当前，有线电视（cable TV 或 CATV）系统已经广泛采用光纤同轴电缆混合网（hybrid fiber coaxial，HFC）传输电视节目。HFC 主干线部分采用光纤连接到小区，在 Internet 边缘，路由器使用同轴电缆接入用户室内。HFC 需要一种称为线缆调制解调器（cable modem）的特殊设备来支持网络接入。典型的 cable modem 是一种外置设备，通过同轴电缆以太网端口接入家用的 PC，有时也被做到机顶盒内部。线缆调制解调器将 HFC 网络划分成两个通道，一般下载通道速率为 10 Mbit/s，上传通道速率为 786 Kbit/s。

HFC 具有高的传输容量，抗电子干扰能力强，既能传输高品质和多频道的广播电视节目，也能提供高速数据传输和相关信息服务，还能实现交互式数字视频点播服务。

与 ADSL 不同的是，HFC 的上下行通道都是共享的，同时上网用户太多会大大降低网络实际传输速率，因此需要限制小区接点接入住户的规模。

4. 光纤接入

光纤接入是指使用光纤作为主要传输媒体接入 Internet 的一种方式，主要技术是光波传输技术。它的使用是为了满足高速宽带业务以及双向宽带业务的需要。

根据光纤深入用户的程度，可分为光纤到路边（fiber to the curb，FTTC）、光纤到小区（fiber to the zone，FTTZ）、光纤到楼（fiber to the building，FTTB）、光纤到节点（fiber to the node，FTTN）、光纤到户（fiber to the home，FTTH）等。我国目前采用“千兆到小区、百兆到大楼、十兆到用户”为实现基础的光纤接入方式，主要适用于用户相对集中的住宅小区、企事业单位和大专院校。

5. 无线接入

随着无线通信技术的发展，用户上网不再受到时空的限制，能够随时随地访问 Internet。要在无线网络中接入 Internet，还需要无线信号接入点（access point，AP）与 ADSL 或有线局域网连接。个人计算机、游戏机、智能手机、平板计算机、打印机、笔记本计算机及其他可以无线上网的周边设备都可以通过无线连接到互联网。目前，我国常见的无线通信网络主要有 CDMA、GPRS、CDPD 等类型。用户应根据选择的网络类型选择不同的无线网卡。

3.5 Internet 的应用

随着科技的日新月异，Internet 的应用涉及越来越多的领域，并为人类提供了丰富的信息资源和应用服务。除了提供远程登录的 Telnet 终端仿真、文件传输服务、域名服务、邮件传输服务以及内容包罗万象的万维网服务等，近年来又出现了以音频/视频点播、手机电视等为代表的网络多媒体应用。

3.5.1 客户机/服务器

目前，计算机网络常见的计算机结构有两种，分别为客户机/服务器（client/server，C/S）结构和浏览器/服务器（browser/server，B/S）结构。

在 Internet 的 TCP/IP 环境中，联网计算机之间进程相互通信主要采用 C/S 结构。在 C/S 结构中，客户机和服务器分别代表相互通信的两个应用程序进程，提出请求发起本次通信的计算机进程称为客户进程，而响应、处理、提供服务的计算机进程称为服务进程，如图 3-15 所示。

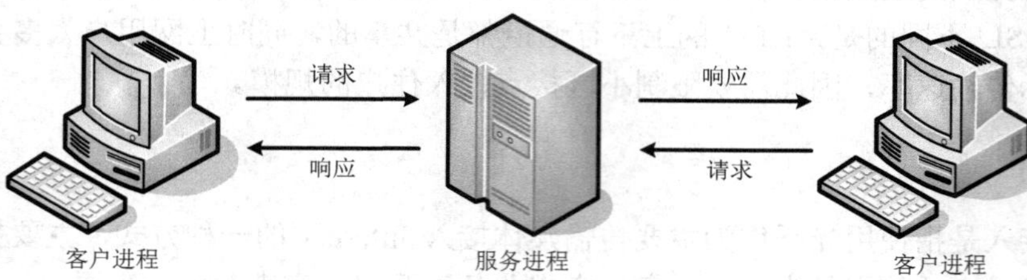

图 3-15　C/S 结构

在 C/S 结构中，服务器是核心，客户机是网络基础，客户机依靠服务器获得所需要的网络资源。这种结构充分利用两端硬件环境的优势，将任务合理分配到客户机端和服务器端，降低了系统的通信开销。

Internet 中常见的 C/S 结构的应用有远程登录、文件传输服务、超文本传输服务、电子邮件服务等。

3.5.2 域名服务

Internet 上的计算机可以用多种方法来进行识别，Internet 主机识别方法之一是用 IP 地址。由于 IP 地址由 4 段式 32 位二进制数字组成，抽象难记，为了便于记忆，人们采取与 IP 地址对应的字符型主机命名制，称为域名。域名是一组具有助记功能、代替 IP 地址的英文简写名。

域名系统（domain name system，DNS）就是将域名解析为对应的 IP 地址。

为了避免重名，主机的域名采用层次结构，其结构就像一棵倒置的树，如图 3-16 所示。

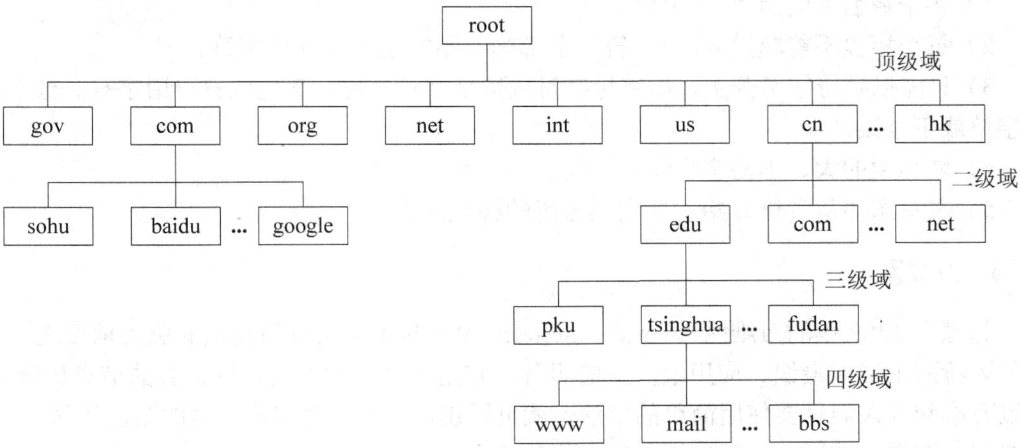

图 3-16　Internet 域名的层次结构

主机的域名各层次结构的子域名之间用“.”隔开，从右到左分别为第一级域名（即最高级域名）、第二级域名，直至主机名（最低级域名）。一般主机域名地址由 4 部分组成，格式如下。

主机名.主机所属机构名.网络名.最高层域名

例如，北京大学的网站域名是 http://www.pku.edu.cn/，对应的 WWW 服务器 IP 是 124.205.79.6，其中“http://”表示超文本协议，说明访问此网站采用的是超文本浏览方式，“www”表示北京大学在万维网上的一台 www 服务器，“pku”是北京大学的英文名缩写，“edu”表示教育网，“cn”表示中国。

提示

IP 地址会经常变动。

常见的部分国际通用顶级域名和国家或地区顶级域名及其含义如表 3-1 所示。

表 3-1　部分顶级域名及其含义

国际通用顶级域名		国家或地区顶级域名	
域名	含义	域名	含义
com	营利性商业组织	cn	中国
edu	教育机构	au	澳大利亚
org	非营利性组织	de	德国
mil	军队	us	美国
gov	政府部门	hk	香港
net	网络技术组织	uk	英国
int	国际性组织	jp	日本

域名使用规则如下。

1）各子域名之间用“.”分隔。

2）每个标签不能超过63个字符，全部标签不能超过255个字符。

3）只能以字母字符开头，以字母字符或数字字符结尾，其他位置可用字符、数字、连字符或下划线。

4）域名中的大、小写字母作用相同。

5）书写顺序从主机开始，直到域名树的根域为止。

3.5.3 万维网

起源于1989年的万维网（world wide web，WWW）是因特网提供的服务项目之一，也是因特网上发展最快、应用最广泛的服务。它是一个大规模的、联机式的信息场所。通过万维网，人们只要使用简单的方法，就可以迅速、方便地取得丰富的信息资料，包括文字、图像、视频以及其他所有的电子化信息。

WWW的组成如下。

1. 网页与网站

万维网的网页（Web page，也称Web页）可以包括文字、图像、声音、动画、视频等各种多媒体信息，是用超文本标记语言（hypertext markup language，HTML）编写的文档，其文件名后缀为.html或.htm。

WWW是Internet的组成部分，可以用浏览器（browser）查看。浏览器主要负责解释网页并完成相应转换和显示，它通过Web页来进行信息的传递和交流。

网站（website）就是放在Web服务器（server）上的一系列网页文档（web documents），由一个个网页组合在一起。Web服务器就是在因特网上运行某些特定程序的高性能计算机，它使得世界各地的用户可随时对其进行访问，获取所需的网页资料，因此Web服务器也指计算机和运行在它上面的服务器软件的总和。

主页（home page）是进入一个网站首先看到的那一页面，又称首页。主页包括图片查询、图书查询、电子报刊查询、网上购物、音乐视频、博客等功能，丰富多彩。

2. 超链接与超文本

万维网服务的基础是Web页，每个服务站点都包括若干个相互关联的页面。每个Web页可展示文本、图形图像、声音和视频等多媒体信息，又可提供一种特殊的链接，即超链接（hyperlink）。

超链接内嵌在文本或图像中。当用户单击文本中带下划线的词条（鼠标指针移上去变成手指状）时，便可用这种超链接指向某一种资源，可以是另一个Web页，也可以是相同网页上的不同位置，还可以是一幅图片、一个电子邮件地址、一个文件，甚至是一个应用程序等，这样可使全球范围的WWW服务连成一体。

超文本（hypertext）是指可以链接到其他文档的文字。从页面上看，超文本也是一般的文字描述，但它包含了其他文档或同一文档不同部分的超链接。

超媒体（hypermedia）是指通过图形来完成的链接，或者指通过链接可以获得或播放多媒体信息。图形超链接有时不容易分辨，通常，鼠标指针移上去时也会变成手指状。

3. 统一资源定位符

统一资源定位符（uniform resource locator，URL）用来表示从因特网上得到的资源位置和访问这些资源的方法，它帮助用户在因特网的信息海洋中获取所需要的资源。在因特网上的每一个文档都有一个用 URL 来表示的地址。

URL 一般由 3 部分组成，表示为“传输协议://主机 IP 地址或主机域名/资源目录和文件名”。例如，http://www.pku.edu.cn/chn/yxsz/index.htm。其中“http://”表示超文本传输协议，“www.pku.edu.cn”表示北京大学的主机域名；“chn/yxsz/index.htm”为资源目录（chn/yxsz）和文件名（index.htm），后缀为.htm 或.html 表示这是一个由超文本标记语言写出的文件。

提示

虽然 URL 中的字母不分大小写，但有的页面为了使读者看起来方便，故意用了一些大写字母，实际上这对使用 Windows 系统的计算机用户是没有帮助的。

用户还能通过 URL 使用其他的因特网应用程序，如 FTP 或 USENET 新闻组等。重要的是，用户在使用这些应用程序时，只需使用一个程序，即浏览器，这显然是非常方便的。

4. 超文本标记语言

超文本标记语言（hypertext markup language，HTML）是加入了许多被称为链接标签（tag）的特殊字符串的普通文本文件。

从结构上讲，HTML 文件由多种元素（element）组成，这些元素用于组织文件的内容和指导文件的输出格式。绝大多数元素是“容器”，即它有起始标记和结尾标记。

元素的起始标记叫作起始链接标签（start tag），元素的结尾标记叫作结尾链接标签（end tag），在起始链接标签和结尾链接标签中间的部分是元素体。

5. 搜索引擎

搜索引擎（search engine）是一个对 Internet 上的信息资源进行搜集、整理，然后供用户查询的系统。搜索引擎是一个为用户提供信息检索服务的网站，它使用某些程序（如网页蜘蛛等）把 Internet 上的所有信息归类，以帮助用户在信息海洋中搜寻到所需的资源。它也是用户获取最新信息的主要途径。常用的搜索引擎有百度（www.baidu.com）、必应（cn.bing.com）等。

6. BBS

BBS 中文名为电子公告板（bulletin board system）或者公告板服务（bulletin board service），是 Internet 上的一种电子信息服务系统。它提供一块公共电子白板，每个用户都可以在上面书写，可发布信息或提出看法。它是一种交互性强、内容丰富而实时的 Internet 电子信息服务系统。用户在 BBS 站点上可以获得各种信息服务，发布信息，进行讨论、聊天，等等。

7. 博客

博客（web blog）是继 E-mail、BBS、即时通信（QQ 等）之后出现的第 4 种网络交流方式。博客的概念要比日记广很多，它不仅要记录关于自己的点点滴滴，还注重其所提供的内容能否帮助别人，是共享与分享精神的体现。事实上，个人博客网站就是网民通过因特网发表各种思想观点的场所。

8. 微博

微博是微博客（microblog）的简称，它是基于用户关系的信息分享、传播以及获取平台。用户可以通过 Web、WAP 以及各种客户端组建个人社区，以 140 字左右的文字更新信息，并实现即时分享。美国的推特（Twitter）就是最著名的微博。2009 年 8 月，新浪网推出“新浪微博”，成为门户网站中第一家提供微博服务的网站，微博从此正式进入中文网主流人群的视野。

9. 微信

微信（WeChat）是腾讯公司推出的、提供免费即时通信服务的聊天软件。用户可以通过手机、平板电脑、网页快速发送语音、视频、图片和文字等信息，也可以使用通过共享流媒体内容的资料和基于位置的社交插件，如“摇一摇”“搜索号码”“附近的人”等服务插件添加好友和关注公众平台。

3.5.4 电子邮件

电子邮件（E-mail，也称电子信箱）是 Internet 上使用较多、较广泛且广受用户欢迎的一种服务，由于其快捷、方便、成本低和易于保存，深受个人和企业用户的青睐。数据显示，每分钟全球发送 1.88 亿封电子邮件，2020 年全球电子邮件用户规模达到 40.37 亿人。现在，电子邮件不仅可以传送文字信息，还可附上图像、声音等各种格式的文件，智能音箱等新类别正迅速为电子邮件的未来发展奠定坚实的基础。利用电子邮件可以得到大量免费的新闻、专题邮件。电子邮件的另一个优点是可以同时向多个接收者发送邮件，然而并不增加多少工作量和成本，这是任何传统的方式无法比拟的。

1. 电子邮件及其地址

在因特网上发送和接收电子邮件，实际是通过因特网服务提供商（internet service provider，ISP）的邮件服务器作为代理环节实现的。发送方可在任何时间将邮件发送到邮件服务器接收者的电子邮箱中，邮件会被存储起来，因此不用顾虑接收者的计算机是否打开。接收方在需要的时候检查自己的邮箱，并下载邮件。因此每个因特网用户申请邮箱开户后，就可以成为某个电子邮件服务系统的用户，并且只有用户本人输入相关账号和密码才能使用该邮箱。

TCP/IP 体系的电子邮件系统规定电子邮件地址的格式如下。

收信人邮箱名@邮箱所在的主机域名

其中，符号“@”读作“at”，表示在的意思。收信人邮箱名简称用户名，是收信人自己定义的字符串标识符，在邮箱所在服务器中必须是唯一的。例如，zxh@163.com，表示邮箱的名字是 zxh，邮箱所在的服务器的域名是 163.com。

2. 电子邮件的组成

一个电子邮件分为信封和内容两大部分。其中，信封就是 E-mail 地址，内容一般由 3 个部分组成：第 1 部分是邮件首部（header），包括发送方地址、接收方地址（允许多个）、抄送方地址（允许多个）、主题等；第 2 部分是邮件主体正文（body），即信件的内容；第 3 部分是邮件的附件，附件中可以包含一个或多个文件，文件类型不限，但附件的大小通常有一定限制。

现在大多数邮件系统都使用 MIME 协议，该协议允许邮件主体正文具有更加丰富的排版格式，还可以在文本中包含图片、声音、动画和超链接，从而使邮件的表达能力更强。

3. 电子邮件的相关协议与工作原理

电子邮件在发送和接收过程中需要遵循一些协议，应用比较多的电子邮件协议是 SMTP（简单邮件传输协议）、POP3（邮局协议版本 3）、IMAP4（交互邮件访问协议第 4 版）和 MIME（多用途互联网邮件扩展）等，下面主要介绍 SMTP 和 POP。

（1）SMTP

SMTP 是一个简单的基于文本的电子邮件传输协议，是因特网上用于在邮件服务器之间交换邮件的协议。SMTP 作为应用层的服务，可以适应于各种网络系统。

使用 SMTP 要经过建立连接、传送邮件和释放连接 3 个阶段。

（2）POP

电子邮件的收信人使用 POP 从邮件服务器的邮箱中取出邮件。POP 采用客户机/服务器的工作方式，有简单的电子邮件存储转发功能，现在使用的是它的第 3 个版本 POP3。POP3 使用户可以直接将邮件下载到本地计算机，在自己的客户端阅读邮件。如果电子邮件系统不支持 POP3，用户则必须通过远程登录，到邮件服务器上查阅邮件，即通过

Web 页方式登录邮件服务器进行相关操作。

电子邮件系统的组成和结构如图 3-17 所示。

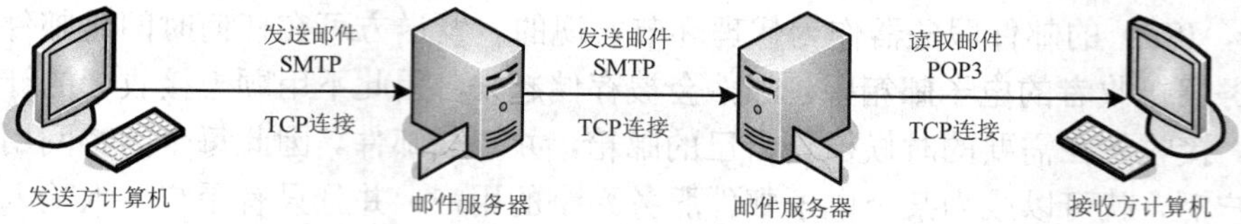

图 3-17　电子邮件系统的组成和结构

3.5.5　文件传输服务

文件传输协议（file transfer protocol，FTP）的功能是在两台计算机之间互相传送文件，适合在异构网络/主机间传输文件。FTP 采用客户机/服务器模式，在客户机和服务器之间使用 TCP 建立面向连接的可靠传输服务。FTP 要用到两个 TCP 连接，一个是命令链路，用来在 FTP 客户端与服务器之间传递命令；另一个是数据链路，用来从客户端向服务器上传文件，或从服务器下载文件到客户计算机。

因特网上有两大类 FTP 文件服务器，一类是非匿名 FTP 服务器，另一类是匿名 FTP 服务器。登录到非匿名 FTP 服务器时，首先需要登录到远程计算机，并输入相应的用户名和口令，才能进行本地计算机与远程计算机之间的文件传输。匿名 FTP 服务器允许网上的用户以 anonymous（匿名的）作为用户名，以本地的电子邮件地址作为口令，输入后即可登录。

使用 FTP 还可以通过基于网页的图形界面操作，非常方便地完成文件的上传和下载，可将网上的图片、音乐、影视以及软件下载到本地计算机中。

如果涉及大量数据传送则建议使用专门的 FTP 应用软件，如迅雷、Free Download Manager 等。

3.5.6　流媒体和手机电视

近年来，因特网的多媒体内容（主要是音频、视频）应用迅猛发展，其领域包括娱乐视频、IP 电话、因特网广播、多媒体网站、在线视频会议、交互式网络游戏、虚拟现实、远程教育等。

1. 流媒体

流媒体（streaming）是指采用流式传输的方式在因特网播放的媒体格式。在进行流式传输时，音频或视频文件由流媒体服务器向客户机连续实时地传送数据，用户不必等到整个文件全部下载完毕就能播放文件，避免了长时间的等待，当下载的一部分播放时，后台也在不断地下载其余部分。采用这种方法的流媒体播放软件很多，包括 RealPlayer、Windows Media Player、Flash Player、迅雷影音、QQ 影音、PotPlayer 等。

音频和视频流媒体用户一般通过 Web 浏览器请求服务，流媒体文件传输的过程如下。

1）当用户选择某个流媒体服务后，Web 浏览器和 Web 服务器之间通过 HTTP 交换信息，把要传输的实时数据从数据库中检索出来。

2）Web 浏览器启动音频或视频客户端程序，并根据检索到的相关参数、编码方式信息等对客户端程序进行初始化。

3）客户端和服务器直接运行实时流协议（real time streaming protocol，RTSP），交换音频或视频所需的控制信息（暂停、恢复、播放等）。

4）流媒体服务器将音频或视频流媒体文件传输给客户端程序之后，客户端程序可以进行播放。

目前流媒体文件的格式有很多，如 AVI、MPG、FLV、RM、RA、RMVB、ASF、MOV 等，不同格式的文件需要使用不同的软件播放器来播放。

2. 手机电视

手机电视（mobile TV）就是以手机为终端，利用具有操作系统和流媒体视频功能的智能手机观看电视节目。手机电视业务实际上是利用流媒体技术，把手机电视作为一种数据业务，电视节目内容便成了流媒体传输中的视频数据。这就要求在手机上安装终端播放软件，这个软件和流媒体服务器交互传输数据，可以实现边下载边播放。

目前，手机电视的实现方式有 3 种：利用蜂窝移动网络实现；利用卫星广播方式实现；在手机终端上安装微波数字电视接收模块，把手机变成一个微缩版的电视机。

随着互联网技术的日新月异，手机电视不仅能够提供传统的音视频节目，还可以利用手机网络方便地完成交互功能，更适合于多媒体增值业务的开展。

3.5.7　电子商务

电子商务（electronic commerce）是指可以在 Internet 开放的网络环境下，基于浏览器/服务器方式，让买卖双方互不谋面地进行各种商贸活动，实现消费者的网上购物、商户之间的网上交易和在线电子支付的新型商业运营模式。

电子商务是 Internet 技术应用的全新典型。Internet 本身所具有的开放性、全球性、低成本、高效率也成为电子商务的特征，并使得电子商务大大超越了其作为一种新的贸易形式所具有的价值。它不仅会改变企业本身的生产、经营、管理活动，而且将影响整个社会的经济运行与结构。

电子商务主要有如下特点。

1）将传统的商务流程电子化、数字化。它以电子流代替了实物流，从而可以大量减少人力、物力，降低成本；同时，它突破时间和空间的限制，使得交易活动可以不限时间与地点，从而大大提高效率。

2）具有开放性和全球性的特点，为企业创造更多的贸易机会。

3）企业可以以相近的成本进入全球电子化市场，这就使得中小企业有可能拥有和大企业一样的信息资源，因而提高了中小企业的竞争能力。

4）减少了中间环节，使生产者和消费者进行直接交易成为可能，从而改变了整个社会经济运行的模式。

5）商务活动的电子化意味着信息资源非常丰富，买卖双方可以互不谋面意味着不存在时空阻隔，因而为社会经济各要素重新组合、重新布局提供了机遇。

完整的电子商务除了买家、卖家，还会涉及银行或金融机构、政府机构、认证机构、配送中心等机构的功能。鉴于参与电子商务的各方在物理上互不谋面，因此网上银行、在线电子支付、数据加密、电子签名等会在电子商务中发挥关键的作用。

3.6 网络的信息安全

随着计算机在人类生活各领域的广泛应用，计算机病毒也在不断地产生和传播。计算机遭到非法入侵，重要资料被破坏或丢失，由此造成网络系统的瘫痪，给国家、公司等造成巨大的经济损失，甚至危及国家和地区的公共安全。因此，计算机网络的安全问题越来越受到人们的关注，必须给予充分重视并设法解决。

3.6.1 信息安全概述

网络安全从本质上来讲就是网络上的信息安全，网络安全应该具备 5 个特征：可用性、可靠性、完整性、保密性、不可抵赖性（也称为不可否定性）。

1）可用性：指得到授权的实体在需要时能访问资源和得到服务。

2）可靠性：指系统在规定条件下和规定时间内完成规定的功能。

3）完整性：指信息不被偶然或蓄意地删除、修改、伪造、乱序、重放等。

4）保密性：指确保信息不暴露给未经授权的实体。

5）不可抵赖性：指通信双方对其收、发过的信息均不可抵赖。

网络安全的一个通用定义是指网络系统的硬件、软件及系统中的数据受到保护，不被偶然地或者恶意地破坏、更改、泄露，系统连续、可靠、正常地运行，网络服务不中断。

网络安全措施分为物理安全措施和逻辑安全措施。

1）物理安全措施是指采用物理设备实现安全的措施。例如，警铃、保安、防火门、保险柜等。

2）逻辑安全措施是指采用非物理设备实现安全的措施。例如，加密、数字签名、数字时间戳、信息安全协议等。

3.6.2 防病毒技术

“计算机病毒”一词由美国计算机病毒研究专家提出。我国科学家给出了计算机病毒的定义，即编制或者在计算机程序中插入的破坏计算机功能或者数据，影响计算机使用并且能够自我复制的一组计算机指令或者程序代码。

1. 计算机病毒的特征

计算机病毒一般具有以下 4 个特征。

1）传染性：所有的计算机病毒都能传染给其他未感染该类计算机病毒的计算机。

2）破坏性：计算机病毒或多或少地都对计算机有一定的破坏作用。

3）隐蔽性：计算机病毒都能利用操作系统的弱点将自己隐藏起来，使用常规方法难以发现。

4）潜伏性：计算机病毒并不是随时都在运行，而是有一定的激发条件，当条件不满足时，它会潜伏在计算机的外存中，并不执行。

2. 计算机病毒的分类

计算机病毒按病毒感染性质和文件特点主要分为 4 种。

1）系统引导病毒（即引导区型病毒）：主要通过软盘等在 DOS 操作系统里传播。

2）文件型病毒（即寄生病毒）：感染扩展名为.com、.exe、.drv、.bin、.ovl、.sys 等的文件。

3）复合型病毒：兼有系统引导病毒和文件型病毒的特征。

4）宏病毒：一般是指用 BASIC 书写的病毒程序，即存在于 Microsoft Office 文档上的宏代码。

3. 计算机病毒的预防

计算机病毒是人为制造的，也会通过人的操作传播、扩散。对计算机病毒的预防可以从管理和技术两方面进行，它们是相辅相成的，这对防止病毒的破坏和传播更加有效。

（1）管理上的预防

管理上的预防是指用管理手段预防计算机病毒的传播。计算机网络管理人员应制定完善的使用计算机的管理制度，堵塞病毒的传播渠道，尽早发现并清除病毒。例如，养成备份数据的习惯，不在计算机上使用带病毒的 U 盘，经常对计算机磁盘和 U 盘进行病毒检测，打开网上收到的电子邮件、软件等时要用反病毒工具扫描等。

（2）用技术手段预防

用技术手段预防是指采用一定的技术措施预防计算机病毒，如使用杀毒软件、防火墙软件等，可及时获取病毒警报等。

4. 计算机病毒的清除

目前病毒的破坏力越来越强，几乎所有的软、硬件故障都可能与病毒有牵连，所以操作时如果发现计算机有异常，最佳的解决办法是用杀毒软件对计算机进行一次全面的清查。常用的杀毒软件有瑞星、360 杀毒、金山毒霸、诺顿、McAfee、卡巴斯基、小红伞等。

3.6.3 数据加密和数字签名

1. 数据加密

数据加密就是把数据信息（即明文）转换为通常情况下不可辨识的形式（即密文）的过程，其目的是使不应了解该数据信息的人无法识别。把密文转换为明文的过程称为解密。加密和解密过程构成加密系统，其基本组成如下。

1）需要加密的报文，即明文。

2）加密后形成的报文，即密文。

3）加密、解密的算法或装置。

4）加密、解密所需的钥匙，即密钥。密钥可以是数字、词汇或语句。

可见，加密、解密的核心问题是算法和密钥。加密算法分为两大类。

1）对称密钥加密体制。对称密钥即私钥加密，信息的发送方与接收方用同一个密钥进行加密和解密。

2）非对称密钥加密体制。非对称密钥即公钥加密，每个用户有两把密钥：一把为保密的私有密钥，用于解密；另一把为公开的公用密钥，用于加密。

随着计算机技术的发展，加密技术在计算机数据加密中得以广泛应用并成为保护计算机信息的重要手段，而数据加密技术也已经成为解决当今网络安全问题的核心技术。

2. 数字签名

数字签名（又称公钥数字签名、电子签章）是一种类似写在纸上的普通的物理签名，它使用公钥加密领域的技术来鉴别数字信息。经过数字签名的文件的完整性是很容易验证的，而且数字签名具有不可抵赖性。随着电子政务、电子商务等网络应用的不断开展，数字签名的应用会越来越普遍。

3.6.4 防火墙

防火墙是一种特殊编程的路由器，是在网络之间执行安全控制策略的系统。

防火墙主要由服务访问规则、验证工具、包过滤和应用网关 4 个部分组成，是一个位于计算机和它所连接的网络之间的软件或硬件。该计算机流入、流出的所有网络通信和数据包均要经过此防火墙。

设置防火墙的目的是保护内部网络资源不被外部非授权用户使用，防止受到外部非法用户的攻击。一般把防火墙内的网络称为可信的网络，把防火墙外的网络称为不可信的网络，如图 3-18 所示。

防火墙有很多种类，有些是独立的产品，集成在路由器中，称为硬件防火墙，功能强大，但是价格不菲；有些以软件模块形式组合在操作系统中（如 Windows XP SP2 及以上版本都自带了防火墙），还有著名的 COMODO Firewall 等软件防火墙，保护了计算机网络的安全，减少了网络安全问题引起的损害。

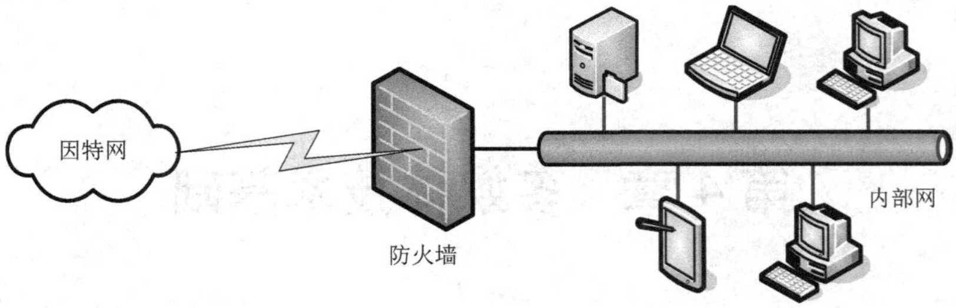

图 3-18　防火墙在互联网络中的位置

然而，防火墙并不是坚不可摧的，它不能防范后门程序的攻击，也不能防范从网络内部发起的攻击。一些黑客利用系统或站点的自身缺陷和漏洞，通过黑客技术和工具获取了系统或站点的最高权限，从而对系统或站点进行控制或攻击，造成系统或站点瘫痪，危害网络安全。

因此，那些在计算机中存有重要数据信息的用户应高度警觉、积极应对，除了设置防火墙，还可增加加密技术、入侵检测技术、病毒检测技术、内容过滤等综合性措施。

第 4 章　多媒体技术基础

多媒体技术的兴起给人们的生活、工作及生产方式带来了巨大的变革，多媒体技术在教育与培训、办公自动化、多媒体电子出版物、网络通信、家庭娱乐等领域的应用日益深入。计算机应用技术的迅猛发展给音频、视频、文本等形态的媒体带来了革命性的变革，对大众传播媒介产生了巨大影响。

4.1　多媒体技术的基本概念

“多媒体”一词译自英文 multimedia，该词由 multiple（译为：多重、复合）和 media（译为：介质、媒介和媒体）复合而成。因此，人们将文本、音频、视频、图形、图像、动画的综合体统称为多媒体。

4.1.1　媒体及其分类

媒体是指信息表示和传播的载体，如文字、声音、图形、图像、动画等都可称为媒体。多媒体是多种媒体的综合，是融合两种或两种以上媒体的人—机互动的信息交流和传播媒体。

按国际标准化组织制定的媒体分类标准，媒体可分为 5 种类型。

1. 感觉媒体

感觉媒体用于反映人类对客观环境的感知，表现为视觉、听觉、触觉等感觉形式，媒体内容有文字、语言、音乐、图形、图像、动画、影像、手势等。

2. 表示媒体

表示媒体的功能是定义信息的表达特征，主要表现为计算机数据格式，如ASCII 编码、图像编码、音频信号编码、视频信号编码等。

3. 表现媒体

表现媒体用于表达信息，即输入/输出信息。它是指可以把感觉媒体转换成表示媒体，或者把表示媒体转换成感觉媒体的物理设备。其内容有键盘、鼠标、光笔、话筒、显示屏幕、打印机、摄像机等。

4. 存储媒体

存储媒体是指用于存放表示媒体以便计算机随时加工处理的物理实体，主要内容有软盘、硬磁盘、光盘、磁带、半导体存储芯片等。

5. 传输媒体

传输媒体是指能够将表示媒体从一台计算机传送到另一台计算机的通信载体，具体表现为信息传输的网络介质，如电缆、光缆、微波无线链路、红外无线链路等。

上述媒体类型只包括了目前计算机多媒体技术可处理的一部分，随着多媒体技术的不断发展，处理的媒体类型会不断增加。

4.1.2　多媒体技术介绍

多媒体技术（multimedia technology）是指使用计算机综合处理文本、声音、图形、图像、动画、视频等多种不同类型媒体信息的技术，其实质是通过数字化采集、获取、压缩/解压缩、编辑、存储等加工处理，以单独或合成形式表现出来的一体化处理技术。

多媒体技术强调的是交互式综合处理，因此它具有以下 3 个重要特征。

1. 信息媒体多样化（或多维化）

信息媒体多样化（或多维化）指计算机可以处理的信息类型的多样化，可以是传统的数值、文字、静止的图像，也可以扩展到声音和视频信息。

2. 集成化（或综合化）

集成化（或综合化）指计算机能够以多种不同的媒体类型综合地表现某个完整的多媒体信息，做到“文、图、声、像”一体化。如果只是将不同类型的媒体存放在计算机中，而不建立媒体之间的联系，则不能称为媒体的集成。多媒体设备的集成包括硬件和软件两个方面。多媒体信息由计算机统一存储和组织，使得一加一远大于二的系统特性得到体现，应该说集成化是系统的一次飞跃。

3. 交互性

交互性指用户可以操纵和控制多媒体信息，使获取和使用信息变被动为主动。交互性不仅增加了用户对信息的注意力和理解，延长了信息的保留时间，而且交互活动本身也作为一种媒体加入了信息传递和转换的过程，从而使用户获得更多的信息。

多媒体技术是基于计算机技术的综合技术，包括数字信号处理技术、音频和视频技术、计算机软件和硬件技术、人工智能和模式识别技术、通信和图像处理技术等。

4.2 多媒体信息与数据压缩

多媒体信息是多种媒体在计算机中的数据描述，其中图形、图像、音频和视频较为常见。同时，多媒体数据具有数据量大，存储、传输不便的特征，故数据压缩技术得到了广泛的应用。

4.2.1 图形与图像

计算机有两种表示图的方式：图形与图像。在用户看来二者相同，但对多媒体制作者来说二者是完全不同的。在计算机中，图形和图像都被转换为数字形式并以文件的形式存储。

1. 图形

图形是指从点、线、面到三维空间的黑白或彩色几何图，主要着重于事物的几何性质描述。在几何学中，几何元素用具有方向和长度的矢量线段表示，所以也可称为矢量图。在计算机中，图形是经过运算形成的抽象化结果。其中，矢量图形以一组描述点、线、面等大小形状及其位置、维数的指令形式存在，通过读取这些指令并将其转为屏幕上所显示的形状和颜色来生成图形。

2. 图像

图像是指自然界中客观景物通过某种系统的映射，使人们产生视觉感受，如照片。图像可以分为静态图像和动态图像。单一的图像表示静态效果；连续的图像表示动态效果。静态图像是一个矩阵，由一些排列成行和列的点组成，这些点称为像素点（pixel）。每个像素点用若干二进制位描述，故图像也称为位图（bmp）。对于黑白图像，每个像素点常用 1 位值表示；对于灰度图，常用 4 位（16 种灰度等级）或 8 位（256 种灰度等级）表示该点的亮度；而彩色图像则有多种描述方法。

位图适合于表现比较细致、层次和色彩比较丰富、包含大量细节的图像，如自然景观、人物等。由像素矩阵组成的图像可用彩色扫描仪扫描照片或图片来获得，还可以用摄像机、数字照相机拍摄，获得数字化帧画面。

图像的属性包括分辨率、像素深度、真/伪彩色、图像的表示法和种类等。我们经常遇到的分辨率有两种：屏幕分辨率和图像分辨率。

1）屏幕分辨率是衡量显示设备再现图像时所能达到的精细程度的度量方法，通常用水平和垂直方向所能显示的像素数目表示，写成“水平像素数×垂直像素数”，常见的屏幕分辨率有 800×600、1280×720、1440×900、1920×1080 等。

2）图像分辨率是图像精细程度的度量方法，对于同样尺寸的一幅画，像素数目越多，说明图像的分辨率越高，看起来就越逼真。像素深度是指存储每个像素所用的位数。

静态图像数据量的计算公式如下。

数据量(单位: byte)=(水平方向分辨率×垂直方向分辨率×颜色深度)/8

【例 4-1】一幅中等分辨率的真彩色位图图像，图像分辨率为 640×480 像素，图像色彩由红、绿、蓝三基色合成，每种颜色用 8 bit 表示，颜色数共有 $2^8×2^8×2^8$=16777216 种，用 24 bit 表示，即颜色深度为 24 位。该图像的数据量如下。

(640×480×24)/(8×1024)= 900(KB)

如果数字视频光盘用这种方式存储图像信号，每秒按 60 帧画面计算，那么光盘上 1 min 的图像存储量为

900×60×60 /(1024×1024)≈3.09(GB)

在计算机中常用的图像文件类型如下。

（1）BMP

BMP（bitmap）即位图文件格式，它是一种原始且通用的文件格式，占用存储空间大，也是 Windows 系统下的标准格式。

（2）GIF

GIF 格式是由美国 CompuServe 公司研制的。它采用了可变长度等压缩算法进行无损压缩，减少了数据量。GIF 的特点是较少的颜色数（最多支持 256 种）、无损压缩和支持透明色，适用于网上的小图片，如徽标（logo）或图标（icon）。

（3）JPG

JPG 即 JPEG，代表联合图像专家组所制定的一种图像压缩标准。此标准的压缩算法采用有损压缩，是网上非常流行的一种图像格式。

此外，常用的多媒体文件格式还有 TIF、PCX、PCT、TGA 和 PSD 等。

4.2.2　音频信息与视频信息

1. 音频信息

音频信息是多媒体系统中使用最多的信息。声音携带的信息量大、精细、准确。多媒体音频信息可按用途、声音来源和文件格式等多种方式分类。

（1）按用途分类

按用途分类，音频可分为语音、音乐和声效等。

（2）按声音来源分类

1）数字化声波，即利用声卡等专用设备将语音、音乐等波形信息转换成数字方式，并经编码保存起来，使用时再解码和转换成原来的波形。

2）MIDI 合成，即通过电子乐器的弹奏形成数字指令驱动音乐合成器，并借助合成器产生的数字声音信号还原成相应的音乐或音效。

3）利用声音素材库获取，但应有版权许可。

（3）按文件格式分类

音频可分为波形音频（若其扩展名为.wav，则用于 Windows 环境；若其扩展名为.voc，则用于 DOS 环境）、MIDI 音频（扩展名为.mid）以及 CD 音频（CD audio）。

声音进入数字计算机时信号必须数字化。声音数字化信息的数据量由采样频率、量化位数、声道数和声音持续时间所决定。其数字化过程主要分为以下两步。

1）时间量化，即采样。采样是指将声音信号在时间上离散化，即每隔相等的一段时间抽取一个信号样本。每秒需要采集的声音样本个数就是采样频率。通常采样频率越高，音质就越好，占用存储空间也会较大。奈奎斯特理论指出：采样频率不应低于声音信号最高频率的两倍（$f_{采样}>2f_{声音}$），这样就能把以数字表达的声音还原成原来的声音。常用的音频采样频率有 8 kHz、11.025 kHz、22.05 kHz、16 kHz、44.1 kHz、48 kHz 等。

2）幅度量化。幅度量化是指将上述连续的信号幅度离散化，这是因为 n 位二进码能精确表示的数据只有 2^n 个，因而全部采样数据只能用这 2^n 个数据来近似表示，这就不可避免地会产生量化误差，即量化噪声。

一个声音文件所需存储空间的计算公式如下。

存储空间(单位: byte)=采样频率×采样精度/8×声道数×时间

【例 4-2】一段持续 1 min 的双声道立体声声音，若采样频率为 44.1 kHz，采样精度为 16 bit，数字化后不进行任何压缩，需要的存储容量如下。

$$[44.1\times1024\times(16/8)\times2\times60]/(1024\times1024)\approx10.34(\text{MB})$$

提示

1 MB=2^{10} KB=2^{20} B=$2^{30}\times8$ bit，2^{10} =1024。为了方便计算，可将 1024 记为 1000 进行运算。

2. 视频信息

视频信息实际上是由许多幅单个画面构成的，将若干有联系的图像数据连续播放便形成了视频。电影、电视通过快速播放每帧画面，加上人眼的视觉滞留效应便产生了连续运动的效果。如果再把声音加进去，就可实现视频、音频的同时播放。

为了使视频信息能被计算机处理，首先必须对它进行数字化。视频信息的数字化是指在一定时间内以一定的速度对单帧视频信号进行捕获、处理以生成数字信息的过程。

视频信息数字化后具有许多优点，如可以无失真地进行无数次复制、可以用许多新的方法对数字视频进行创造性编辑等。数字视频的数据量很大，通常 1 min 的数字视频数据量约为 1 GB。

计算机中常见的视频格式有 AVI、MOV、RMVB、FLV、MP4、3GP 等。

（1）AVI

AVI 是由微软公司发布的视频格式，可以说是视频领域最悠久的格式。AVI 格式调用方便、图像质量好，压缩标准可任意选择，是应用最广泛、应用时间最长的格式。

（2）MOV

MOV 即 QuickTime 影片格式。它是 Apple 公司开发的一种音频、视频文件格式，用于存储常用数字媒体类型，可以保存音频和视频信息，支持所有主流计算机平台。

（3）RMVB

RMVB 中的 VB 指 variable bit rate（可变比特率）。较上一代 RM 格式，RMVB 画

面要清晰很多，原因是降低了静态画面下的比特率。

（4）FLV

FLV 是 flash video 的简称。FLV 流媒体格式是一种新的视频格式。由于它形成的文件极小、加载速度极快，因此网络观看视频文件成为可能，其有效地解决了视频文件导入 Flash 后，导出的 SWF 文件体积庞大，不能在网络上很好地使用等问题。

（5）MP4

MP4 是一套用于音频、视频信息的压缩编码标准，支持 MPEG-4 标准的音频、视频文件。MPEG-4 格式主要用于光盘、语音发送（视频电话），以及电视广播。

（6）3GP

3GP 是第三代合作伙伴项目计划为 3G UMTS 多媒体服务定义的一种多媒体容器格式，主要应用于 3G 移动电话，但也能在一些 2G、4G 手机上播放。

（7）ASF

ASF 是微软公司 Windows Media 的核心。这是一种包含音频、视频、图像以及控制命令脚本的数据格式。利用 ASF 文件可以实现点播功能、直播功能以及远程教育，具有本地或网络回放、可扩充的媒体类型等优点。

（8）WMV

WMV 是微软公司开发的一系列视频编解码及其相关的视频编码格式的统称。WMV 文件使用 ASF 容器格式来封装已编码的多媒体内容。

4.2.3　数据压缩

多媒体是将文本、图形、图像、音频、视频、动画、通信和计算机技术结合在一起的一种新技术，在处理图形、图像、音频、视频、动画等多种媒体的信息时，需要占用相当大的物理存储空间。例如，一幅具有中等分辨率（640×480）的真彩色图像（24 b/ px），它的数据量约为每帧 7.37 Mb。若要达到每秒 25 帧的全动态显示要求，每秒所需的数据量约为 184 Mb，即要求系统的数据传输速率必须达到 184 Mbit/s，这对计算机系统和网络传输的要求过高。因此，在多媒体计算机系统中，为了达到令人满意的图像、视频画面质量和听觉效果，必须解决视频、图像、音频信号数据的大容量存储和实时传输问题。解决的方法除提高计算机本身的性能及通信信道的带宽外，更重要的是对信息进行有效的压缩。

1. 数据压缩基本原理

数据压缩的对象是数据而不是信息。可以进行压缩的数据有 3 个主要特征。

（1）数据具有冗余度

音频信号和视频信号等原始数据包括很多具有相同信息的数据。例如，每幅图像通常都有背景色，背景色中会有很多颜色、亮度相同且相互邻接的像素，显然，对这样的像素群不必存储、传输每一个像素，只要确定它们的边界在图像中的位置即可恢复图像原貌，这就是数据的冗余度。数据压缩就是要去掉这些冗余度，因而称为冗余压缩法，也称为无损压缩法。

（2）数据具有相关性

数据之间通常存在着相关性。例如，电视图像中，通常多数相邻像素是相同的，相邻两帧之间往往也只有少量的像素不同；声音信号也有一定的规律性和周期性，相邻样本值通常不会突然变化。因此，人们不必存储、传输每一个数据，而是利用这些相关性进行预测，存储和传输预测误差数据，从而起到数据压缩作用，预测编码就是依据这一原理；或是通过正交变换求解，把大量数据的能量集中到少量数据上，从而存储、传输少量数据，这就是变换编码的原理。这种变换有时会带来不可恢复的损失和误差，因此它们通常是有损压缩。

利用数据相关性的压缩也可以是无损压缩。例如，在英语文章中，字母 t 后面紧跟字母 h 从而在单词中形成 th 的概率会很大，而字母 t 后面紧跟字母 m 从而在单词中形成 tm 的概率几乎为 0。利用这种相关性同样可以进行数据压缩。

（3）数据具有不敏感因素

一般地，人类的眼睛对图像边缘的变化不敏感，如果对边缘的数据进行压缩，就可以减少数据量。同样，人类的耳朵对某些频率的音频信号不敏感，去掉这些不敏感部分，也可以减少数据量而不明显影响视听。这种压缩也属于有损压缩。

2. 数据压缩类型

多媒体数据压缩技术可分为无损压缩和有损压缩。

（1）无损压缩

用压缩后的数据进行重构（也称解压缩），重构后的数据与原来的数据完全相同的数据压缩称为无损压缩。无损压缩利用数据的统计冗余进行压缩，可以完全恢复原始数据而不引起任何失真。这类方法广泛用于磁盘文件、文本数据、程序和特殊应用场合的图像数据（如指纹图像、医学图像等）的压缩。根据当前的技术水平，无损压缩可把普通文件的数据压缩到原来大小的1/4～1/2。经常使用的无损压缩方法有 Shannon-Fano 编码、Huffman 编码、游程（run-length）编码、LZW（Lempel-Ziv-Welch）编码和算术编码等，它们统称为统计编码。

（2）有损压缩

用压缩后的数据进行重构，重构后的数据与原来的数据有所不同，但不会使人们对原始资料所表达的信息产生误解，这种数据压缩技术称为有损压缩。有损压缩利用了人类对图像或声波中的某些频率成分不敏感的特性，允许压缩过程中损失一定的信息；虽然不能完全恢复原始数据，但是所损失的部分对理解原始图像的影响并不大，从而可以换来较大的压缩比。有损压缩适用于重构数据允许和原始数据有所差异的应用，如声音、图像和视频数据的压缩。

3. 编码标准

在多媒体应用中，常见的压缩方法有 PCM（脉冲编码调制）、预测编码、变换编码、统计编码、矢量量化和子带编码等，混合编码是近年来广泛采用的方法。

（1）静态图像 JPEG 编码标准

JPEG（joint photographic experts group）是由 ISO 和 CCITT 两个组织机构联合制定的静态数字图像数据压缩编码标准，称为 JPEG 算法，是国际上通用的标准。JPEG 是一个适用范围很广的静态图像数据压缩标准，不仅适用于静态图像的压缩，而且电视图像帧内的图像压缩编码也常采用此算法。JPEG 标准制定了有损和无损两种压缩编码方案。

（2）动态图像 MPEG 编码标准

MPEG（moving picture expert group）是由 ISO 和 IEC 联合成立的、负责开发电视图像数据和声音数据的编码、解码和同步等标准的专家组开发的标准。

MPEG 主要包括 MPEG 视频、MPEG 音频和 MPEG 系统（视音频同步）3 个部分。MPEG 压缩标准是针对运动图像设计的，其平均压缩比可达 50∶1。因此，MPEG 标准具有压缩率比较高、有统一的格式和兼容性好的特点。

在不同发展阶段，专家组推出了一系列的 MPEG 标准。

1）MPEG-1 标准。MPEG-1 标准是 1992 年发布的数字电视标准，由 MPEG-1 视频、MPEG-1 音频和 MPEG-1 系统 3 部分组成。MPEG-1 具有较低的数据速率，中等分辨率，相当于 VHS 家用录像机质量，主要用在 Video CD（VCD）、MP3（MPEG-1 layer 3）等产品上。

2）MPEG-2 标准。MPEG-2 标准是 1994 年发布的直接与数字电视广播有关的高质量图像和声音的编码标准，主要用在 DVD、ATSC、DVB、ISDB 等数字电视标准以及数字电视机顶盒等产品上。

3）MPEG-4 标准。MPEG-4 标准是 1999 年发布的一种数据率很低的多媒体通信标准，主要应用在多媒体通信、数字电视和人机互动系统等产品中，现被改称为视听对象编码标准。

4）MPEG-7 标准。MPEG-7 标准是 2001 年发布的多媒体内容描述接口标准，它是在 MPEG-1、MPEG-2 和 MPEG-4 等标准的基础上，为满足特定需求而制定的用于描述和搜索视听内容的标准。

5）MPEG-21 标准。MPEG-21 标准是 2000 年启动的多媒体框架标准。MPEG-21 标准其实就是一些关键技术的集成，通过这种集成环境对全球数字媒体资源进行透明和增强管理，实现内容描述、创建、发布、使用、识别、收费管理、产权保护、用户隐私权保护、终端和网络资源抽取、事件报告等功能。

第 5 章　文档编辑软件 Word 2016

Word 2016 是微软公司开发的 Microsoft Office 2016 套装软件中专门进行文字处理的应用软件。利用 Word 2016，用户可以创建专业水准的文档，轻松高效地与他人协同工作。用户可以方便地创建与编辑报告、信件、新闻、传真和表格等，也可以处理文字、表格、图形、图片等文件。

Word 2016 界面友好、功能丰富、易学易用、操作方便，能满足各种文档排版和打印需求，且“所见即所得”，是办公必备的工具软件之一。Word 2016 功能强大，包括导航窗格、屏幕截图、背景移除、屏幕取词、文字视觉效果、图片艺术效果、SmartArt 图表、编写博客等，有趣实用，而且更加人性化，可以让文档呈现得更加丰富多彩。

Word 2016 所创建的内容都可以保存为一个文件，称为 Word 文档，默认扩展名是.docx。

5.1　Word 2016 基础

5.1.1　启动与退出

1. *启动* Word 2016

启动中文版 Word 2016 的方法有 4 种，用户可根据自己的习惯选择其中任何一种方法。

1）单击“开始”按钮，在打开的菜单中选择 Word 2016 命令。

2）双击桌面上的 Word 2016 应用程序快捷方式图标。

3）按 Win+R 组合键打开“运行”对话框，在文本框中输入 Word.exe，单击“确定”按钮。

4）通过打开已经存在的 Word 文件来启动 Word 2016 应用程序。

2. *退出* Word 2016

用户在使用完 Word 2016 之后，需要进行退出操作。退出的方法有以下几种。

1）单击窗口右上角的“关闭”按钮×。

2）在标题栏的空白处右击，在弹出的快捷菜单中选择“关闭”命令，如图 5-1 所示。

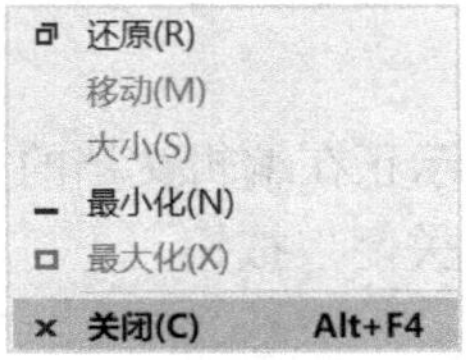

图 5-1　选择“关闭”命令

3）选择“文件”选项卡，在打开的后台视图中选择“关闭”选项。

4）按 Alt+F4 组合键。

5.1.2　工作界面

Word 2016 的工作界面由快速访问工具栏、标题栏、选项卡、功能区、编辑窗口、标尺、滚动条、状态栏、视图切换工具栏、显示比例控制栏等组成，基本结构如图 5-2 所示。

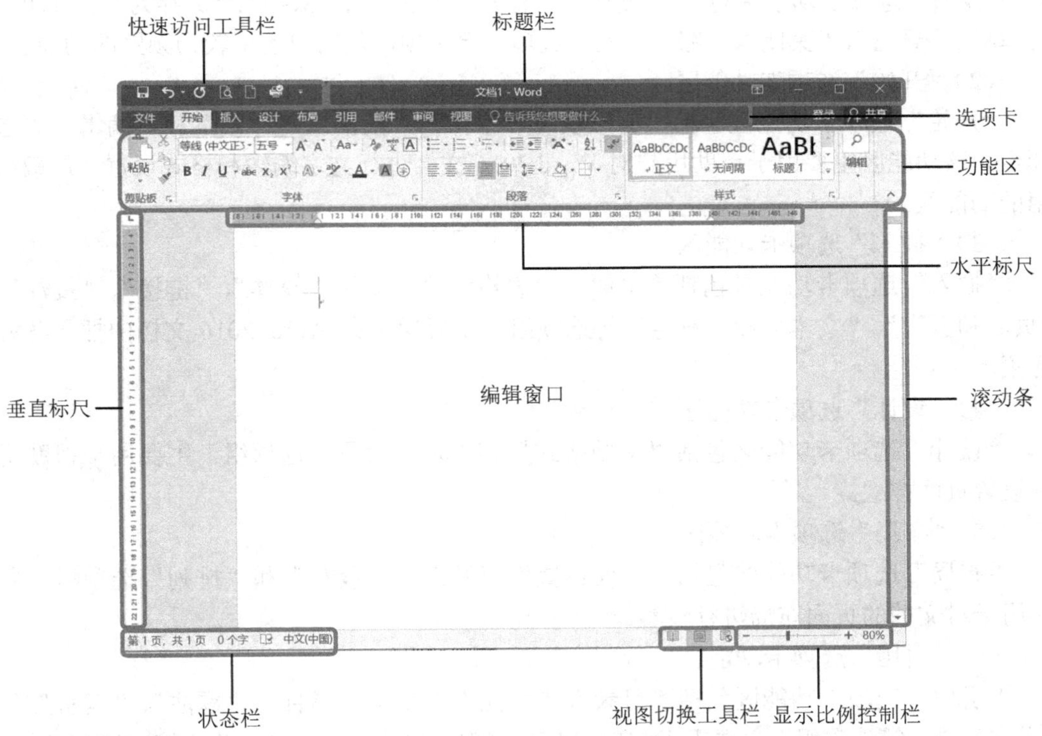

图 5-2　Word 2016 工作界面

1. 快速访问工具栏

快速访问工具栏通常位于窗口的顶部，用户可以将一些常用的命令或者工具添加进去，方便使用，提高工作效率。

2. 标题栏

标题栏位于窗口的最上方，显示正在编辑文档的文件名以及所使用的软件名。其右侧为“最小化”、“最大化”以及“关闭”按钮。

3. 选项卡

Word 2016 主要包括“文件”、“开始”、“插入”、“设计”、“布局”、“引用”、“邮件”、“审阅”和“视图”等选项卡。

4. 功能区

功能区中包含编辑文档时需要使用的所有命令，选择不同的选项卡将显示不同的功能区，每个功能区中则根据功能的不同分为若干个选项组，每个选项卡功能区所拥有的功能如下所述。

（1）“文件”选项卡功能区

“文件”选项卡功能区包括 “新建”、“打开”、“信息”、“保存”、“另存为”、“打印”、“共享”、“导出”、“关闭”、“账户”及“选项”等选项，是用户使用较为频繁的功能区。

（2）“开始”选项卡功能区

“开始”选项卡功能区包括“剪贴板”、“字体”、“段落”、“样式”和“编辑”等选项组，该功能区主要用于帮助用户对 Word 2016 文档进行文字编辑和格式设置，是最常用的功能区。

（3）“插入”选项卡功能区

“插入”选项卡功能区包括“页面”、“表格”、“插图”、“媒体”、“链接”、“批注”、“页眉和页脚”、“文本”和“符号”等选项组，主要用于在 Word 2016 文档中插入各种元素。

（4）“设计”选项卡功能区

“设计”选项卡功能区包括“文档格式”和“页面背景”选项组，主要用于帮助用户设置页面样式。

（5）“布局”选项卡功能区

“布局”选项卡功能区包括“页面设置”、“稿纸”、“段落”和“排列”选项组，主要用于对文档的页面布局进行设置。

（6）“引用”选项卡功能区

“引用”选项卡功能区包括“目录”、“脚注”、“引文与书目”、“题注”、“索引”和“引文目录”等选项组，主要用于实现在 Word 2016 文档中插入目录等比较高级的功能。

（7）“邮件”选项卡功能区

“邮件”选项卡功能区包括“创建”、“开始邮件合并”、“编写和插入域”、“预览结果”和“完成”选项组，专门用于在 Word 2016 文档中进行邮件合并方面的操作。

（8）“审阅”选项卡功能区

“审阅”选项卡功能区包括“校对”、“见解”、“语言”、“中文简繁转换”、“批注”、

“修订”、“更改”、“比较”和“保护”选项组，主要用于对 Word 2016 文档进行校对和修订等，适用于多人协作处理 Word 2016 长文档。

（9）“视图”选项卡功能区

“视图”选项卡功能区包括“视图”、“显示”、“显示比例”、“窗口”和“宏”等选项组，主要用于帮助用户设置 Word 2016 操作窗口的视图类型，以方便操作。

5. 编辑窗口

文档窗口的中间矩形区域即编辑窗口，是输入内容、进行编辑的区域，利用 Word 提供的功能支持，用户能够在此编辑出图文并茂的文档。

6. 视图切换工具栏

视图切换工具栏中的视图切换按钮可用于更改正在编辑的文档的显示模式以符合用户的要求。

7. 滚动条

滚动条可用于更改正在编辑的文档的显示位置。Word 2016 的滚动条包括垂直滚动条和水平滚动条，分别位于文档的右方和下方，用来滚动显示文档中在当前屏幕上看不到的内容。要显示或隐藏滚动条，可以选择“文件”选项卡，在打开的后台视图中选择“选项”选项，在打开的“Word 选项”对话框左侧选择“高级”选项，在右侧编辑区的“显示”选项组中进行设置。

8. 显示比例控制栏

显示比例控制栏位于 Word 2016 窗口右下角，其中的缩放滑块可用于更改正在编辑的文档的显示比例。

9. 状态栏

状态栏位于窗口的底部，用于显示文档的有关信息，如当前页面数、页面总数、总字数、语言（国家/地区）等。

10. 标尺

标尺用于帮助用户在文档中对齐文本，它也是一个可选择的栏目。要显示或隐藏标尺，可以选中或取消选中“视图”选项卡下“显示”选项组中的“标尺”复选框。

5.1.3　基本操作

在使用 Word 时，要创建一个新文档才能输入和编辑文档内容。

1. 新建文档

（1）通过启动程序创建

1）单击“开始”按钮，展开菜单。

2）选择“Word 2016”命令，启动 Word 2016 应用程序。

3）选择“空白文档”选项，即可创建一个新的空白文档。

（2）通过选项卡创建

如果先前已经启动了 Word 2016 程序，在编辑文档的过程中，还需要创建一个新的空白文档，可以通过“文件”选项卡的后台视图来实现，步骤如下。

1）选择“文件”选项卡，在打开的后台视图中选择“新建”选项，如图 5-3 所示。

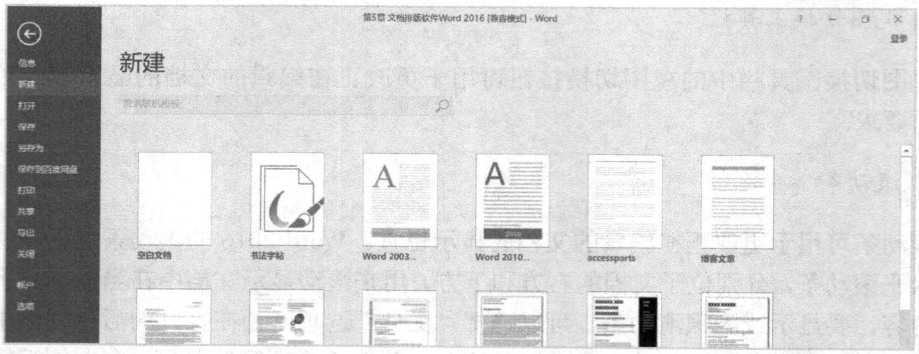

图 5-3　创建新文档

2）在“新建”区域中选择“空白文档”选项，即可创建一个新的空白文档。

（3）通过快速访问工具栏创建

将“新建”命令添加到快速访问工具栏中，然后单击“新建”按钮，即可创建新的空白文档。

（4）使用快捷键创建

按 Ctrl+N 组合键，即可创建一个新的空白文档。

2. 打开文档

在 Word 2016 中，打开文档有 3 种方式。

1）选择要打开的 Word 文档，直接双击文件打开。

2）要打开最近使用的 Word 文档，选择“文件”选项卡，在打开的后台视图中选择“打开”选项，在窗口中间区域选择“最近”选项，即可在最右侧列出的最近使用过的文档列表中选择需要打开的文档。

3）要打开已经存在的 Word 文档，选择“文件”选项卡，在打开的后台视图中选择“打开”选项，在窗口中间区域选择“浏览”选项，弹出如图 5-4 所示的“打开”对话框，在对话框中选择文档所在的驱动器、文件夹并选中文件，单击“打开”按钮。

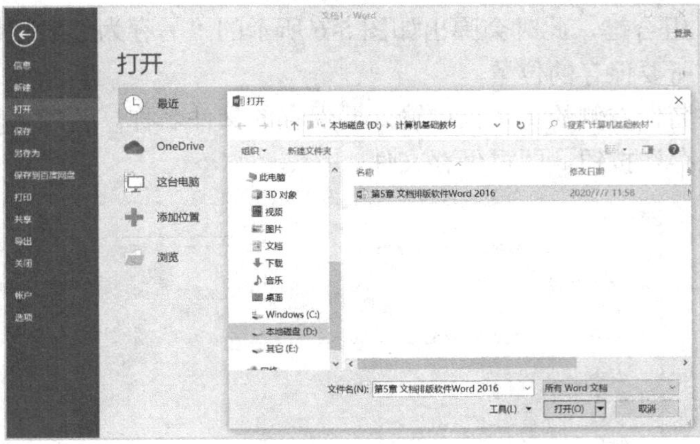

图 5-4　“打开”对话框

3. 关闭文档

文档编辑好后应及时保存并关闭，以节省内存空间。关闭文档有以下几种方法。

1）选择“文件”选项卡，在打开的后台视图中选择“关闭”选项。

2）单击 Word 2016 窗口右上角的“关闭”按钮。

3）在标题栏任意位置右击，在弹出的快捷菜单中选择“关闭”命令。

4）在任务栏中右击正在使用的 Word 文档图标，在弹出的快捷菜单中选择“关闭窗口”命令即可关闭该文档。

5）按 Alt+F4 组合键也可以关闭文档。

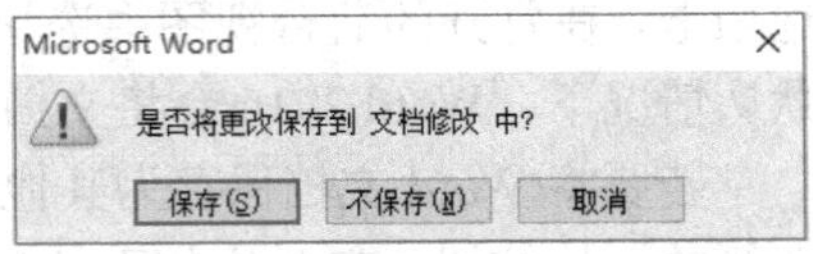

图 5-5　更改保存对话框

若文档在关闭前进行了更改，则系统在关闭文档前会弹出询问是否保存更改的对话框，如图 5-5 所示。单击“保存”按钮保存当前文档；单击“不保存”按钮，则不保存更改内容；单击“取消”按钮，则回到文档编辑状态。

4. 保存文档

在使用 Word 2016 制作文档时，为了防止因计算机死机、断电等突发状况造成文档内容的丢失，在编辑过程中一定要经常进行保存文档的操作，不能只在文档编辑结束时才进行保存。保存文档有 3 种方法：手动保存新文档、将现有文档保存为新文档和自动保存文档。

（1）手动保存新文档

手动保存新文档是指对新建的、从未保存过的文档所做的保存操作。保存新文档的具体方法如下。

1）选择“文件”选项卡，在打开的后台视图中选择“保存”选项。

2）单击快速访问工具栏中的“保存”按钮。

3）利用“另存为”对话框进行保存，具体步骤如下。

① 按 Ctrl+S 组合键，此时会弹出如图 5-6 所示的“另存为”对话框。
② 选择文件所要保存的位置。
③ 在“文件名”右侧的文本框中输入要保存的文件名称。
④ 单击“保存”按钮，即可保存文件。

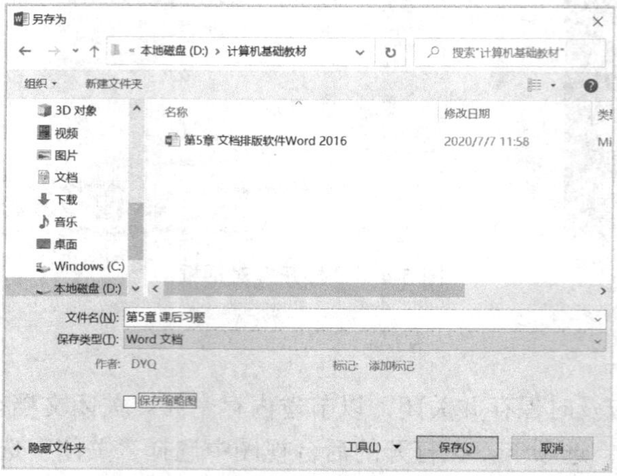

图 5-6 “另存为”对话框

对已经保存过的文档，如果要将修改的内容保存至源文档中，只需要选择“文件”选项卡，在打开的后台视图中选择“保存”选项即可，此时不再弹出“另存为”对话框。默认情况下，Word 2016 会将文档保存在 Windows 系统的“文档”文件夹中。

若要将 Word 文档保存为其他类型的文件，在“另存为”对话框中单击“保存类型”右侧的下拉按钮，在弹出的下拉列表中选择需要保存的文件类型即可。

（2）将现有文档保存为新文档

有时候对文档进行修改后，既想保存修改过的文档内容，又想对原来的文档内容进行备份，那么在保存文档时就可以选择“另存为”选项创建新的文件，具体方法如下。

1）选择“文件”选项卡，在打开的后台视图中选择“另存为”选项，然后在弹出的“另存为”对话框中为文档命名。

2）命名完成后再对该文档进行编辑，编辑结束后必须进行保存。这时，可方便地在快速访问工具栏中单击“保存”按钮或者选择“文件”选项卡，在打开的后台视图中选择“保存”选项实现。

（3）自动保存文档

定期手动保存文档是保护用户工作成果的可靠方式，但有时在用户保存对文档所做的更改之前，程序会意外关闭，如发生断电、Word 2016 程序崩溃等。

为了在 Word 2016 程序意外关闭时保护用户所做的工作，将损失降到最小，Word 2016 提供了自动保存功能。自动保存是指 Word 会按照用户设置的时间间隔自动保存文档。自动保存文档的具体设置方法如下。

1）选择“文件”选项卡，在打开的后台视图中选择“选项”选项，在打开的“Word

选项”对话框中选择“保存”选项后，根据需要设置参数。

2）如图 5-7 所示，在对话框右侧选中“保存自动恢复信息时间间隔”复选框，在“分钟”文本框中输入文件保存频率的数字，如 10 分钟，单击“确定”按钮。

图 5-7　设置自动保存时长

5. 文件加密

为防止他人随意打开用户的隐私文档，可在保存时为文件加密，具体方法如下。

1）选择“文件”选项卡，在打开的后台视图中选择“另存为”选项，选择“浏览”选项，打开“另存为”对话框。

2）在打开的对话框下方单击“工具”下拉按钮，在弹出的下拉列表中选择“常规选项”选项，打开“常规选项”对话框。

3）在“打开文件时的密码”文本框中输入密码，单击“确定”按钮。

5.1.4　文档视图

视图是文档在计算机屏幕上的显示方式。Word 2016 主要提供了“页面视图”“阅读版式视图”“Web 版式视图”“大纲视图”“草稿”5 种视图方式。用户还可以根据需要将文档设置成不同的显示比例。各种视图之间的切换，可利用“视图”选项卡中“文档视图”选项组中的快捷按钮来完成，也可以单击状态栏右侧视图切换按钮，在“页面视图”“阅读版式视图”“Web 版式视图”3 种视图之间进行切换。

1. 页面视图

页面视图是在文档编辑中最常用的，也是最初进入 Word 2016 时见到的显示方式，适用于概览整个文章的效果。在该视图下，用户可以看到图、文的排列格式，其显示效果与最终打印出来的效果相同，同时还可以编辑页眉和页脚、调整页边距、处理分栏和图形对象等。

2. 阅读版式视图

阅读版式视图的最大特点是便于用户阅读操作。它模拟书本阅读的方式，让用户感觉是在翻阅书籍，同时能将相连的两页显示在一个版面上，使得阅读文档十分方便。在该视图中，可以方便地增大或减小文本显示，而不会影响文档中的字体大小。如要退出阅读版式视图，单击“关闭”按钮或按 Esc 键即可。

3. Web 版式视图

在 Web 版式视图中，用户可以创建能显示在屏幕上的 Web 页或文档。该视图可以使文档具有最佳屏幕外观。在该视图中，用户可以看到背景以及为适应窗口而换行显示的文本，且图形位置与在 Web 浏览器中的位置一致。

4. 大纲视图

在大纲视图中，能查看文档的结构，还可以通过拖动标题来移动、复制和重新组织文本，因此特别适合编辑含有大量章节的长文档，使文档层次结构清晰明了，并可根据需要进行调整。在查看时，可以通过折叠文档来隐藏正文内容而只看主要标题，或者展开文档以查看所有的正文。另外，大纲视图不显示页边距、页眉和页脚、图片和背景。

5. 草稿

草稿视图主要用于快速输入文本、图形及表格并进行简单的排版。这种显示方式可以看到版式的大部分内容（包括图形），但不能看到页眉、页脚、页码等内容，也不能对它们进行编辑，不能显示图文的内容及分栏的效果等。

6. 按不同显示比例查看文档

为了方便看清楚编辑区信息等，用户可以为文档设置不同的显示比例，即可以在屏幕上放大或缩小显示比例以查看文档信息，如图 5-8 所示。设置显示比例的具体方法如下。

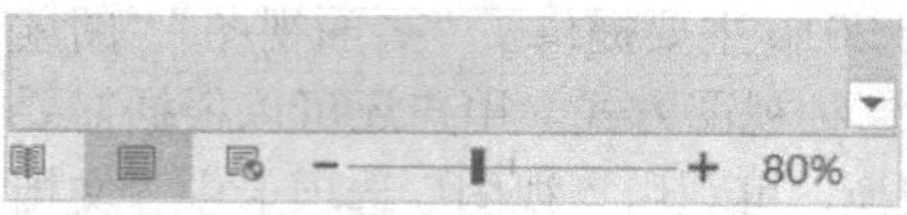

图 5-8　显示比例控制栏

1）可直接单击 Word 2016 主窗口右下方的显示比例按钮或通过拖动滑块来改变文档显示比例。

2）可在“视图”选项卡下的“显示比例”选项组中单击“显示比例”按钮，在弹出的“显示比例”对话框中单击“百分比”数值框右侧的上下箭头按钮进行显示比例参数调节；也可以在“百分比”数值框中直接输入具体数值进行设置。

7. 设置导航窗格

在写论文或文章时，通常会设置标题，用一级标题、二级标题等来区分内容，这为快速查询标题内容提供了便捷。通过设置导航窗格，可以看到整个文档的各级标题，单击标题，编辑区界面会自动跳转到标题所在段落。要移动标题和内容的位置，可以在导航栏中直接拖曳对应的标题。

使用导航窗格可以更快、更简单地找到需要的信息。在“视图”选项卡下的“显示”选项组中选中“导航窗格”复选框，左边窗格可按文档中的标题、文档中的页面（缩略图）及利用关键词的搜寻结果 3 种方式显示。在搜索栏中输入内容，单击“搜索”按钮即可实现查找功能。

5.2 文本编辑

在日常工作中，Word 文档的使用非常频繁。用户要想快速、准确地编辑文本内容，可以使用插入、删除、改写文字等文档格式设置工具。此外，Word 2016 还提供了特殊字符的输入、快速定位文字、查找与替换、拼写检查等功能，可以帮助用户轻松、高效地组织和编写文档。

5.2.1 编辑文档

1. 输入文本

在 Word 2016 中既可以输入汉字，也可以输入英文等。通常，英文字符可直接从键盘输入，而要输入中文字符，则需要将输入法切换到中文状态。切换输入法可按 Ctrl+Shift 组合键，也可单击任务栏上的“输入法指示器”按钮，在弹出的快捷菜单中选择所需输入法，如图 5-9 所示。

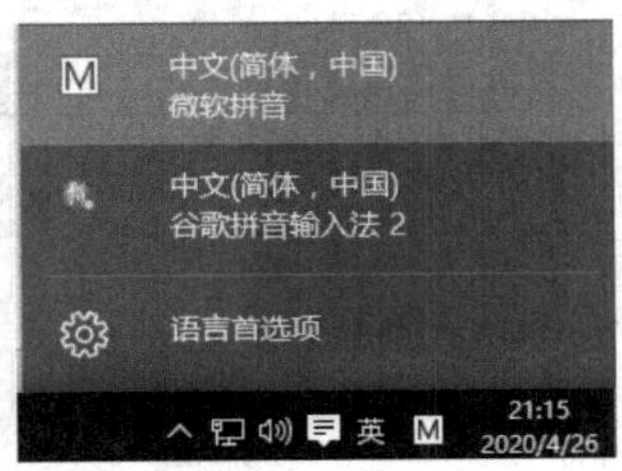

图 5-9　输入法选择

在文字输入到该行行尾时，不需要按 Enter 键换行，系统会自动换行。如果该段文字输入结束，光标在段落结尾时，应按 Enter 键分段；如果用户要在某段落中强行换行，但不分段落，可以按 Shift+Enter 组合键插入软回车。

2. 插入与改写

插入和改写是 Word 2016 的两种编辑方式，两者既有联系又有不同。插入是指将输入的文本添加到插入点所在位置，插入点以后的文本依次往后移动；改写是指输入的文本将替换插入点所在位置的文本。插入和改写两种编辑方式可以相互转换，具体方法是按 Insert 键或单击状态栏上的“插入/改写”按钮，如图 5-10 所示。

图 5-10　“插入”状态

【例 5-1】在文档中输入“123456789”，然后将插入点移到“4”和“5”之间，分别在插入状态和改写状态下输入“ABC”。操作后发现，在插入状态下输入“ABC”，结果为“1234ABC56789”；在改写状态下输入“ABC”，结果为“1234ABC89”。

3. 插入符号和特殊字符

编辑文本时，有时需要在文档中插入一些键盘上没有的特殊符号，如$、≠、★以及™（商标）或®（注册）等。具体方法如下。

1）将光标定位到要插入符号的位置。

2）选择“插入”选项卡，在“符号”选项组中单击“符号”下拉按钮，会展开包含最近使用过的符号的下拉列表，单击符号直接插入文档。

3）选择“其他符号”选项，打开如图 5-11 所示的“符号”对话框，单击“字体”右侧下拉按钮，选择一种字体，选中要插入的符号，单击“插入”按钮。

4. 输入日期和时间

在 Word 2016 中，用户可以在编辑的文档中插入当前日期和时间。具体方法如下。

1）将光标插入点置于要插入日期和时间的文本位置。

2）选择“插入”选项卡，在“文本”选项组中单击“日期和时间”按钮，打开“日期和时间”对话框，如图 5-12 所示。

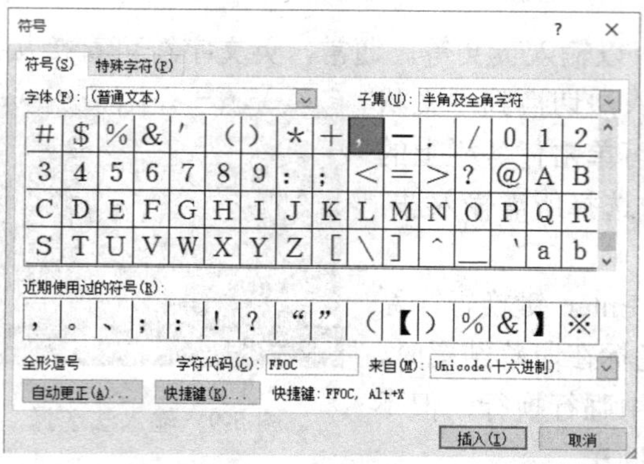

图 5-11 “符号”对话框

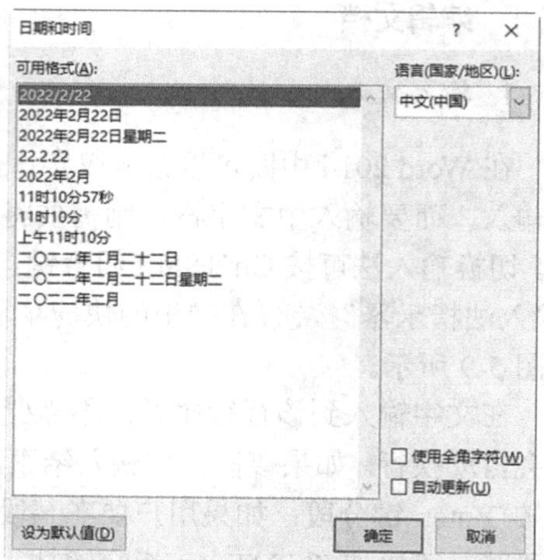

图 5-12 “日期和时间”对话框

3）选择需要插入的日期和时间格式，单击“确定”按钮。

若在“日期和时间”对话框中选中“自动更新”复选框，则每次在打开该文档时，Word 2016 会自动对插入的日期和时间进行更新，其值与计算机系统时间保持一致。

5.2.2　修改文档

1. 文本的选定与撤销

如果用户需要对某段文本进行移动、复制、删除等操作，应先选定需要操作的文本，然后进行相应的操作。如果要撤销选择的区域，可以将鼠标指针移至选定文本外的任何区域，然后单击即可。

选定文本的方式有以下两类。

（1）鼠标选定文本

表 5-1 给出了鼠标选定文本的方法。

表 5-1　鼠标选定文本的方法

要选定的文本	鼠标操作
一个单词	双击要选定的单词
任意连续字符	拖动鼠标指针经过要选定的字符
一行文字	将鼠标指针移到行左侧的选定栏，待指针变成右上箭头形状时，单击即可
整句	按住 Ctrl 键，然后在该句的任何地方单击
多行	将鼠标指针移到行左侧的选定栏，待指针变成右上箭头形状时，单击并向上或向下拖动鼠标指针
一个段落	将鼠标指针移到行左侧的选定栏，待指针变成右上箭头形状时，双击；或者在该段落的任何地方三击
一个图形	单击图形
多个段落	将鼠标指针移到行左侧的选定栏，待指针变成右上箭头形状时，双击并向上或向下拖动鼠标指针
大块文字	单击所选内容的开头，移动鼠标指针到要选定的信息的结束处，然后按住 Shift 键并单击
整篇文档	将鼠标指针移到文档任意行的左侧，待指针变成右上箭头形状时，三击即可

（2）组合键选定文本

用户不仅能使用鼠标选定文本，还可以使用键盘来选定文本。首先定位插入点，然后采用表 5-2 所列组合键，实现从插入点到相应位置文本的选定。

表 5-2　组合键选定文本

组合键	选定范围	组合键	选定范围
Shift+→	选定插入点右边的一个字符	Shift+End	选定到行尾（右半行）
Shift+←	选定插入点左边的一个字符	Ctrl+Shift+↑	选定到段首
Shift+↑	选定到上一行	Ctrl+Shift+↓	选定到段尾
Shift+↓	选定到下一行	Ctrl+Shift+Home	选定到文档开头
Shift+Home	选定到行首（左半行）	Ctrl+Shift+End	选定到文档结尾
Ctrl+A	选定全文		

2. 文本的移动与复制

（1）移动文本

移动文本是指将文档中的部分文本从原来的位置移动到新的位置。移动文本有 4 种方法。

1）利用剪贴板移动文本。首先选定要移动的文本，选择“开始”选项卡，在“剪贴板”选项组中单击“剪切”按钮或直接按 Ctrl+X 组合键，这时选定的文本从文档中“消失”，存入内存中的剪贴板；然后将光标插入点移动到文本移动的目的位置；再单击“粘贴”按钮，或直接按 Ctrl+V 组合键，这时剪贴板中被剪切的原文本将粘贴到光标指定处。

2）利用鼠标直接拖动移动文本。首先选定要移动的文本，将光标定位到选定文本内部的任何位置；然后按下鼠标左键，拖动鼠标指针到用户想要文本出现的位置；最后释放鼠标左键，Word 2016 将把选定的内容从原位置移动到新的位置。

3）利用鼠标右键快速移动文本。首先选定要移动的文本；然后将鼠标指针移动到用户想要文本显示的位置（注意不要移动插入点，不要按动鼠标），按住 Ctrl 键的同时右击，即可实现文本的移动。

4）利用功能键 F2 移动文本。选定要移动的文本，按 F2 键，将光标定位到移动文本的目标位置，按 Enter 键，即可实现文本的移动。

（2）复制文本

复制文本是将需要重复使用的文本复制副本到新的位置，且原文不受影响。复制文本有 3 种方法。

1）利用剪贴板复制文本。首先选定要复制的文本，选择“开始”选项卡，在“剪贴板”选项组中单击“复制”按钮或直接按 Ctrl+C 组合键，这时选定的文本仍存在于原处，选中的内容已被复制到内存的剪贴板中；然后将插入点移动到要复制文本的目标位置；单击“粘贴”按钮或直接按 Ctrl+V 组合键，这时剪贴板中被复制的文本将出现在光标指定处。

2）利用鼠标直接拖动复制文本。首先选定要复制的文本，将鼠标指针定位到选中的文本上；然后按住 Ctrl 键的同时按住鼠标左键拖动文本至目标位置后释放鼠标左键，Word 2016 将把选定的内容复制到新的位置。

3）利用鼠标右键快速复制文本。选定要复制的文本，同时按住 Ctrl 键和 Shift 键，将定位光标移动到目标位置并右击，即可实现文本的复制。

3. 文本的删除

按 Backspace 键可删除插入点光标前的字符，按 Delete 键可删除插入点光标后的字符。

如果要删除的文本较长，可采用前面选定文本的方法选定需要删除的文本，然后按 Delete 键或在“开始”选项卡下的“剪贴板”选项组中单击“剪切”按钮；也可以利用 Ctrl+X 组合键实现删除；或选定待删除文本后右击，在弹出的快捷菜单中选择“剪切”命令。

5.2.3　撤销与重复

在编辑文本的过程中，难免会出现一些错误操作。Word 2016 提供了非常实用的撤销与重复功能，用户可以通过撤销操作恢复到先前的状态，也可以通过恢复操作取消已经撤销的操作，这两种操作的使用方法如下。

1. 撤销操作

执行撤销操作可在快速访问工具栏中单击“撤销键入”按钮，或者使用 Ctrl+Z 组合键来实现。

Word 2016 中最多可以撤销最近 16 次操作：在快速访问工具栏中单击“撤销键入”按钮旁边的下拉按钮，在弹出的下拉列表中记录了用户最近的所有操作，如果希望撤销前几次的动作，可以在列表中选中该操作。

2. 重复操作

在快速访问工具栏中单击“重复键入”按钮 可以执行一次重复动作。

5.2.4　查找与替换

用户在对文档进行编辑时，经常要用到查找与替换功能。

1. 查找

查找功能可以帮助用户在一篇文档中快速找到所需内容及所在位置，也能帮助核对文档中究竟有无这些内容。操作方法如下。

1）指定查找范围，即选择目标文本区域，否则系统将从光标处开始在整个文档中进行查找。

2）选择“开始”选项卡，在“编辑”选项组中单击“查找”按钮，打开“导航”窗格。

3）在“导航”窗格的搜索文档区域中输入要查找的文本（如“电脑”），按 Enter 键后，“导航”窗格中将显示查找结果并在文档编辑区中将所有查找的内容用颜色突出显示，如图 5-13 所示。

4）单击“导航”窗格中“上一处”按钮 时，光标会定位到上一个查找的位置；单击“下一处”按钮 时，光标将定位到下一个查找的位置。如果要继续查找，重复单击“上一处”或“下一处”按钮，Word 会逐一定位到所查找的位置。

单击“导航”窗格右上角的“关闭”按钮 可结束搜索；单击搜索文档区域右侧的下拉按钮，在打开的下拉列表中包含“选项”“高级查找”“替换”“转到”等选项，还包括“查找”列表，用于查找不同内容，如图形、表格、公式、脚注/尾注、批注等。

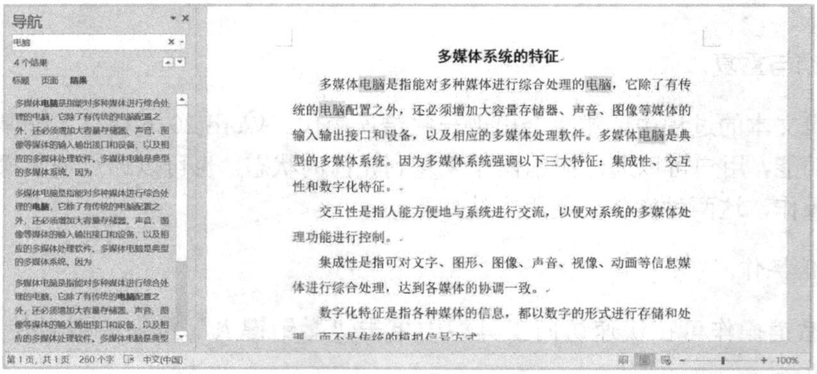

图 5-13　在“导航”窗格中查找文本

2. 替换

Word 2016 通过“替换”命令按要求自动查找并替换指定的文本。操作如下。

1）选择“开始”选项卡，在“编辑”选项组中单击“替换”按钮，将会打开如图 5-14 所示的“查找和替换”对话框，选择“替换”选项卡可进行替换设置。

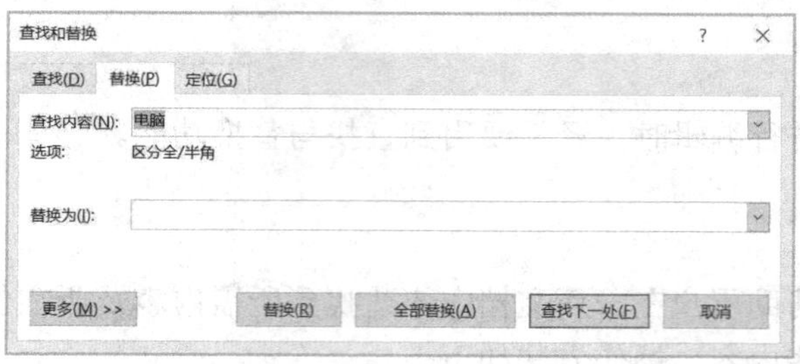

图 5-14　“查找和替换”对话框的“替换”选项卡

2）在“查找内容”文本框中输入需要查找的内容，在“替换为”文本框中输入要替换的内容。

3）每单击一次“替换”按钮，程序就会自动查找一处内容并替换；若单击“查找下一处”按钮，系统只查找而不替换；若单击“全部替换”按钮，系统将自动对整个文档进行查找并替换。

3. 高级替换

除了查找输入的文字，有时还需要查找某些特定的格式或符号等，这就要设置高级查找和替换选项。这时可在上述“查找和替换”对话框中单击“更多”按钮，打开如图 5-15 所示的对话框。其中各项说明如下。

1）“搜索”下拉列表框：设置搜索的方向。

2）“不限定格式”按钮：取消“查找内容”或“替换为”文本框中指定的所有格式。

3）“格式”按钮：设置查找对象的排版格式，如字体、段落、样式等。

图 5-15　高级替换

4）“特殊格式”按钮：用于查找特殊字符，如制表符、分栏符、分页符等。

5）“搜索选项”栏中 10 个复选框的意义如下。

① 区分大小写：查找大小写完全匹配的文本。

② 全字匹配：仅查找整个单词，而不是较长单词的一部分。

③ 使用通配符：在查找内容中使用通配符。

④ 同音：查找发音相同的单词。

⑤ 查找单词的所有形式（英文）：查找单词的所有形式，如复数、过去式、现在时等。

⑥ 区分前缀：查找时区分输入单词的前缀。

⑦ 区分后缀：查找时区分输入单词的后缀。

⑧ 区分全/半角：查找与全角、半角完全匹配的字符。

⑨ 忽略标点符号：查找时忽略所有的标点符号。

⑩ 忽略空格：查找时忽略所有空格。

5.2.5　拼写与语法检查

Word 2016 提供了拼写和语法检查功能，借助该功能可以快速检查出文档中存在的拼写错误或语法错误。例如，英文单词的拼写错误，中、英文语法错误等都能被准确捕获。对于有疑问的地方会自动标示出红色或者绿色的波浪线，用户可以针对这些疑问进行忽略或修改处理。

1. 输入内容时自动检查拼写和语法错误

首先确认是否已经启用自动拼写和语法检查功能。默认情况下，Word 2016 会自动在用户输入内容时进行拼写检查。用户可选择“文件”选项卡，在打开的后台视图中选择“选项”选项，在打开的“Word 选项”对话框中选择“校对”选项，进入如图 5-16 所示的对话框，在“在 Word 中更正拼写和语法时”栏中，根据需要选中“键入时检查拼写”复选框和“随拼写检查语法”复选框等。

当用户输入错误或者不可识别的单词时，Word 2016 会在该单词下用红色波浪线进行标记；若有语法错误，Word 2016 会用绿色波浪线进行标记。

更正错误的方法有两种，具体如下。

1）用户若知道该单词的正确拼写，可直接对该单词进行修改。

2）用户若不知道该单词的正确拼写，可在带波浪线的单词上右击，在弹出的快捷菜单中选择一个 Word 2016 建议替换的单词即可。

【例 5-2】输入 carefuly，在该单词上右击，即可在弹出的快捷菜单中选择 carefully 替换 carefuly。

如果 Word 找到一个单词，如 asia，该词在主词典中被列出，但大小写不同——应为 Asia，那么大写字母会被标记出来或在输入时自动进行更正。用户也可以将小写形式添加到自定义词典中以指定 Word 不对该大小写进行标记。

2. 集中检查拼写和语法错误

如果用户希望在完成编辑后再进行文档校对，可以使用集中检查拼写和语法错误的方法。用户可以检查可能的拼写和语法问题，然后逐条确认更正。具体方法如下。

1）选中需要检查的文档。

2）选择“审阅”选项卡，在“校对”选项组中单击“拼写和语法”按钮，打开如图 5-17 所示的“拼写检查”窗格。

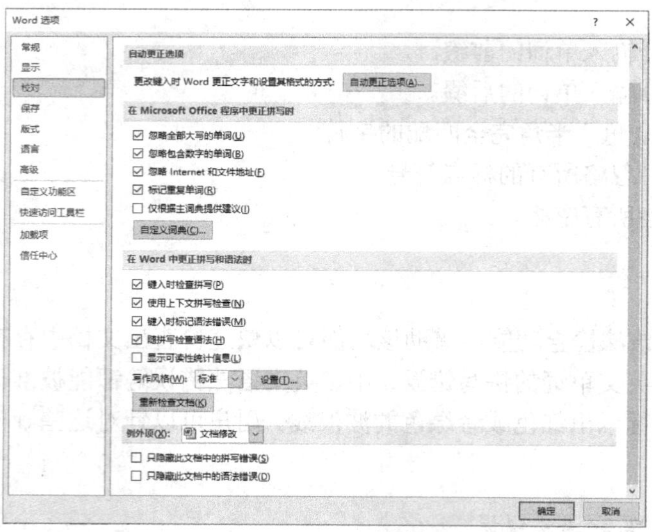

图 5-16 “Word 选项”对话框

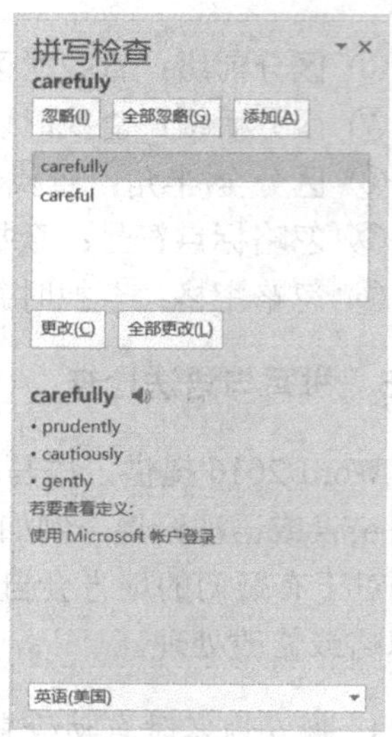

图 5-17 “拼写检查”窗格

3）当 Word 2016 发现可能的拼写和语法问题时，会在“拼写检查”窗格中进行更正。

对于拼写错误，可以从列表框中选择正确的单词，直接单击“更改”或者“全部更改”按钮更改此错误或选定文档中的类似错误；也可以单击“忽略”或者“全部忽略”按钮忽略此错误或选定文档中所有的同种错误。

对于语法错误，可以从列表框中选择正确的单词；或者直接在列出的错误上进行修改，然后单击“更改”按钮；也可以单击“全部忽略”按钮忽略此错误或选定文档中所有的同种错误。

提示

如果输入一个错误的词，但结果没有出现在错误列表中（如 from 而不是 form，或 there 而不是 their），则拼写检查不会对其做出标记。

5.3　格 式 编 排

为了使文档重点突出、层次分明、美观清晰和具有良好的可读性，用户需要对文档进行格式化。Word 2016 有 3 种格式编排的对象：字符、段落和节。

5.3.1　文字格式编排

应用不同的字符格式，可以使原本千篇一律的文档产生不同的视觉效果。Word 2016 提供了多种自带的字体，包括宋体、黑体、楷体、幼圆、隶书、华文新魏、华文彩云等；字形主要包括常规、倾斜、加粗、加粗并倾斜等；对字符的修饰主要有下划线、加框和底纹等。Word 2016 正文样式中的中文字体默认为“等线”（中文正文），英文字体默认为“等线”（西文正文），字号为“五号”，字形为“常规”。用户可以通过浮动工具栏、“字体”选项组或“字体”对话框等对字符进行修饰。

1. 使用浮动工具栏

为了使文档编辑更加方便，Word 2016 提供了设置格式的浮动工具栏。选择需要设置格式的文本后右击，即可弹出该浮动工具栏，如图 5-18 所示。该工具栏包含字体、字号、加粗、颜色等常用的字符格式设置选项。选中待设置格式的文本，在该工具栏中进行相应的设置即可。

字符包含用户在文档中输入的字母、汉字、数字和符号，其书写和打印方式就是字体。字号就是字的大小，常用的字号单位有“号”和“磅”。在字号列表中，字号的表示方法有两种：一种是中文数字，数字越小，对应的字号越大；另一种是阿拉伯数字，数字越大，对应的字号越大。

2. 使用“字体”选项组

选择“开始”选项卡，在“字体”选项组中可以快速地设置字符格式，如图 5-19

所示。“字体”选项组的设置方法与浮动工具栏相同，只是设置选项更全面。

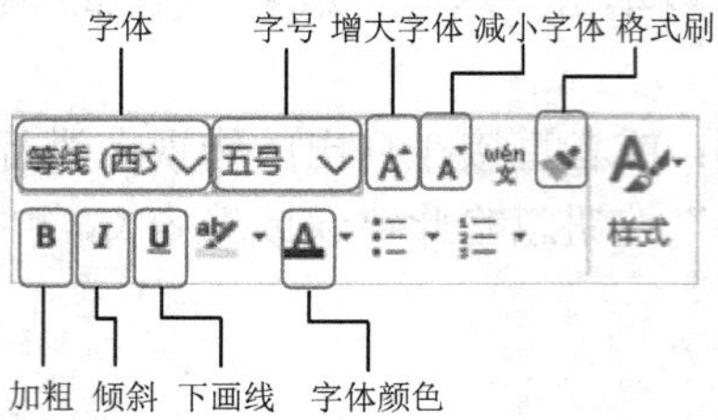

图 5-18　浮动工具栏

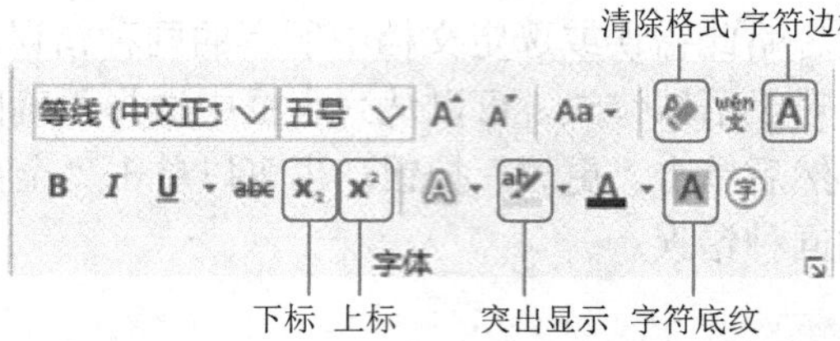

图 5-19　“字体”选项组

3. 使用“字体”对话框

在“字体”对话框中，用户不但可以设置“字体”选项组中所有的格式，还可以设置一些特殊或更详细的格式，如改变字符间距和添加文字效果等。具体方法如下。

1）选择需要进行格式设置的文本。

2）单击“字体”选项组右下角的对话框启动器按钮，或者右击选中的文本，在弹出的快捷菜单中选择“字体”命令，打开“字体”对话框。该对话框共有“字体”和“高级”两个选项卡。

在“字体”选项卡中，可以设置中西文字体、字形、字号、字体颜色、下划线线型和颜色等，还可以设置各种特殊效果，如删除线、上/下标、大写字母等，只要在“效果”栏中选中相应的复选框即可实现，且可以在下面的预览框中看到预览演示的效果，如图 5-20 所示。

在“高级”选项卡中，可以设置文字的缩放比例、间距和相对位置等，如图 5-21 所示。

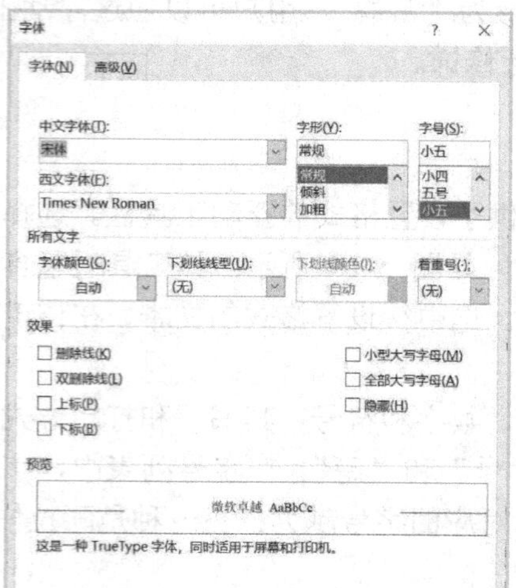

图 5-20　“字体”选项卡

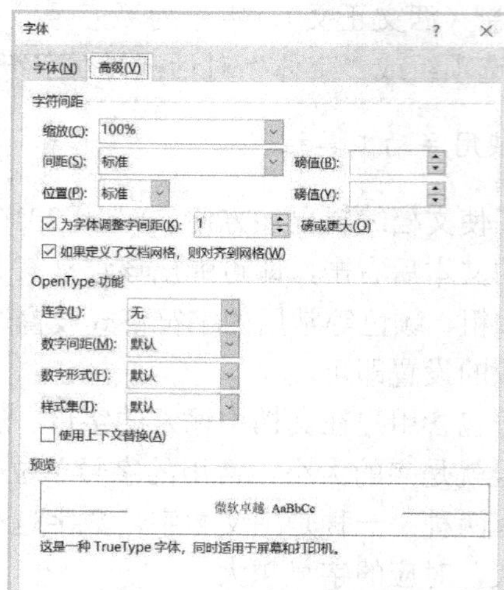

图 5-21　“高级”选项卡

3）设置结束后，单击“确定”按钮，选定的文本就会改为所设置的形式。

5.3.2 段落格式编排

1. 段落标记

在 Word 2016 文档编辑过程中，按 Enter 键即可输入一个段落结束标记。段落可以是简单的文本字符、图形，也可以是只含一个段落标记的空段。在输入文本时，除非想开始新的一段，否则不要按 Enter 键。如果只换行而不想分段，可按 Shift+Enter 组合键，此时会出现一个向下的箭头“↓”（手动换行符）。

Word 2016 将一个段落的编排格式存放在段后的段落标记中。如果用户删除了一个段落标记，也就删除了它保存的所有段落格式化信息，转而采用下一段的格式作为段落格式。同理，在进行段落格式编排时，每开始一个新段落并非都要重新进行排版，在设定一个段落格式后，新段落格式完全和上一段相同。

编辑时，通常将段落标记显示在屏幕上。要显示或隐藏段落标记有两种方法。

1）选择“开始”选项卡，在“段落”选项组中单击“显示/隐藏编辑标记”按钮 ↵。

2）选择“文件”选项卡，在打开的后台视图中选择“选项”选项，打开“Word 选项”对话框，在“显示”选项界面中进行设置。系统默认状态是显示段落标记。

2. 段落对齐

Word 2016 提供的段落对齐工具 ≡ ≡ ≡ ≡ ≡ 位于“段落”选项组中，从左至右依次是左对齐、居中、右对齐、两端对齐和分散对齐。设置段落对齐方式的操作并不复杂，首先选中该段落或将光标置于段落的任意位置，然后单击段落对齐工具中的相应按钮，也可以使用对应的组合键，分别叙述如下。

（1）左对齐方式（Ctrl+L）

左对齐方式是指段落中所有的行都靠左边界对齐。

（2）居中对齐方式（Ctrl+E）

居中对齐方式是指段落的每一行与页面的左、右边界距离一样大。它常用于文档标题的居中显示。

（3）右对齐方式（Ctrl+R）

右对齐方式是指段落中所有的行都靠右边界对齐。右对齐方式通常对信函和表格处理更有用，如信函中的日期就经常使用右对齐方式。

（4）两端对齐方式（Ctrl+J）

两端对齐方式是段落文本对齐的默认格式，是指段落每行的首尾对齐。如果行中字符的字体和大小不一致，该方式将自动调整字符间距，以维持段落的两端对齐；对输入不满的行则保持左对齐。

（5）分散对齐方式（Ctrl+Shift+J）

分散对齐方式和两端对齐方式相似，其区别是当一行文本输入不满行时两端对齐方式采用左对齐，而分散对齐方式则将该行的首尾与前一行对齐，且在一行中平均分配字符间距。分散对齐方式多用于一些特殊场合，如当姓名字数不相同时就常采用分散对齐方式排版。

3. 段落缩进

段落的缩进操作可以通过拖动水平标尺的游标进行，如图 5-22 所示。

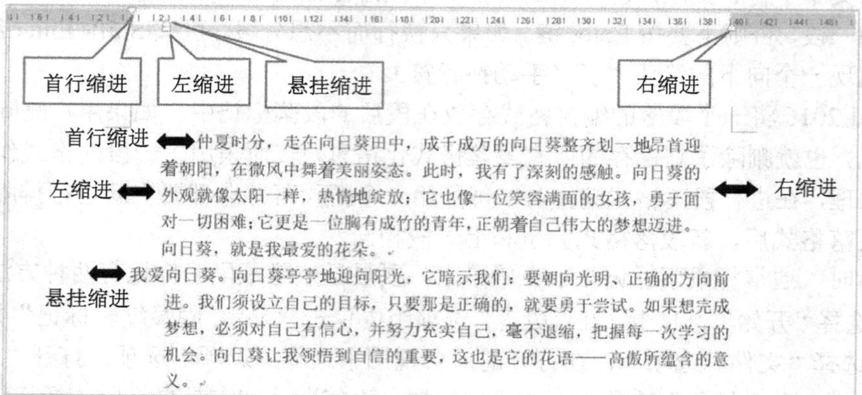

图 5-22　缩进示意图

（1）首行缩进

所谓段落首行缩进，是指段落第一行的第一个字与段落左边界有一定距离。一般段落都采用首行缩进来表明段落的开始。

段落的首行缩进操作如下：首先将光标停留在段落中的任意位置；用鼠标拖动水平标尺的“首行缩进”游标（标尺左端的下三角形游标）向右移动，即可完成段落的首行缩进操作。

（2）左/右缩进

页边距是指页面四周的空白区域。段落的左边界标度大于左页边距的右标度称为左缩进，段落的右边界标度小于右页边距的左标度称为右缩进。用户可以通过改变段落的缩进来让段落更加整齐有序。

段落左/右缩进的操作方法如下。

1）将光标停留在段落中的任意位置。

2）用鼠标拖动水平标尺的“左缩进”游标（标尺左端的下方矩形游标）或“右缩进”游标（标尺右端的上三角形游标）向左或右移动，就可以完成段落的左/右缩进操作。

（3）悬挂缩进

悬挂缩进是指段落的首行起始位置不变，其余各行一律缩进一定的距离，以实现悬挂效果。操作时将光标停留在段落中的任意位置，用鼠标拖动水平标尺的“悬挂缩进”游标（标尺左端的上三角形游标）向右移动，即可设置段落的悬挂缩进。

以上对段落格式的设置均可在“段落”对话框中实现。选择“开始”选项卡，单击

“段落”选项组右下角的对话框启动器按钮，或者选中要设置段落格式的文本并右击，在弹出的快捷菜单中选择“段落”命令，打开如图 5-23 所示的“段落”对话框，进行相关设置即可。

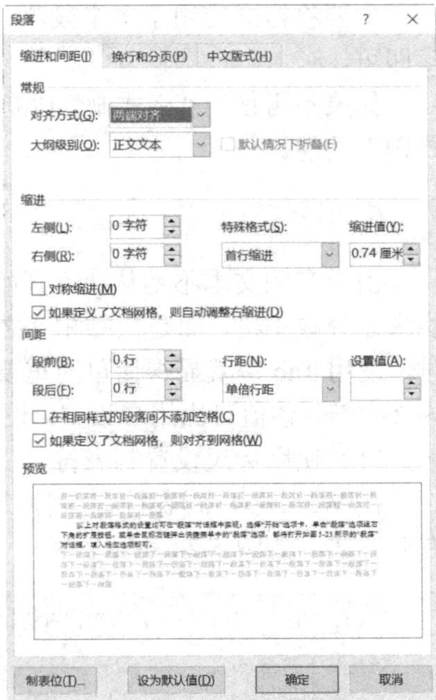

图 5-23　“段落”对话框

4. 间距

在图 5-23 所示的“段落”对话框中选择“缩进和间距”选项卡，在“间距”选项组中，可以实现段落间距和行间距的设置。段落间距是指文本中段落与段落之间的垂直距离；行间距是指文本中行与行之间的垂直距离。“段前”和“段后”两个数值框用于设置段前（该段与上一段）的间距和段后（该段与下一段）的间距，通常只需设置其中的一个。

在“行距”下拉列表框中，有 6 种间距可供选择：“单倍行距”、“1.5 倍行距”、“2 倍行距”、“最小值”、“固定值”和“多倍行距”。其中，“单倍行距”是指该行的最高字符高度加上适当的附加量；“最小值”是指行距可由用户自行调整到最小值，如 12 磅；“固定值”是指将行距固定为某个磅值，如 24 磅。选择“最小值”、“固定值”和“多倍行距”选项时，用户可以自己确定行距的值，具体数值可在右侧“设置值”数值框中设置。

5. 格式刷

在 Word 2016 中选择“开始”选项卡，在“剪贴板”选项组中单击“格式刷”按钮，可快速方便地复制字符及段落格式。

（1）字符格式的复制

具体方法如下。

1）选择具有待复制格式的文本。

2）单击“格式刷”按钮，这时格式刷工具会自动复制该文本的格式，指针会变为一个小刷子，然后选择要应用该格式的其他文本，这时格式刷工具会自动把复制的格式应用到所选择的文本，之后格式刷功能消失。

如要将格式应用于多个文本，可双击“格式刷”按钮，然后将复制的格式应用到多个文本，按 Esc 键可退出操作。

（2）段落格式的复制

操作过程如下。

1）将插入点定位到目标格式的段落。

2）单击“格式刷”按钮，这时格式刷工具会自动复制该段落的格式，指针会变为一个小刷子，将指针移到需要应用上述段落格式的段落，单击即可。

如要将格式应用于多个段落，可双击“格式刷”按钮，然后依次单击需要改变的段落即可。

如果不再使用“格式刷”功能，再次单击“格式刷”按钮或者按 Esc 键即可取消“格式刷”功能。

6. 制表符

由于有些文本不是从边界开始的，或有时要制作简易的表格，表的内容可以不用格线来划分成小格，而是依靠相互之间固定的间距和规则的纵横定位来形成表的特征，此时，使用 Tab 键就显得简单而重要。每按一次 Tab 键，就插入一个制表符，其默认宽度为 2 字符，该值可由用户设置。设置制表符可以使用标尺或在“制表位”对话框中实现。

（1）使用标尺设置制表符

在 Word 中，制表符有 5 种，即左对齐式、居中式、小数点对齐式、竖线对齐式、右对齐式，如图 5-24 所示。

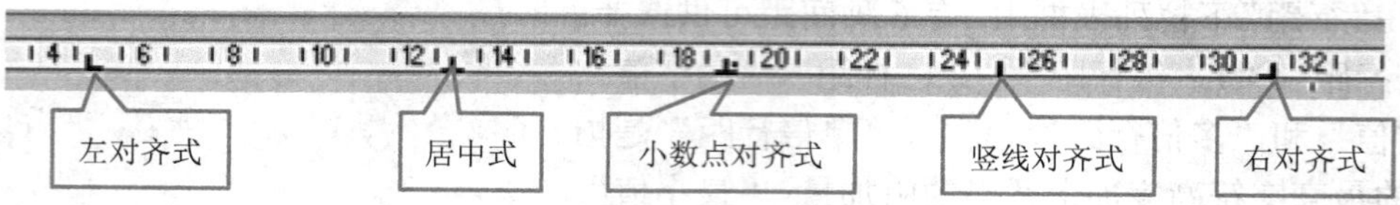

图 5-24　制表符

使用标尺设置制表符的步骤如下。

1）选定要设置制表符的段落（可以是一个新段落）。

2）单击水平标尺最左侧的“制表符对齐方式”按钮，逐次单击该按钮可在 5 种制表符之间切换。

3）在标尺对应的位置上单击，即可设置相应的制表符。

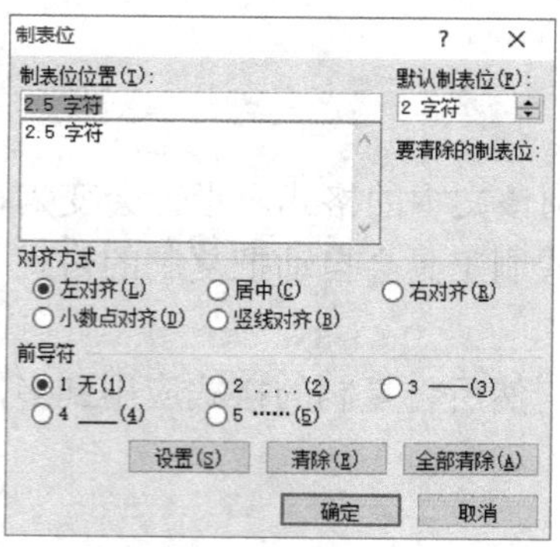

图 5-25　“制表位”对话框

设置制表符以后，按 Tab 键使插入点到达所需要的制表位并输入文本。每行结束按 Enter 键。

（2）在“制表位”对话框中设置制表符

设置制表符还可以在“制表位”对话框中实现。选择“开始”选项卡，单击“段落”选项组右下角的对话框启动器按钮，打开“段落”对话框；在“段落”对话框中单击左下角的“制表位”按钮，弹出如图 5-25 所示的“制表位”对话框。

在“制表位”对话框中单击“设置”按钮可设置制表位，单击“清除”按钮可删除制表位。用标尺设置的制表符也可通过“制表位”对话框显示。

5.3.3　页面格式编排

页面格式编排主要包括添加页眉、页脚、页码，设置纸张尺寸、页边距、页中分栏、版面格式等，可以美化页面外观，直接影响文档的最后打印效果。

1. 页眉和页脚

页眉和页脚是文档中注释性的文本或图形。通常，页眉和页脚可包含书名、章节名、出版信息或作者信息等。出现在页面顶部的部分称为页眉，出现在页面底部的部分称为页脚。文档中的每一页可以不含页眉和页脚，也可以只含页眉或只含页脚，或二者都有。

（1）插入页眉和页脚

1）选择“插入”选项卡，在“页眉和页脚”选项组中单击“页眉”下拉按钮或“页脚”下拉按钮，打开下拉列表。

2）选择所需要的页眉或页脚样式，Word 2016 会显示页眉和页脚编辑区，用户可在所选位置输入相应的内容。

3）在文档中插入页眉或页脚后，会自动出现“页眉和页脚工具”的“设计”选项卡，通过该选项卡可对页眉或页脚进行编辑或修改。单击“关闭”选项组中的“关闭页眉和页脚”按钮，即可退出页眉和页脚的编辑状态。

（2）设置页眉和页脚

当设置的页眉和页脚不合适时可以对它们进行修改，用户只需要在已有的页眉或页脚处双击，即可进入页眉和页脚的编辑界面，虚线表示页眉或页脚的输入区域，同时功能区自动出现“页眉和页脚工具”的“设计”选项卡，如图 5-26 所示。

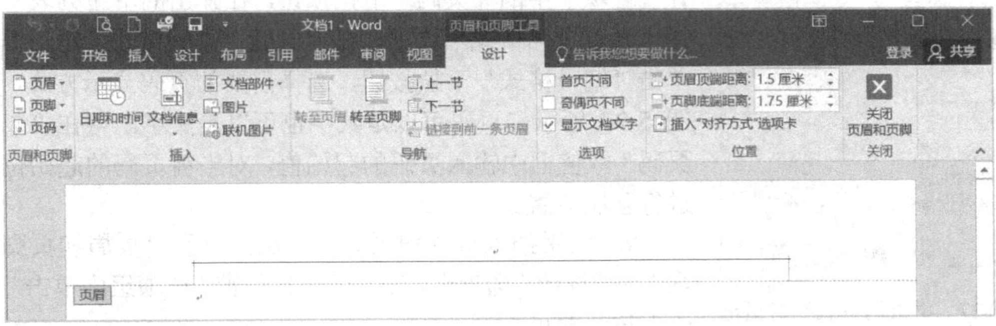

图 5-26　“设计”选项卡

在“设计”选项卡“插入”选项组中单击相应按钮，可插入日期和时间、文档部件、图片等信息。用户可对建立的页眉和页脚进行格式设置；要删除插入的页眉或页脚，只需选中要删除的内容，按 Delete 键即可，或者单击“页眉”或“页脚”下拉按钮，从打开的下拉列表中选择“删除页眉”或“删除页脚”选项。

（3）建立奇偶页不同的页眉和页脚

有时一个文档中的奇偶页上需要使用不同的页眉或页脚，具体操作方法如下。

1）双击文档中的页眉或页脚区域，功能区中自动出现“页眉和页脚工具”的“设计”选项卡。

2）在“选项”选项组中，选中“奇偶页不同”复选框。

3）分别在奇数页和偶数页的页眉或页脚上输入内容并格式化文本，创建奇偶页不同的页眉或页脚。

（4）创建首页不同的页眉和页脚

如果希望将文档首页页面的页眉和页脚设置得与众不同，可以按照如下方法操作。

1）双击文档中的页眉或页脚区域，功能区中自动出现“页眉和页脚工具”的“设计”选项卡。

2）在“选项”选项组中，选中“首页不同”复选框，此时首页中原先定义的页眉和页脚会被删除，用户可以根据需要另行设置首页页眉或页脚。

2. 页码

如果一个文档由多页组成，为了便于按顺序排列与查看，建议给该文档设置页码。插入页码的方法有以下两种。

1）选择“插入”选项卡，在“页眉和页脚”选项组中单击“页码”下拉按钮，在弹出的下拉列表中根据页码将在文档中出现的位置，选择“页面顶端”、“页面底端”、“页边距”或“当前位置”选项，再从设计样式库中选择页码编号设计。

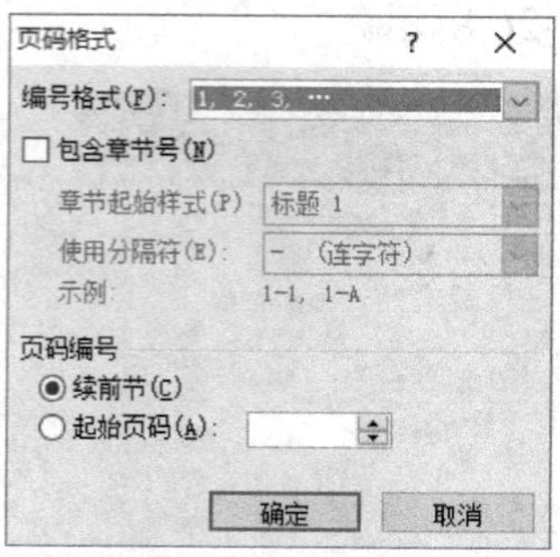

图 5-27　“页码格式”对话框

若要事先设定页码的样式，可单击图 5-26 所示的“设计”选项卡中的“页码”下拉按钮，在弹出的下拉列表中选择“设置页码格式”选项，在弹出的“页码格式”对话框中单击“编号格式”下拉按钮，选择需要的页码显示方式，如图 5-27 所示。页码可以是数字也可以是文字。可在“起始页码”数值框中输入页码的起始值，对当前页码的起始位置进行强制设置。

2）利用插入页眉和页脚的方法，打开“页眉和页脚工具”的“设计”选项卡，在“页眉和页脚”选项组中单击“页码”按钮即可。

3. 分页

Word 2016 具有自动分页的功能。当输入的文本或插入的图形满一页时，Word 2016 将自动换新页并且在文档中插入一个软分页符。除自动分页外，也可以人工分页，所插入的分页符称为人工分页符或硬分页符。分页符是一页结束而另一页开始的标志。在页面视图或者打印预览状态下，分页符后的文字将出现在新的一页上。在文档中插入硬分页符后，Word 2016 会自动调整硬分页符后面软分页符的位置。软分页符不能人工删除，而硬分页符可以被删除。不管是软分页符还是硬分页符，都只能在视图中显示，不能被打印出来。

插入分页符的具体方法如下。

1）将插入点定位到要分页的地方。

2）选择“插入”选项卡，在“页面”选项组中单击“分页”按钮，即可在当前位置插入一个分页符，以分页符为界下面的文档内容自动分到下一页面中。

4. 分节

一个文档可以划分为若干节，节是文档格式化的最大单位。在新建文档时，Word 2016 将整篇文档默认为一节。为了便于对文档进行格式化，可以将文档分成多节，每节根据需要设置不同的格式。

节用分节符来标志。分节符表示前一节的结束，新一节的开始，文档的页面格式从该位置起发生变化。分节符显示为包含“分节符”字样的双虚线。

分节符为非打印字符，Word 2016 将当前节的所有格式化信息都存储在分节符中。删除分节符也就同时删除了该分节符前的格式化信息，这部分内容将变成下一节的组成部分，并按下一节的格式进行格式化。分节符包含的格式化信息主要有文本边界，页边距，纸张大小，页码的格式、位置与顺序，多栏排版的格式等。

插入分节符的方法是将光标定位到要插入分节符的位置，然后选择“布局”选项卡，在“页面设置”选项组中单击“分隔符”下拉按钮，在弹出的下拉列表中选择所需类型的分节符。

可插入的分节符有 4 种类型，它们的功能如下。

1）下一页：表示新节从下一页开始，插入的分节符位置在新页的开头。

2）连续：表示新节从同一页开始。这里的“节”仅仅是作为一种逻辑分界线出现，它在此时和段落标记类似。

3）奇数页：表示新节从下一个奇数页开始，如果当前是奇数页，则下面的偶数页为一个空页。

4）偶数页：表示新节从下一个偶数页开始，如果当前是偶数页，则下面的奇数页为一个空页。

5. 分栏

对于一些特殊的文档（如报纸和杂志等），经常需要将整个文档或部分文档分成多个栏，用以改变文档的外观。

（1）创建分栏

先选定要进行分栏的文本，选择“布局”选项卡，在“页面设置”选项组中单击“分栏”下拉按钮，在弹出的下拉列表中选择相应的选项，或者在下拉列表中选择“更多分栏”选项，打开“分栏”对话框，如图 5-28 所示。在该对话框中可设置栏数和分栏样式，还可以设置各栏栏宽相等或单独调节各栏的栏宽、间距以及是否添加分栏分割线等。

若是对选定文本进行分栏，则“应用于”下拉列表框默认显示为“所选文字”，分栏后自动在选定文本前后插入连续型分节符，如图 5-29 所示。可以看出，分栏的内容一定是自成一节，它和节密不可分。

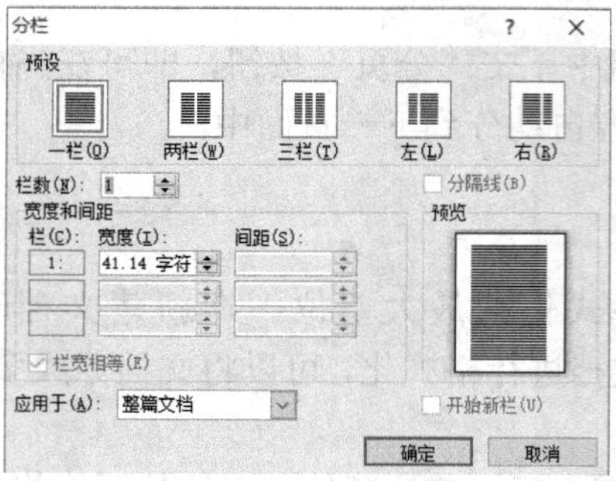

图 5-28 “分栏”对话框

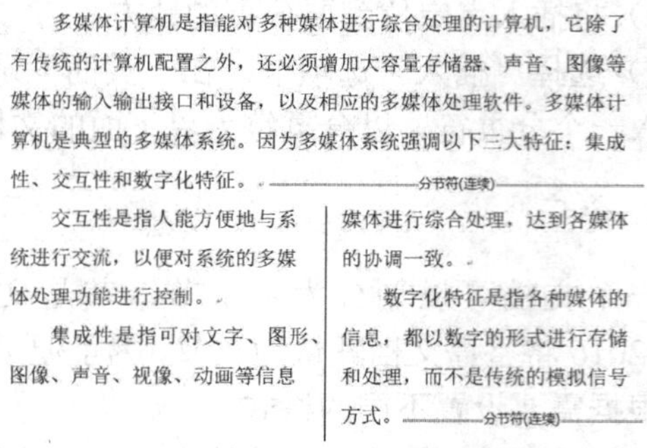

多媒体计算机是指能对多种媒体进行综合处理的计算机，它除了有传统的计算机配置之外，还必须增加大容量存储器、声音、图像等媒体的输入输出接口和设备，以及相应的多媒体处理软件。多媒体计算机是典型的多媒体系统。因为多媒体系统强调以下三大特征：集成性、交互性和数字化特征。分节符(连续)

交互性是指人能方便地与系统进行交流，以便对系统的多媒体处理功能进行控制。

集成性是指可对文字、图形、图像、声音、视像、动画等信息媒体进行综合处理，达到各媒体的协调一致。

数字化特征是指各种媒体的信息，都以数字的形式进行存储和处理，而不是传统的模拟信号方式。分节符(连续)

图 5-29 分栏后的文档

（2）调整分栏

有时文字分栏后，并不能完全达到用户预先设想的效果，这时可以通过插入人工分栏符来调整新栏的位置。

插入人工分栏符的方法是：先将光标定位到需要调整分栏的具体位置，然后选择“布局”选项卡，在“页面设置”选项组中单击“分隔符”下拉按钮，在弹出的下拉列表中选择“分页符”或“分节符”选项区中的选项即可。

6. 页面设置

页面设置通常在打印文档前进行，在对文档格式化后，再对页面布局进行调整。页面设置主要是确定页边距、纸张大小及打印方向。选择“布局”选项卡，在“页面设置”选项组中单击右下角的对话框启动器按钮，打开如图 5-30 所示的“页面设置”对话框进行页面设置，该对话框中有 4 个选项卡：“页边距”、“纸张”、“版式”和“文档网格”。

（1）页边距

在页边距区域内可以放置页眉、页脚和页码等项目。

要设置页边距，可以直接在“页面设置”对话框中选择“页边距”选项卡进行设置；也可以选择“布局”选项卡，在“页面设置”选项组中单击“页边距”下拉按钮，打开如图 5-31 所示的下拉列表，在此列表中列出了系统预定义的多种页边距设置，用户可以根据需要进行选择。

若没有合适的页边距设置，可以选择“自定义边距”选项，在弹出的“页面设置”对话框中选择“页边距”选项卡进行详细设置。在“预览”栏的“应用于”下拉列表框中选择应用的范围为“整篇文档”或“插入点之后”。

（2）纸张

在“页面设置”对话框中选择“纸张”选项卡，可设置打印时的纸张规格，默认为 A4 纸。用户可根据需要选择相应的纸型，也可以自定义纸张大小。

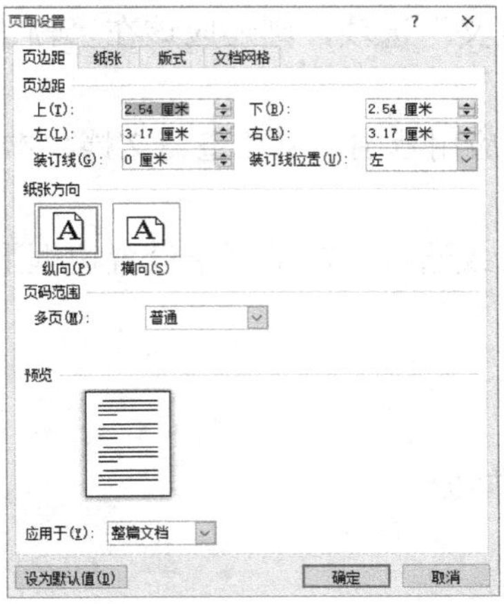

图 5-30　“页面设置”对话框

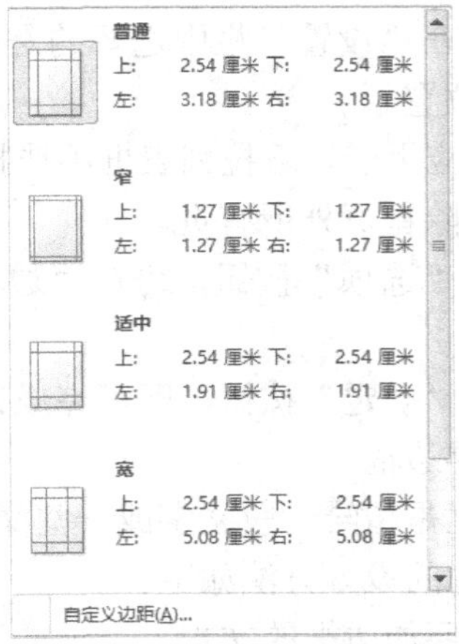

图 5-31　“页边距”下拉列表

“纸张来源”栏中的选项取决于所安装的打印机的设置，在此栏中可以设置纸源，其中首页和其他页可以选择不同的来源。

（3）版式

在“页面设置”对话框中选择“版式”选项卡，这里可以把文档分为多节并为各节编排不同的格式，包括页眉和页脚的格式。单击“行号”按钮，Word 2016 会在文档的每行前显示行的编号；单击“边框”按钮，可为页面设置边框和底纹。

（4）文档网格

在“页面设置”对话框中选择“文档网格”选项卡，可以指定文字的排列方向，指定在文档编辑中每行输入的字数和每页输入的行数等。

要在页面上显示网格，只要单击“绘图网格”按钮，在弹出的“网格线和参考线”对话框中选中“在屏幕上显示网格线”复选框即可。

5.3.4　特殊格式编排

1. 边框和底纹

边框和底纹可用于美化文档，使文档看起来更加美观大方、层次分明。边框包括页面边框和文字边框两种，底纹只针对文字进行设置。

（1）页面边框

页面边框是指给整个页面添加边框。

设置页面边框的操作如下。

1）选择“设计”选项卡，在“页面背景”选项组中单击“页面边框”按钮，打开如图 5-32 所示的“边框和底纹”对话框。

2）在打开的“边框和底纹”对话框中选择“页面边框”选项卡，在“设置”栏中选择需要的边框类型；在“样式”列表框中选择边框线的线型；在“颜色”下拉列表框中选择边框线的背景色；在“宽度”下拉列表框中选择边框线的线宽。

3）如果在“设置”栏中选择的是“自定义”选项，则还应该在“预览”栏中选择添加边框的位置。

4）在“应用于”下拉列表框中选择边框应用范围，包括整篇文档、本节、本节-仅首页、本节-除首页外所有页。

5）单击“选项”按钮，可在“边框和底纹选项”对话框中设置边框上、下、左、右边距。

6）单击“确定”按钮，即可完成设置。

（2）文字边框

文字边框是指给一段文字或一些文字加注边框。

文字边框的设置方法如下。

1）选中要加边框的文本。

2）选择“开始”选项卡，在“段落”选项组中单击“边框和底纹”按钮右侧的下拉按钮，在弹出的下拉列表中选择“边框和底纹”选项，在打开的“边框和底纹”对话框中选择“边框”选项卡，如图5-33所示。

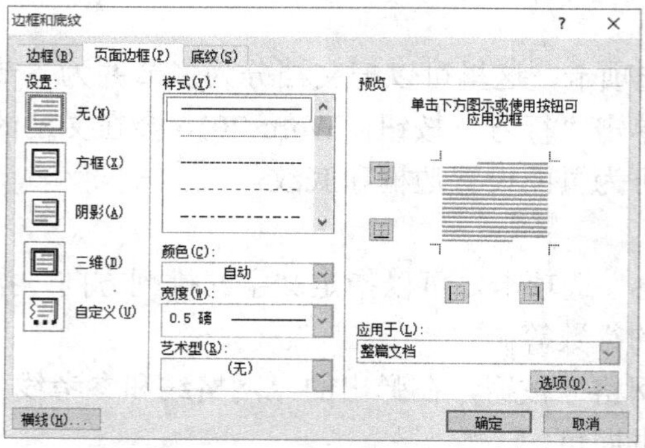

图5-32　“边框和底纹”对话框

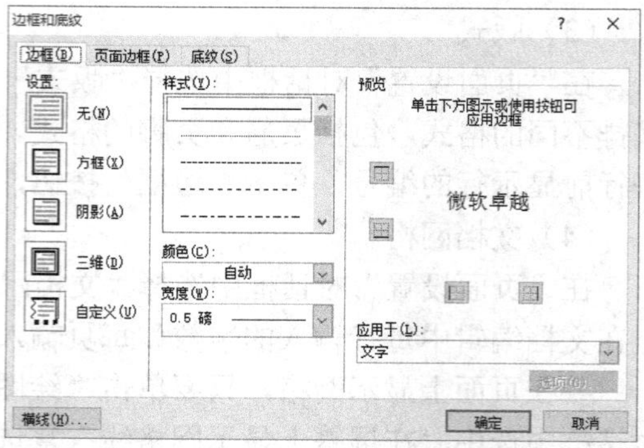

图5-33　“边框”选项卡

3）“边框”选项卡中各项命令与“页面边框”选项卡中的命令基本相同，操作方法也基本一样，但要在“应用于”下拉列表框中选定应用范围是段落还是文字。

（3）底纹

如需使一段文本具有背景色，可以通过添加底纹的方法来实现。操作过程如下。

1）选定要添加底纹的文字。

2）在“边框和底纹”对话框中选择“底纹”选项卡，如图5-34所示。

3）在“填充”栏中的下拉列表框中选择用来设置底纹的填充颜色。

4）在“样式”下拉列表框中选择底纹类型及底纹颜色的对比度。

5）在“颜色”下拉列表框中选择底纹的颜色。

6）在“应用于”下拉列表框中要选择应用范围（“段落”或“文字”）。

7）单击“确定”按钮。

要删除底纹，需先选中具有底纹的文本，然后在“边框和底纹”对话框中选择“底纹”选项卡，在“填充”栏的下拉列表框中选择“无颜色”，再在“样式”下拉列表框中选择“清除”选项。

2. 文字方向

Word 2016 提供了竖排文字的方法，不仅可改变字符的方向，还可将中文标点符号变为竖排格式的符号。具体方法如下。

1）选定要竖排的文本。

2）在选定文本上右击，在弹出的快捷菜单中选择“文字方向”命令，打开“文字方向”对话框。

3）在“文字方向”对话框中选择所需要的排列方式。

4）单击“确定”按钮。

3. 拼音指南

有时需要编写带拼音的文档，可以利用“拼音指南”来完成此项工作，具体方法如下。

1）选定需要加注拼音的文字。

2）选择“开始”选项卡，在“字体”选项组中单击“拼音指南”按钮 $\overset{\text{wén}}{\text{文}}$，打开“拼音指南”对话框，被选定的文字显示在“基准文字”框中，每个文字对应的拼音则显示在“拼音文字”框中，如图 5-35 所示。

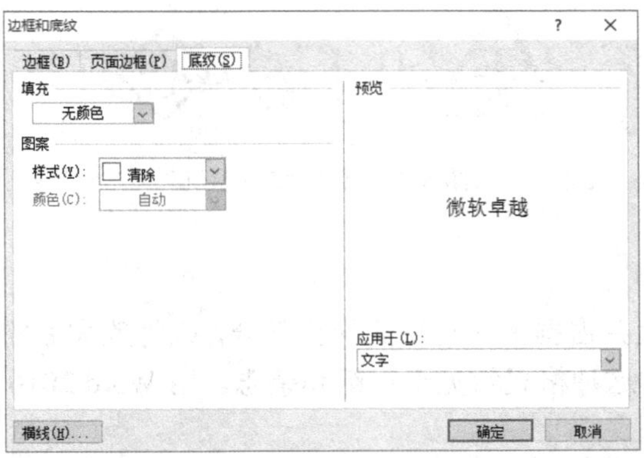

图 5-34　“底纹”选项卡

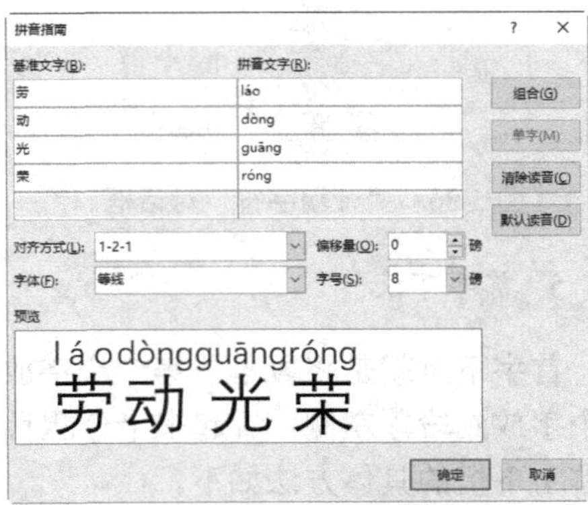

图 5-35　“拼音指南”对话框

3）在“对齐方式”下拉列表框中选择文字的对齐方式，一般选择“居中”，然后分别设置“字体”、“字号”和“偏移量”。

4）在预览框中核查设置效果，完成后单击“确定”按钮。

4. 汉字加圈

在字符的格式修饰中，用户可以给字符加上方框，对其进行修饰或突出显示。如果用户还想利用其他图形来修饰字符，就必须使用“带圈字符”功能，该功能可以给字符加上方形、圆形、菱形和三角形等外框。需要注意的是，该功能每次只能设置一个字符。具体方法如下。

1）确定需要设置的字符的大小、字形和颜色等，然后选中该字符。

2）选择“开始”选项卡，在“字体”选项组中单击“带圈字符”按钮㊫，打开“带圈字符”对话框，如图 5-36 所示。

3）在“样式”栏中，用户可以选择“无”选项来取消已设置的带圈字符，还可以选择“缩小文字”或“增大圈号”选项来设置字符。

4）若用户在执行此操作前已经选中了一个字符，则“文字”文本框中会显示出这个字符；如果用户未选中字符，则可以在该文本框中输入一个字符，此后设置的带圈字符将显示在文档的当前光标处。

5）在“圈号”列表框中，可以为该字符选择一个圈号样式。

6）设置完成后单击“确定”按钮。

图 5-37 所示为带圈字符示例。

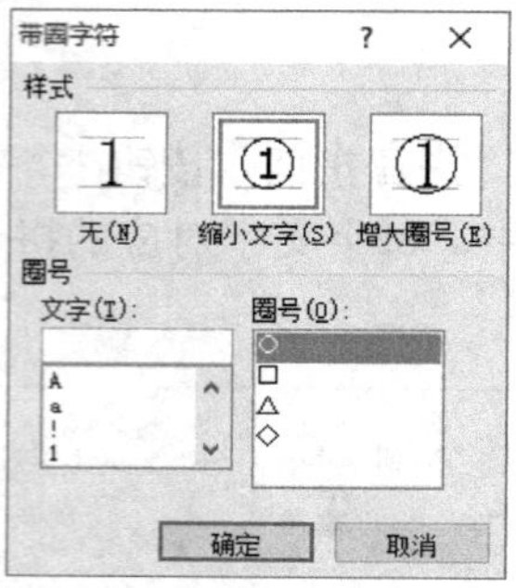

图 5-36 “带圈字符”对话框

图 5-37 带圈字符示例

5. 首字下沉

首字下沉就是将段落的第一个字放大并占据下面几行的开头部分，或将放大后的第一个字放到段落左侧，看起来十分醒目。这种格式常见于报纸和杂志。用 Word 2016 实现首字下沉的具体方法如下。

1）将光标定位于要设置首字下沉的段落开头。如果段落开头为英文单词（或数字），可以选择多个字符或整个单词，设置所选部分字符下沉；如果该段落首行前有空格或首行缩进格式，则先删除首行前的空格或取消缩进格式。

2）选择“插入”选项卡，在“文本”选项组中单击“首字下沉”下拉按钮，其下拉列表如图 5-38 所示。“下沉”或“悬挂”选项即用来设置首字下沉或首字悬挂的效果。

3）如果需要设置下沉文字的字体或下沉行数等选项，可以在下拉列表中选择“首字下沉选项”选项，打开如图 5-39 所示的“首字下沉”对话框。在“位置”栏中选择“下沉”或“悬挂”选项，根据需要设置首字的字体、下沉行数及其与正文的距离。

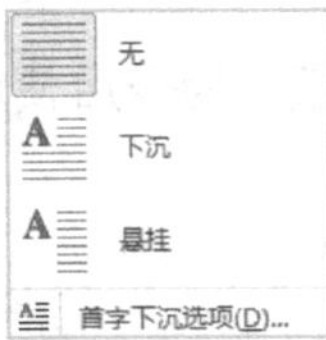

图 5-38　“首字下沉”下拉列表

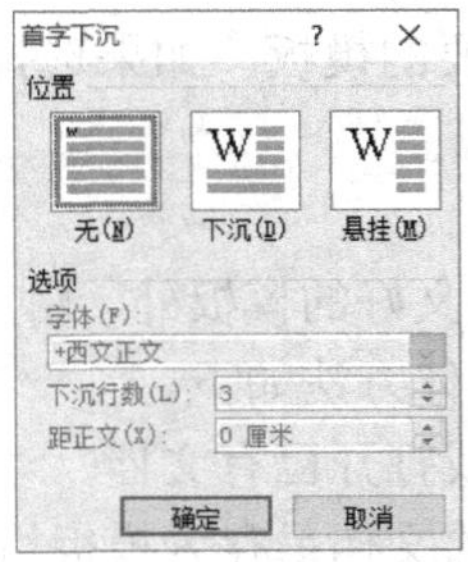

图 5-39　“首字下沉”对话框

4）单击“确定”按钮。

若要取消首字下沉，则在“首字下沉”对话框中选择“无”选项。

5.3.5　模板与样式

模板和样式是 Word 2016 中最重要的排版工具。模板工具能够帮助用户轻松制作出格式复杂、版式精美的各种文档，大大提高了工作效率；样式工具能够帮助用户直接将文字和段落设置成事先定义好的字体、字号以及段落格式。

1. 模板

模板是 Word 2016 中采用.dotx 作为扩展名的一种特殊的文档，可用作建立其他同类文档的模型。模板决定文档的基本结构和设置，如自动图文集词条、字体、组合键指定方案、宏、菜单、页面布局、特殊格式和样式等。

（1）使用模板

Word 2016 预置了许多模板供用户使用，而且当用户觉得这些模板不够用时还可以从 office.com 网站下载更多模板。以可用模板为例，快速创建文档的具体方法如下。

1）选择“文件”选项卡，在打开的后台视图中选择“新建”选项，窗口右侧列出很多样本模板，如图 5-40 所示。

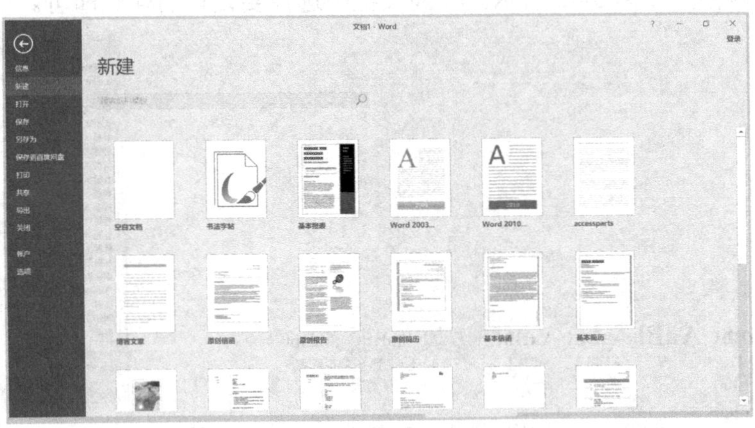

图 5-40　样本模板

2）选择所需要的模板，如果选择“基本报表”选项，则会自动新建一个应用此模板的文档。

（2）建立模板

除使用已经定义好的模板外，用户还可以自定义模板，为今后使用相同格式的文档提供便利条件。具体方法如下。

1）新建文档或打开已有文档，对文档进行格式设置。

2）将定义好的文档另存为模板格式。

2. 样式

很多用户在使用 Word 软件工作时，除了文档的录入，在文档修饰上也会花费大量的时间。“样式”正是为提高文档的修饰效率而添加的功能。“样式”功能可以帮助用户确保格式编排的一致性，并且减少许多重复的操作。

样式就是将修饰某一类段落的一组参数，包括字体类型、字体大小、字体颜色、对齐方式等，命名为一个特定的段落格式名称。也可以说，样式是指被冠以同一名称的一组命令或格式的集合。

（1）设置样式

用户可以通过“快速样式”列表或“样式”任务窗格来设置需要的样式，具体方法如下。

1）通过“快速样式”列表设置。

选择“开始”选项卡，在“样式”选项组的“快速样式”列表中列出了样式库中预置的样式，如图 5-41 所示，单击右侧向下滚动按钮或“其他”按钮，将有更多预置样式供选择。将光标定位到需要应用样式的段落或选择要应用样式的内容，在“快速样式”列表中选择某样式，即可将该样式应用于选定段落或内容。

2）通过“样式”任务窗格设置。

选中要设置样式的内容，单击“样式”选项组右下角的对话框启动器按钮，弹出“样式”任务窗格，如图 5-42 所示。在列表框中选择要设置的样式即可。

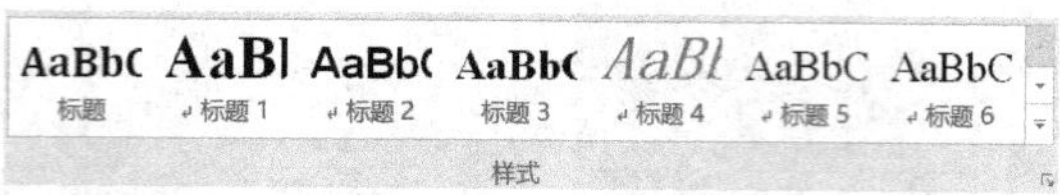

图 5-41 “快速样式”列表

图 5-42 “样式”任务窗格

（2）修改样式

如果样式库中的现有样式无法满足格式设置的要求，用户可以对其进行修改，具体方法如下。

1）在“样式”任务窗格中右击所要修改的样式（如正文），在弹出的快捷菜单中选择“修改”命令，弹出“修改样式”对话框，如图 5-43 所示。

2）在“修改样式”对话框的“格式”栏中进行相应的格式设置，或者单击左下方的“格式”下拉按钮，在弹出的下拉列表中选择相应的操作选项，在对应打开的格式设置对话框中进行设置。

3）设置完毕，单击“确定”按钮，则文档中应用该样式的所有文本或段落被统一设置为修改后的格式。

（3）创建新样式

Word 2016 自带的样式称为内置样式，内置样式基本上可以满足大多数类型的文档格式设置要求。如果现有样式与所需格式相差很大，可以创建一个新样式，称为自定义样式。创建新样式的基本步骤如下。

1）在“样式”任务窗格中单击左下角的“新建样式”按钮，打开“根据格式设置创建新样式”对话框，如图 5-44 所示。

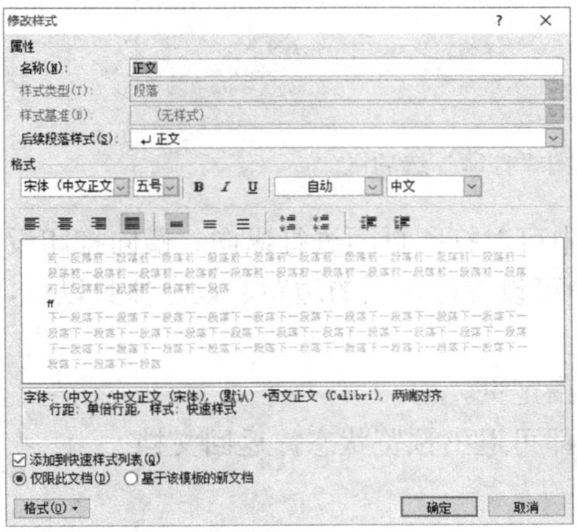

图 5-43　“修改样式”对话框

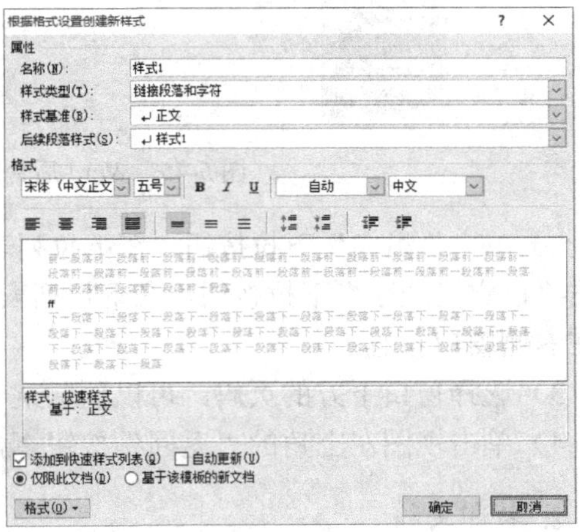

图 5-44　“根据格式设置创建新样式”对话框

2）在该对话框中设置名称、样式类型、样式基准及后续段落样式。在“格式”栏中设置格式，或通过单击“格式”下拉按钮对样式所包含的格式进行详细设置。

3）单击“确定”按钮，即可成功创建一个新样式。默认情况下，创建的样式会自动添加到“快速样式”列表和“样式”任务窗格的样式列表中。

应用自定义样式的方法和应用内置样式的方法相同。

5.3.6　打印

文档经过编辑、排版，即可打印出来。通常，用户会希望有尽可能好的打印效果，这就需要进行打印预览，以便及时发现问题并预先进行调整。

1. 打印预览

在打印文档之前，用户可以用打印预览功能来模拟显示打印效果，具体方法如下。

1）选择“文件”选项卡，在打开的后台视图中选择“打印”选项，可在窗口右侧查看预览效果，如图 5-45 所示。

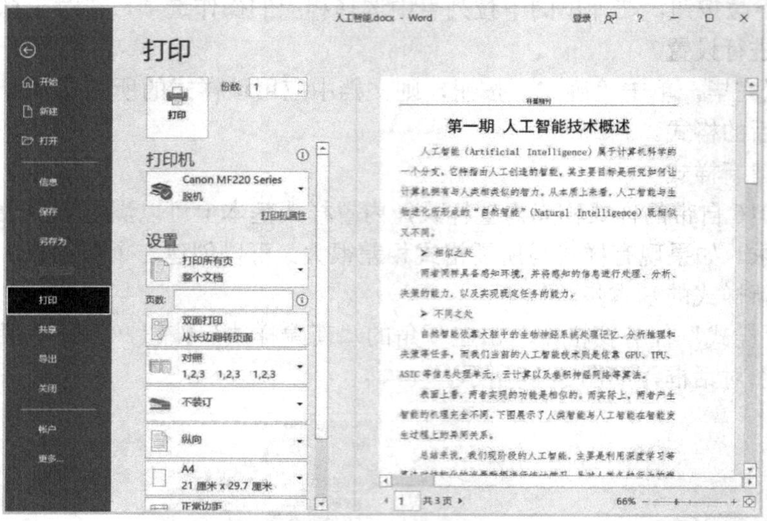

图 5-45 Word 后台视图“打印”选项区

2）单击“纵向”下拉按钮，在下拉列表中可对打印页面进行纵向、横向打印设置；单击“自定义边距”下拉按钮，在下拉列表中可设置打印页的边距。设定参数以后，即可在右侧窗口预览。

3）选择窗口下方的页码，可以预览某一指定页。

4）单击视图左上角的“返回”按钮，即可退出预览状态，返回文档。

2. 打印文档

在“打印”选项区左上角单击“打印”按钮，即以默认设置将整个文档打印 1 份。若有特殊要求，可以进行自定义设置，主要设置以下几方面。

1）打印机：在“打印机”下的下拉列表框中选取本机已经安装并连接的打印机。

2）打印范围：系统默认的打印范围是整个文档，也可以在“设置”下方的下拉列表框中选择“打印当前页面”或“自定义打印范围”选项。当选择“自定义打印范围”选项时，可以在“页数”文本框中设置需要打印的页码，如要打印第 2、4、6、7、8、9、10 页，可以在文本框中输入“2，4，6-10”（不包括双引号）。

3）打印份数：单击“份数”微调按钮或直接输入要打印的份数。

设置好参数以后，单击“打印”按钮，即可打印所选内容。

5.4　表 格 制 作

表格是 Word 文档的重要组成部分。在文档中使用表格，既可以形象地说明某些问题，表达一些常规文字所无法充分描绘的信息，使数据具有更好的可比性、可读性，还可以使文档的结构更加清晰。例如，制作通讯录、课程表、报名表等适合使用表格，这样可以使信息清晰，阅读方便，一目了然。Word 2016 提供了文档的表格制作工具，可以满足各种复杂报表的制作要求。通过该工具用户可以创建、编辑和调整表格，还可以在表格中进行公式计算和排序等操作。

5.4.1　表格的创建

Word 2016 提供了多种创建表格的方法，下面分别介绍。

1. 利用表格模型创建表格

选择“插入”选项卡，在“表格”选项组中单击“表格”下拉按钮，在打开的下拉列表中拖动选择行数和列数，即可快速插入简单的表格。具体方法如下。

1）打开文档，将光标定位到文档中要插入表格的位置。

2）选择“插入”选项卡，在“表格”选项组中单击“表格”下拉按钮。

3）在打开的下拉列表中的表格模型上拖动光标，向右移动选择表格的列数，向下移动选择表格的行数。如图 5-46 所示为选择一个 4 行 5 列的表格区域。

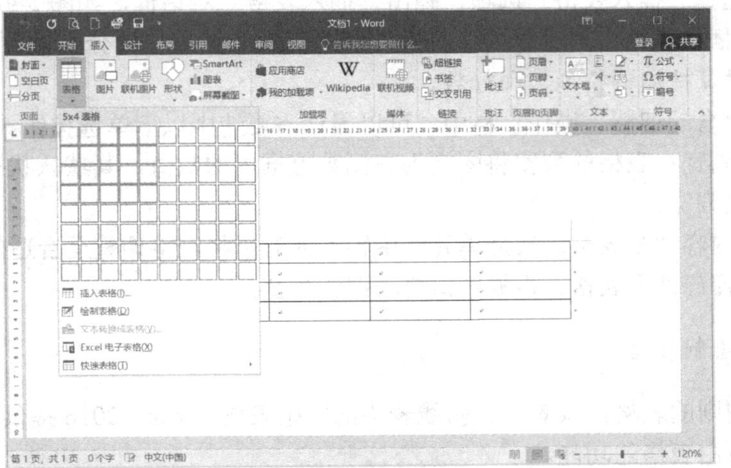

图 5-46　利用“插入表格”工具创建表格

4）松开鼠标，在光标插入点处插入了一个 4 行 5 列的表格，如图 5-47 所示。

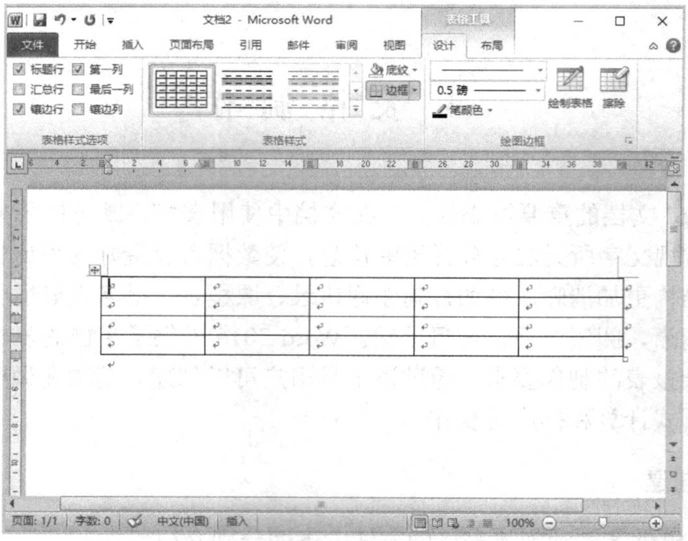

图 5-47　在文档中插入 4 行 5 列的表格

2. 利用“插入表格”对话框创建表格

用表格模型创建表格虽然很方便，但无法创建行数值或列数值较大的表格。使用“插入表格”对话框创建的表格，其行、列数不受限制，同时还可以对表格的列宽进行设置。

使用“插入表格”对话框创建表格的具体方法如下。

1）打开文档，将光标定位到文档中要插入表格的位置。

2）选择“插入”选项卡，在“表格”选项组中单击“表格”下拉按钮，在打开的下拉列表中选择“插入表格”选项，弹出“插入表格”对话框，如图 5-48 所示。

3）在“插入表格”对话框的“列数”和“行数”数值框中分别输入列数值与行数值，或通过微调按钮调整列数和行数。

4）在“‘自动调整’操作”栏中，可以根据需要选中以下单选按钮。

① 固定列宽：表格的列宽将固定为右侧数值框内的数值，其默认状态为“自动”，表示将自定义列宽。

② 根据内容调整表格：根据单元格中输入的对象将表格调整至合适的列宽。

③ 根据窗口调整表格：根据窗口自动调整列宽。

3. 手工绘制表格

对于不规则的表格，或者带有斜线表头的复杂表格，Word 2016 提供了用鼠标绘制任意不规则自由表格的功能。

手工绘制表格的步骤如下。

1）打开文档，将光标定位到文档中要插入表格的位置。

2）选择“插入”选项卡，在“表格”选项组中单击“表格”下拉按钮，在弹出的下拉列表中选择“绘制表格”选项，如图 5-49 所示。

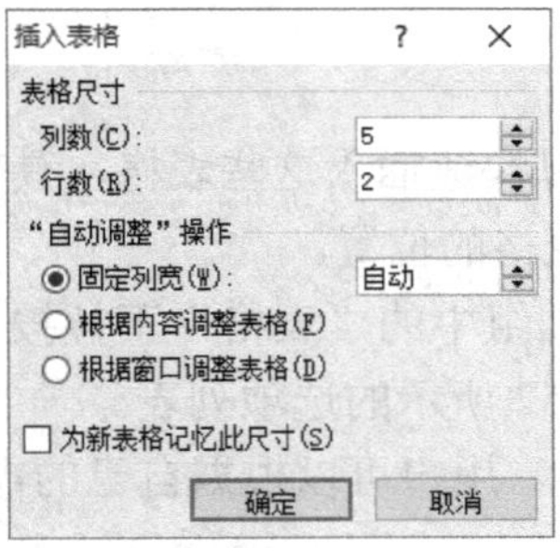

图 5-48　“插入表格”对话框

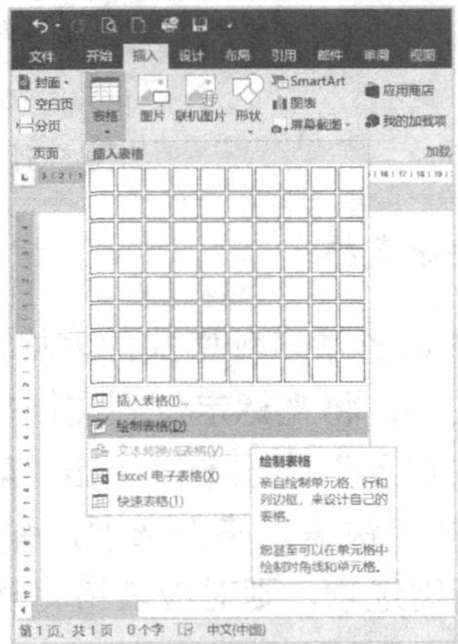

图 5-49　“绘制表格”选项

3）这时鼠标指针呈铅笔形状，在 Word 2016 文档中按住鼠标左键拖动绘制表格边框，然后在适当的位置绘制表格的行和列，如图 5-50 所示。

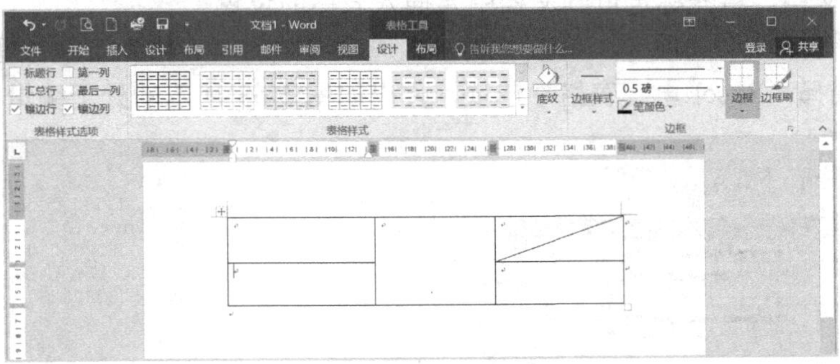

图 5-50　绘制 2 行 3 列表格

4）完成表格的绘制后，按 Esc 键，或者选择“表格工具”的“设计”选项卡，在“边框”选项组中单击“边框”下拉按钮，选择“绘制表格”选项，结束表格绘制状态。

提示

如果在绘制或设置表格的过程中需要修改某行或某列的边框，可以选择“表格工具”的“设计”选项卡。在“边框”选项组中设置线型、宽度或颜色，然后单击“边框刷”按钮，这时鼠标指针呈笔刷形状，在特定的行或列线条上单击即可修改该行或该列的边框；按 Esc 键取消边框刷状态。“边框”选项组如图 5-51 所示。

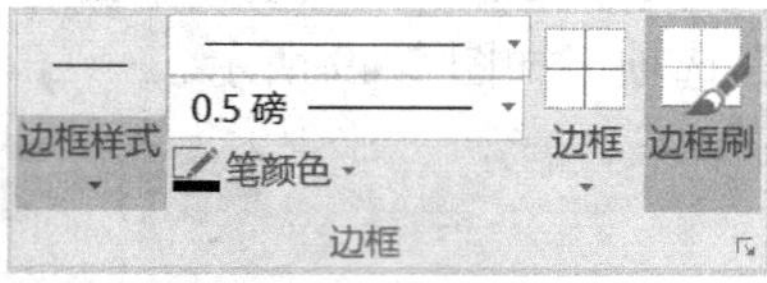

图 5-51　“边框”选项组

4. 插入快速表格

Word 2016 内置了多种格式的表格，用户可以快速插入这些表格，具体方法如下。

1）打开文档，将光标定位到文档中要插入表格的位置。

2）选择“插入”选项卡，单击“表格”选项组中的“表格”下拉按钮，在弹出的下拉列表中选择“快速表格”选项，弹出如图 5-52 所示的选项列表。

3）选择所需选项，则对应表格将插入文档中，用户可以根据自己的需要进行调整。

5. 插入 Excel 表格

在 Word 2016 中还可以插入 Excel 表格，并且可以在其中进行比较复杂的数据运算和处理，就像在 Excel 环境中一样。具体方法如下。

1）打开文档，将光标定位到文档中要插入表格的位置。

2）选择“插入”选项卡，单击“表格”选项组中的“表格”下拉按钮，在弹出的下拉列表中选择“Excel 电子表格”选项，弹出如图 5-53 所示的处于编辑状态的 Excel 电子表格。

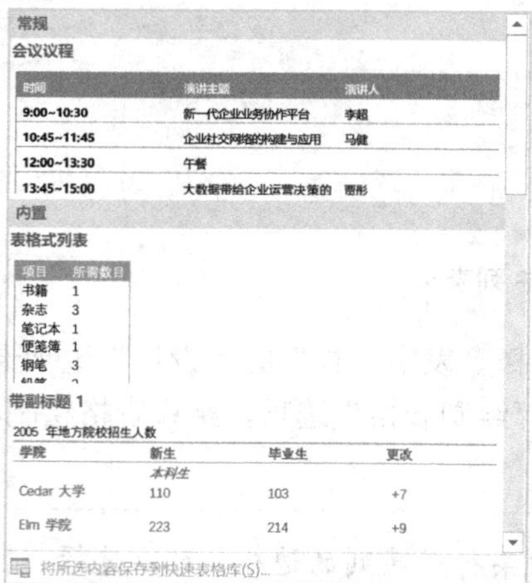

图 5-52　“快速表格”选项列表

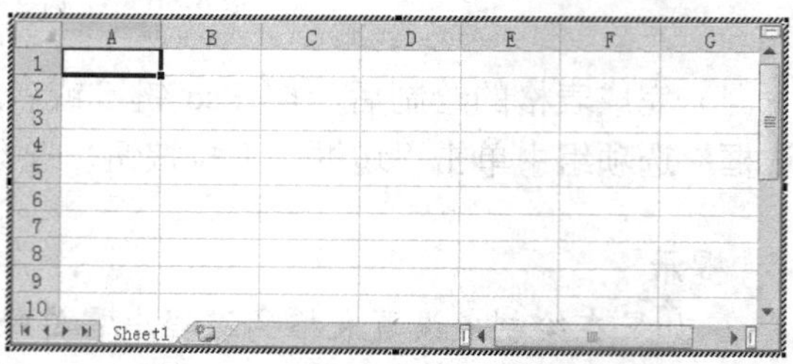

图 5-53　处于编辑状态的 Excel 电子表格

3）编辑完表格后，单击电子表格以外的空白区域，就可以返回到 Word 2016 文档的编辑状态，如图 5-54 所示。

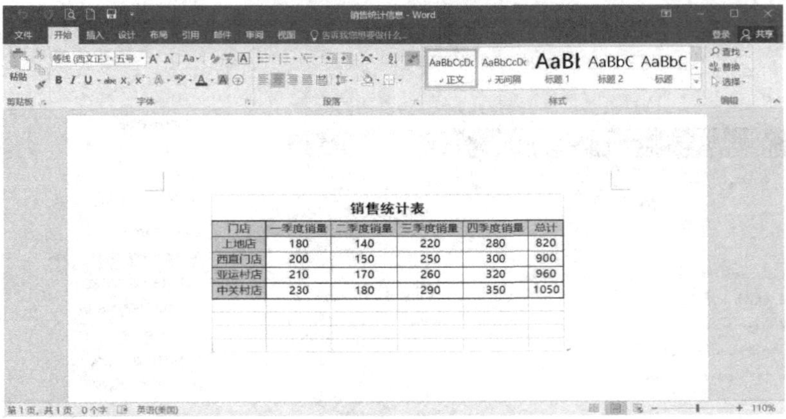

图 5-54　Word 2016 文档中的 Excel 电子表格

提示

此时在文档中插入的表格是图片格式，不能对其进行编辑。若要对其进行编辑，可以双击表格区域将其切换到电子表格的编辑状态。

5.4.2　表格的编辑

创建表格之后，还可以对表格进行各种编辑操作，包括编辑表格内容、增加或删除表格中的行/列、改变行高和列宽、合并与拆分表格或单元格等。

1. 编辑表格中的文本

在表格中，单元格是处理文本的基本单位。在单元格中输入和编辑文本的操作与普通文档中的操作基本相同。内容的宽度如果超过了单元格的列宽则会自动换行或增加列宽，这会随着"'自动调整'操作"选项设置的不同而不同；如果按 Enter 键则新起一个段落。用户可以用与设置普通文本相同的方法对单元格中的文本进行格式设置，如选择"开始"选项卡，在"字体"选项组中设置字体、字号等。

2. 表格与文本的转换

（1）文本转换为表格

在编辑文本时可能会编辑一些类似表格的文本，这些文本比较规则，可以用统一的分隔符把它们分开，如图 5-55 所示即为用制表位分隔的文本。如果在编辑表格数据时，需要将这些文本信息输入表格中，可以使用将文本转换为表格的功能将它们直接转换为表格数据。

文本转换为表格的具体方法如下。

1）选中要转换为表格的文本。

2）选择"插入"选项卡，在"表格"选项组中单击"表格"下拉按钮，在弹出的下拉列表中选择“文本转换成表格”选项，弹出“将文字转换成表格”对话框，如图 5-56 所示。

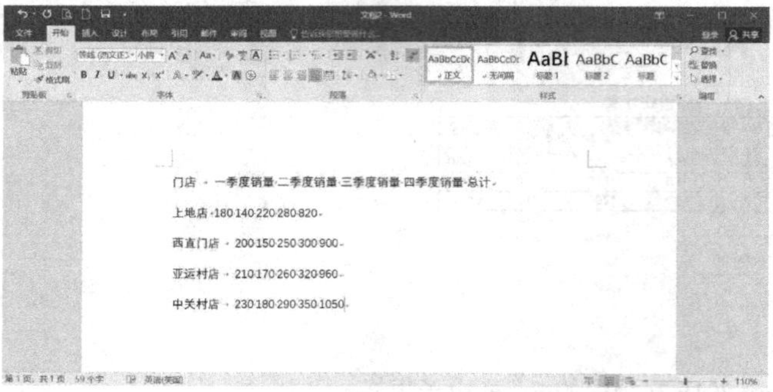

图 5-55　用制表位分隔的文本

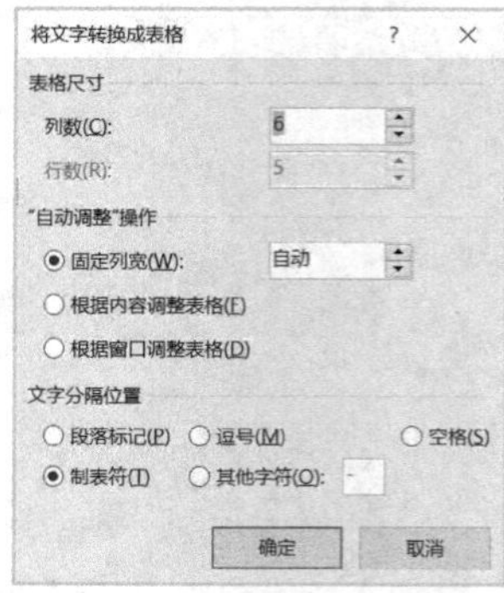

图 5-56　“将文字转换成表格”对话框

3）在“列数”数值框中设置表格的列数，系统将自动计算出表格的行数。

4）在“‘自动调整’操作”栏中设置合适的参数。

5）在“文字分隔位置”栏中选中“制表符”单选按钮。

6）单击“确定”按钮，结果如图 5-57 所示。

（2）表格转换为文本

在 Word 2016 中，可以把文本转换为表格，也可以将表格中的数据转换为文本。把图 5-57 表格中的数据转换为文本，具体方法如下。

1）将光标置于表格的任意位置。

2）选择“表格工具”的“布局”选项卡，在“数据”选项组中选择“转换为文本”选项，即弹出“表格转换成文本”对话框，如图 5-58 所示。

3）在该对话框中选择一种分隔符，如选中“逗号”单选按钮。

4）单击“确定”按钮，表格中的内容将转换为普通文本，并被所选的分隔符分开，如图 5-59 所示。

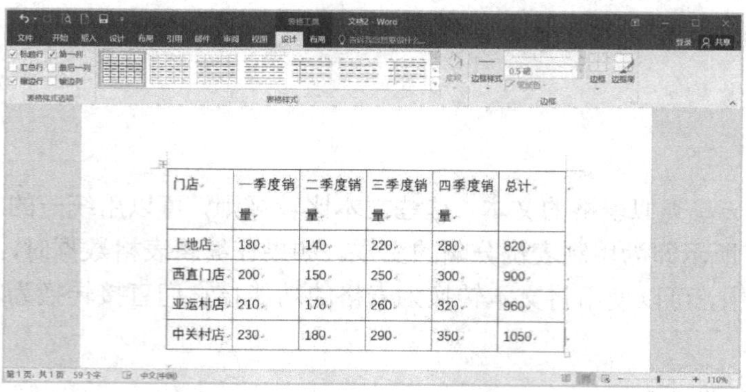

图 5-57　文本转换为表格

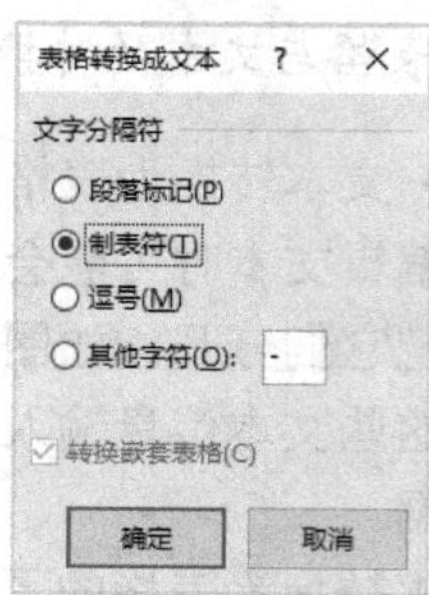

图 5-58　“表格转换成文本”对话框

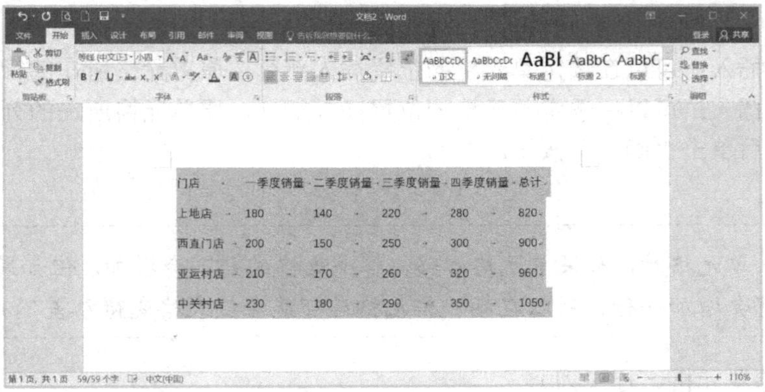

图 5-59　表格转换为文本

3. 插入和删除单元格、行（列）

（1）插入单元格、行（列）

在表格中可以插入单元格、行（列），甚至可以在表格中插入表格。

要在表格末尾快速添加一行，可以单击最后一行的最后单元格，然后按 Tab 键；也可以把光标定位在最后一个单元格线外按 Enter 键。

如果要在表格的不同位置插入单元格、行（列），应首先确定插入位置。

在表格中插入单元格、行（列）的步骤如下。

1）将插入点定位在表格中。

2）选择“表格工具”的“布局”选项卡，其中的“行和列”选项组如图 5-60 所示。

3）在“行和列”选项组中单击“在左侧插入”按钮，则在插入点所在列的左侧插入一列；单击“在右侧插入”按钮，则在插入点所在列的右侧插入一列。

4）单击“在上方插入”按钮，则在插入点所在行的上方插入一行；单击“在下方插入”按钮，则在插入点所在行的下方插入一行。

5）单击“行和列”选项组右下角的对话框启动器按钮，弹出“插入单元格”对话框，如图 5-61 所示。

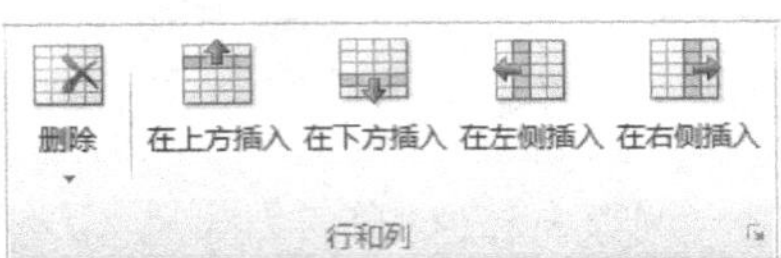

图 5-60　“行和列”选项组

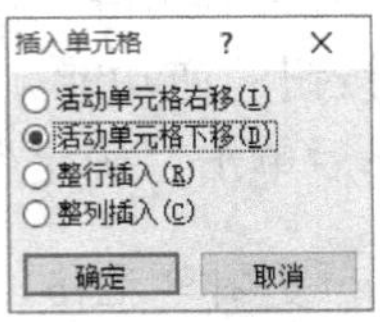

图 5-61　“插入单元格”对话框

“插入单元格”对话框中单选按钮的功能如下。

① 活动单元格右移：可以在选定单元格的位置插入新的单元格，原单元格向右移动。

② 活动单元格下移：可以在选定单元格的位置插入新的单元格，原单元格向下

移动。

③ 整行插入：可以在选定单元格的位置插入新行，原单元格所在的行下移。

④ 整列插入：可以在选定单元格的位置插入新列，原单元格所在的列右移。

6）选择后单击“确定”按钮。

提示

在插入单元格时，如果单元格右移，整个表格的列不会增加，但如果单元格下移，表格将会增加一行，所以在插入单元格后可能会使表格变得参差不齐。

（2）删除单元格、行（列）

在插入表格时，如果对表格的行或列控制不好，就会出现多余的行或列，可以根据需要将多余的行或列删除。在删除单元格、行或列时，单元格、行或列中的内容也将被删除。

删除单元格、行（列）的方法如下。

1）将插入点定位在表格中，选择“表格工具”的“布局”选项卡，在“行和列”选项组中单击“删除”下拉按钮，弹出如图 5-62 所示的下拉列表。

① 选择“删除列”选项，可将插入点所在列删除。

② 选择“删除行”选项，可将插入点所在行删除。

③ 选择“删除表格”选项，可将整个表格删除。

④ 选择“删除单元格”选项，则弹出“删除单元格”对话框，如图 5-63 所示。

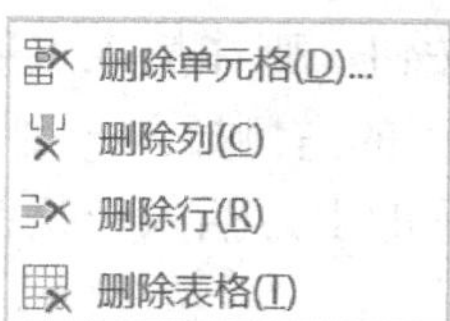

图 5-62 “删除”下拉列表

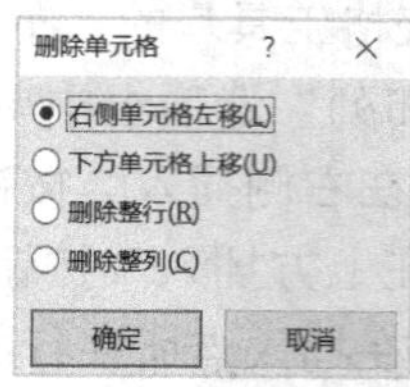

图 5-63 “删除单元格”对话框

2）在“删除单元格”对话框中，4 个单选按钮的功能分别是“插入单元格”对话框中相应单选按钮的逆功能。

3）选择后单击“确定”按钮。

4. 移动和复制单元格、行（列）

将单元格、行（列）中的内容移动或复制到相应的单元格、行（列）的操作与普通文本操作完全一样，具体方法如下。

1）选定要移动（或复制）的表格内容。

2）选择“开始”选项卡，在“剪贴板”选项组中单击“剪切”（或“复制”）按钮。

3）将插入点移动到目标单元格、行（列）。

4）选择“开始”选项卡，在“剪贴板”选项组中单击“粘贴”按钮，即可把剪切（或复制）的内容粘贴到相应的位置。

用户也可以右击，在弹出的快捷菜单中选择“剪切”（或“复制”）和“粘贴”命令进行上述操作。

5. 拆分和合并单元格

（1）拆分单元格

拆分单元格就是把表中的一个单元格分成多个单元格，达到增加行数和列数的目的。具体方法如下。

1）选定要拆分的单元格。

2）选择“表格工具”的“布局”选项卡，在“合并”选项组中单击“拆分单元格”按钮，或右击，在弹出的快捷菜单中选择“拆分单元格”命令，均可打开“拆分单元格”对话框，如图 5-64 所示。

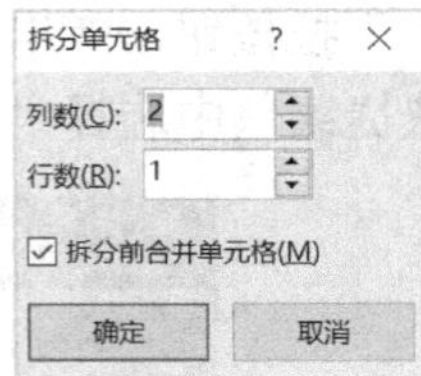

图 5-64 “拆分单元格”对话框

3）在“拆分单元格”对话框的“列数”数值框中输入单元格要拆分的列数，在“行数”数值框中输入单元格要拆分的行数，列数与行数相乘即为拆分后单元格的数目。

4）单击“确定”按钮，完成拆分单元格的操作。

> **提示**
>
> 若选中对话框中的“拆分前合并单元格”复选框，则表示拆分前将选定的多个单元格合并成一个单元格，然后将这个单元格拆分为指定的单元格数；若不选中此复选框，则表示将选定的多个单元格直接拆分为指定的单元格数。

（2）合并单元格

合并单元格就是把相邻两个或多个单元格合并成一个大的单元格。具体操作如下。

1）选定要合并的单元格。

2）选择“表格工具”的“布局”选项卡，在“合并”选项组中单击“合并单元格”按钮，或右击选定的单元格，在弹出的快捷菜单中选择“合并单元格”命令。

3）选定的多个单元格被合并成一个单元格。

6. 拆分表格

拆分表格就是将一个表格拆分成为两个表格。具体方法如下。

1）将光标定位到要拆分表格的位置，即拆分后第二个表格的第一行处。

2）选择“表格工具”的“布局”选项卡，在“合并”选项组中单击“拆分表格”按钮，可将表格一分为二。

7. 调整表格的大小

编辑表格的一个重要方面是更改列的宽度或行的高度以适应放在单元格中的信息。

改变行高和列宽的操作可以用鼠标来完成，也可以在“表格属性”对话框中为列的宽度和行的高度输入一个实际的数值。

调整行高和列宽的操作基本相同，这里仅以调整列宽为例进行介绍。

（1）使用“自动调整”调整表格

使用“自动调整”调整表格的方法如下。

1）将光标置于表格内的任意位置。

2）选择“表格工具”的“布局”选项卡，在“单元格大小”选项组中单击“自动调整”下拉按钮，弹出下拉列表，如图 5-65 所示；或者右击表格内的任意位置，在弹出的快捷菜单中选择“自动调整”命令，在弹出的子菜单中选择相应的命令。

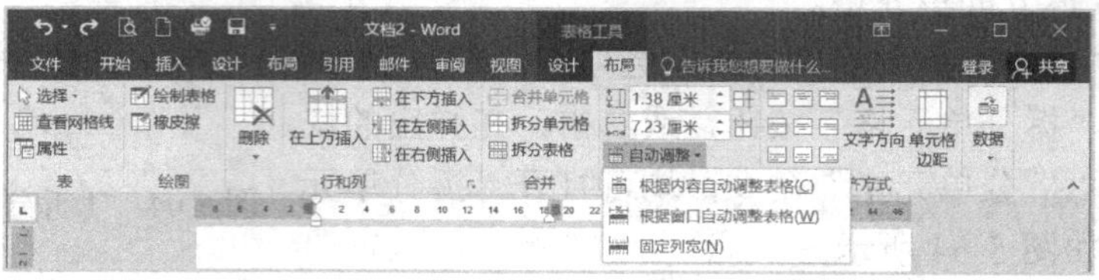

图 5-65　“自动调整”下拉列表

3）选择“根据内容自动调整表格”选项，则表格的列宽会根据表格中内容的宽度自适应大小。

选择“根据窗口自动调整表格”选项，则表格的宽度自动适应页面的宽度。

选择“固定列宽”选项，则列宽不变，若内容宽度超过了列宽会自动换行。

（2）使用“表格属性”对话框调整表格

如果表格尺寸的精确度要求高，则应通过“表格属性”对话框来调整列宽和行高。具体方法如下。

1）将光标放在要调整列宽的列中或选中该列。

2）选择“表格工具”的“布局”选项卡，在“表”选项组中单击“属性”按钮，或者右击选中的列，在弹出的快捷菜单中选择“表格属性”命令，均可打开“表格属性”对话框，在其中的“行”“列”选项卡中可以设置该单元格所在行、列的行高与列宽，如图 5-66 所示。

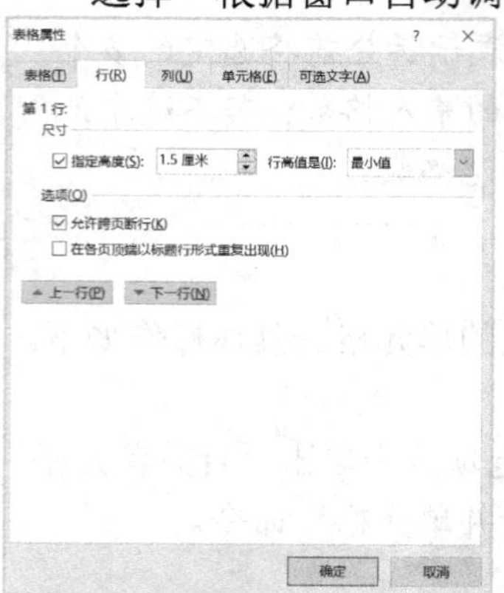

图 5-66　“表格属性”对话框

5.4.3　表格的修饰

在为表格填充了文本，形成行列整齐、间距合适的表格之后，就可以为表格设计各种风格，使其新颖、独特、可视性强、更具魅力。几乎所有对文档的操作都可用于对表的操作，包括选中文本、更改字体等。不仅如此，用户还可以对齐单元格中的数据，在单元格中插图，甚至可以设计边框格式，用灰色底纹或黑色背景来为单元格、行（或列）添加阴影。

1. 使用表格自动套用格式

在编排表格时，无论是新建的空表还是已经输入数据的表格，都可以利用表格的自动套用格式进行快速编排。Word 2016 提供了多种预定义的表格格式，具体使用方法如下。

1）选定要套用格式的表格。

2）选择“表格工具”的“设计”选项卡，如图 5-67 所示。

图 5-67　“设计”选项卡

3）在“表格样式”选项组的“表格样式”列表中选择要套用的表格格式，表格会自动套用相应的格式。

2. 添加边框和底纹

用户可以为表格中的单元格设置边框和底纹，也可以为整个表格添加边框和底纹。为表格添加边框和底纹的具体方法如下。

1）选定要设置边框和底纹的表格或表格的一部分。

2）选择“表格工具”的“设计”选项卡，在“边框”选项组中单击右下角的对话框启动器按钮，弹出“边框和底纹”对话框，在对话框中选择“边框”选项卡，如图 5-68 所示。

3）在“设置”栏中，系统提供了 4 种边框样式。

① 方框：在表格四周设置一个边框，线型可在“样式”列表框中定义。

② 全部：在表格四周设置一个边框，同时也为表格中的行列线条设置格栅线，格栅线的线型和表格边框的线型一致。

③ 虚框：在表格四周设置一个边框，同时也为表格中的行列线条设置格栅线，格栅线的型号为默认，而边框线型是设置的线型。

④ 自定义：可以在预览区域设置任意的边框线和格栅线。

4）在“样式”列表框中选择线型样式，在“宽度”下拉列表框中选择线型的宽度值，在“颜色”下拉列表框中选择线条的颜色。

5）在“应用于”下拉列表框中选择设置边框的应用范围，可以是文字、段落、单元格或表格。

6）选择“底纹”选项卡，如图 5-69 所示。

7）在“填充”下拉列表框中，选择一种填充色作为表格的背景色。

8）在“样式”下拉列表框中，选择一种底纹的样式，即选择底纹颜色含量的百分比。

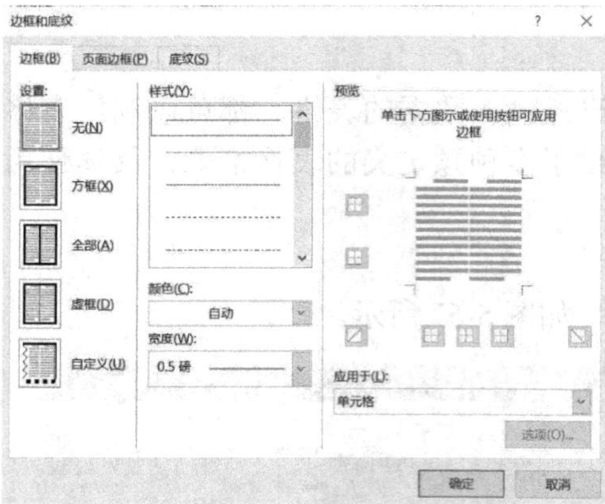

图 5-68 “边框”选项卡

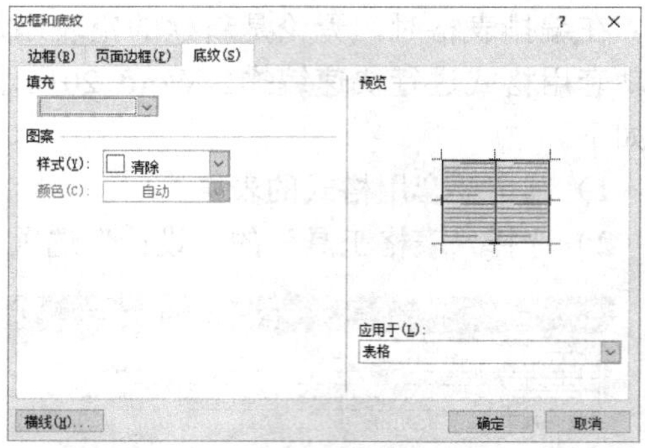

图 5-69 “底纹”选项卡

9）在“颜色”下拉列表框中，选择底纹内填充点的颜色。

10）在“应用于”下拉列表框中选择填充色和图案的应用范围，可以是文字、段落、单元格或表格。

11）单击“确定”按钮，完成添加边框与底纹的操作。

3. 单元格中文本的对齐方式

当单元格的高度较大、内容较少而不能填满单元格时，顶端对齐的方式会影响整个表格的美观性，此时可以对单元格中文本的对齐方式进行设置。在表格中，可以实现文本在水平方向和垂直方向上的对齐，具体方法如下。

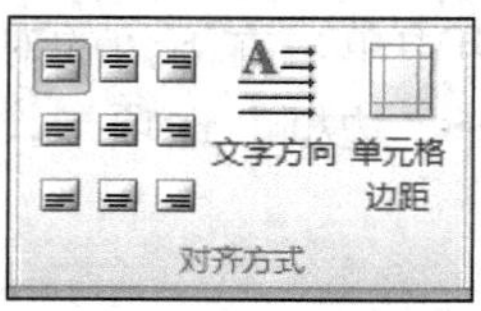

图 5-70 “对齐方式”选项组

1）选择要设置对齐方式的单元格或整个表格。

2）选择“表格工具”的“布局”选项卡，在“对齐方式”选项组中选择合适的对齐方式，如图 5-70 所示。

5.4.4 表格内数据的排序和常用计算

1. 排序

Word 2016 提供了对表格中数据的排序功能，用户可以依据拼音、笔画、数字或日期对表格内容按升序或降序进行排列。Word 2016 允许用户按照多个关键字进行排序。

排序的具体方法如下。

1）将光标移动到表格中的任何位置。

2）选择“表格工具”的“布局”选项卡，在“数据”选项组中单击“排序”按钮，弹出“排序”对话框，如图 5-71 所示。

3）在“排序”对话框中设置“主要关键字”、“次要关键字”和“第三关键字”，并设置“类型”和升降序等属性。Word 2016 在排序时首先依据主要关键字，如有相同项则依据次要关键字，再有相同项依据第三关键字。

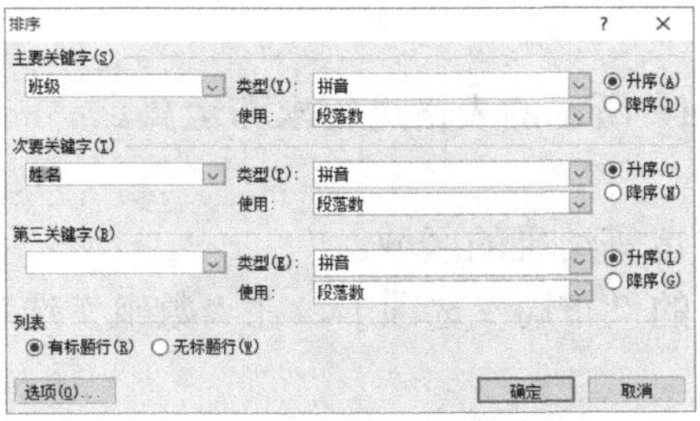

图 5-71　“排序”对话框

4）如果表格有标题行，则在“列表”栏中选中“有标题行”单选按钮，并以“标题”为关键字排序；如果没有标题行则以排序的“列号”为关键字。

5）单击“确定”按钮，完成排序。

2. 常用计算

Word 2016 提供了很强的表格计算功能，可完成大量的计算操作，且使用简便。在公式计算中可输入单元格来引用单元格的内容。表格中的单元格可用诸如 A1、A13、B1 之类的形式来引用，其中的字母代表列号，数字代表行号。在公式中引用单元格时，需要用逗号分隔，选定区域的首尾单元格之间用冒号分隔。例如，SUM(A1:B2)表示对选定区域单元格 A1、A2、B1 及 B2 求和。

还可以使用参数 LEFT 表示引用当前行的左侧数据，ABOVE 表示引用当前列的上侧数据，RIGHT 表示引用当前行的右侧数据，BELOW 表示引用当前行的下侧数据。

（1）简单算术运算

当需要简单的数据运算时，Word 2016 可以用公式帮助用户完成这些运算。

【例 5-3】对图 5-72（a）所示的表格进行求和运算。

具体操作如下。

1）单击文档中要放置运算结果的区域。

2）选择“表格工具”的“布局”选项卡，在“数据”选项组中单击“公式”按钮，弹出“公式”对话框。在“公式”文本框中输入公式“=B2+C2+D2+E2”，表示对第 2、3、4、5 列的第 2 行数据进行求和，单击“确定”按钮，系统会计算结果并填入单元格，如图 5-72（b）所示。

门店	一季度销量	二季度销量	三季度销量	四季度销量	总计
上地店	180	140	220	280	820
西直门店	200	150	250	300	
亚运村店	210	170	260	320	
中关村店	230	180	290	350	

（a）

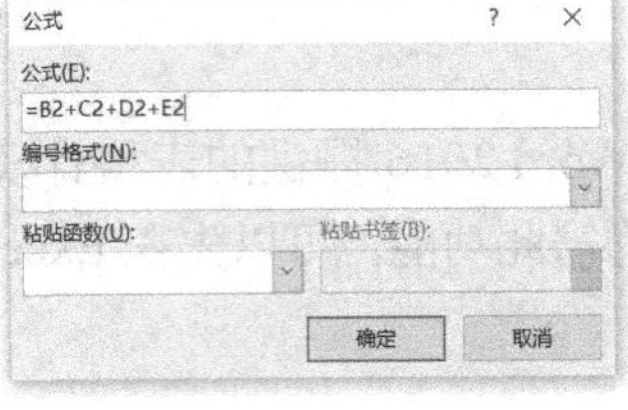

（b）

图 5-72　公式计算

（2）使用简单函数

【例 5-4】 对图 5-73（a）所示的表格进行求和运算。

具体操作如下。

1）单击文档中要放置运算结果的区域。

2）选择“表格工具”的“布局”选项卡，在“数组”选项组中单击“公式”按钮，打开“公式”对话框。

3）从“粘贴函数”下拉列表框中选择需要的函数（Word 2016 提供的函数）。

4）在公式中的圆括号中填写需要参加运算的单元格。

5）选择需要的编号格式。

6）单击“确定”按钮得到运算结果，如图 5-73（b）所示。

门店	一季度销量	二季度销量	三季度销量	四季度销量	总计
上地店	180	140	220	280	820
西直门店	200	150	250	300	900
亚运村店	210	170	260	320	
中关村店	230	180	290	350	

（a）

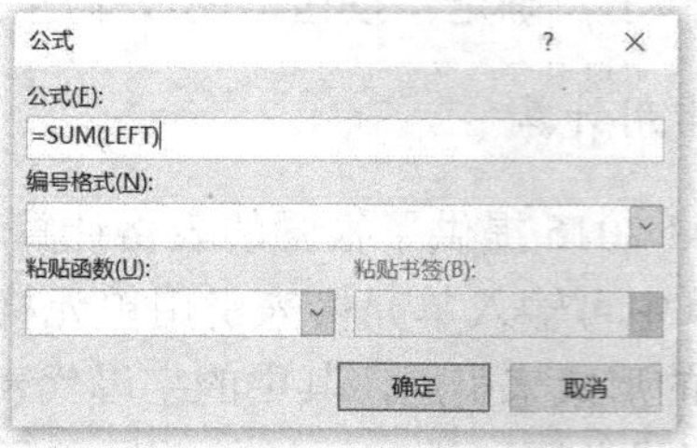

（b）

图 5-73　函数计算

（3）表格数据更新

有时用户需要对表格中的数据进行修改，这就要用到数据更新功能。

1）选定执行的域，也可以选定全部表格，然后右击，在弹出的快捷菜单中选择“更新域”命令。

2）按 F9 键更新全部计算结果，如图 5-74 所示。

门店	一季度销量	二季度销量	三季度销量	四季度销量	总计
上地店	180	140	220	280	820
西直门店	200	150	250	300	900
亚运村店	210	170	260	320	960
中关村店	230	180	290	350	1050

图 5-74　数据更新

尽管 Word 2016 提供的表格计算及排序功能比较丰富，但是与 Excel 相比仍有不足。如果文档确需此功能，可以先在 Excel 中完成，再将内容以嵌入对象的形式插入 Word 2016 文档。

5.5 高级排版

Word 2016 允许在文档中插入各种对象，如图片、图文框、文本框等，以提高文档的直观性与艺术性。插入图片类型包括剪贴画、来自文件的图片、自选的图片、艺术字和图表等。图文框和文本框通常用于在文档中插入一些具有特殊格式的图形和文本内容。

5.5.1 插入图片

Word 2016 中的插入图片功能非常强大，可以接受多种格式的图形，还提供了图片处理工具。在 Word 2016 中，用户可以插入互联网中的图片，也可以从其他程序或位置插入图片，下面分别介绍。

1. 插入联机图片

在联网的状态下，Word 2016 的“联机图片”功能可帮助用户在互联网上搜索并插入合适的图片。搜索时用户可以输入相关的关键字，再单击“搜索”按钮。

在文档中插入联机图片的具体方法如下。

1）把插入点定位到需要插入图片的位置。

2）选择“插入”选项卡，在“插图”选项组中单击“联机图片”按钮，弹出“插入图片”对话框，如图 5-75 所示。

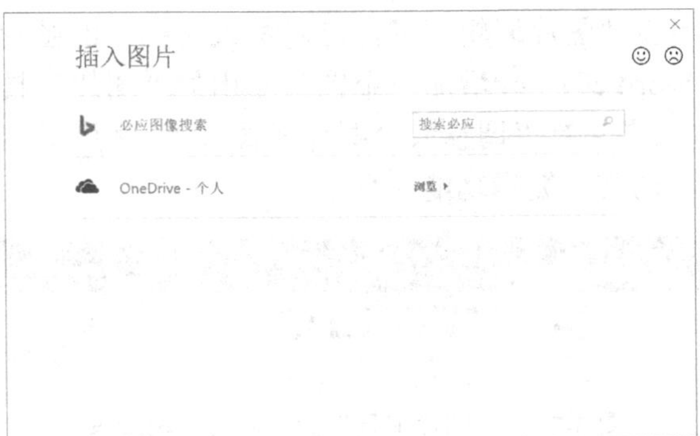

图 5-75　“插入图片”对话框

3）在“插入图片”对话框的“搜索必应”文本框中输入要插入图片的主题，如输入“运动”，单击“搜索”按钮，即可显示搜索结果。

4）从搜索结果列表中选中需要的图片，单击“插入”按钮，即可将联机图片插入文档中。

2. 插入来自文件的图片

如果在文档中使用的图片来自已知的文件，可以直接将其插入文档，具体方法如下。

1）把光标定位到想要插入图片的位置。

2）选择“插入”选项卡，在“插图”选项组中单击“图片”按钮，弹出如图 5-76 所示的“插入图片”对话框，在此设定查找范围和文件名，然后单击“插入”按钮，即可将图片插入 Word 2016 文档。

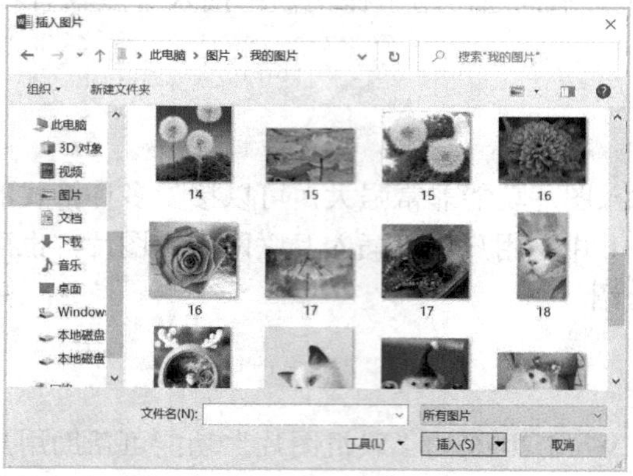

图 5-76　“插入图片”对话框

3. 编辑图片

如果插入的图片和剪贴画既贴合主题又美观大方，就可以显著地提高文档的可阅读性；如果图片或剪贴画插入不合适，则会使文档变混乱，这时需要对图片进行编辑修改。Word 2016 提供了多种图片编辑工具，可对插入文档中的图片进行各种编辑操作。在文档中选定图片，Word 2016 会增加一个图片专用的“图片工具”-“格式”选项卡，如图 5-77 所示。此选项卡共有“调整”、“图片样式”、“排列”和“大小”4 个选项组，下面分别介绍各选项组的常用编辑功能。

图 5-77　“图片工具”的“格式”选项卡

（1）裁剪图片

在文档中，可以方便地对图片进行裁剪操作，以截取图片中最需要的部分。具体方法如下。

1）选中需要进行裁剪的图片。

2）选择“图片工具”的“格式”选项卡，在“大小”选项组中单击“裁剪”下拉按钮。

3）图片周围出现 8 个方向的裁剪控制柄，用鼠标拖动控制柄将对图片进行相应方向的裁剪，同时可以拖动控制柄将图片复原，直至调整合适为止，如图 5-78 所示。

图 5-78　裁剪图片

4）单击该图片以外的任何位置结束裁剪操作。

（2）设置图片尺寸

在 Word 2016 文档中，可以通过多种方式设置图片尺寸。下面介绍最常用的 3 种方式。

1）手动调整：选中图片后，直接使用鼠标拖动图片四周的控制点更改图片的大小。

2）数控式调整：选择“图片工具”的“格式”选项卡，在“大小”选项组中分别设置“高度”和“宽度”数值。

3）在“大小”选项卡中设置：如果用户希望对图片尺寸进行更细致的设置，可以打开“大小”对话框进行设置。右击要设置尺寸的图片，在弹出的快捷菜单中选择“大小和位置”命令，在打开的“布局”对话框中选择“大小”选项卡，并在其中进行高度与宽度的设置即可。

（3）调整图片

图片的亮度、颜色、对比度、清晰度、背景和艺术效果等，都可以通过“格式”选项卡“调整”选项组中的按钮来调整，具体方法如下。

1）选中需要调整的图片。

2）选择“图片工具”的“格式”选项卡。

3）设置图片的亮度、对比度和清晰度：在“调整”选项组中单击“更正”下拉按钮，打开下拉列表，在“锐化和柔化”区域及“亮度和对比度”区域选择合适的选项进行设置。

4）设置图片的颜色：在“调整”选项组中单击“颜色”下拉按钮，打开下拉列表，在“颜色饱和度”区域、“色调”区域和“重新着色”区域选择合适的选项进行设置。

5）给图片添加艺术效果：在“调整”选项组中单击“艺术效果”下拉按钮，打开艺术效果列表，选择合适的艺术图片进行设置。

6）去除图片的多余背景：在“调整”选项组中单击“删除背景”按钮，然后选择“背景消除”选项下的“要保留的区域”选项。

（4）套用图片样式

选择“图片工具”的“格式”选项卡，在“图片样式”选项组中有很多预设的图片样式，如预先设置了边框、阴影、倒影、光效和三维等效果，用户可以很方便地利用预设的图片样式来设置图片。具体方法如下。

1）选中要设置样式的图片。

2）选择“图片工具”的“格式”选项卡，在“图片样式”选项组的预设样式列表中选择所需要的样式，如图 5-79 所示。

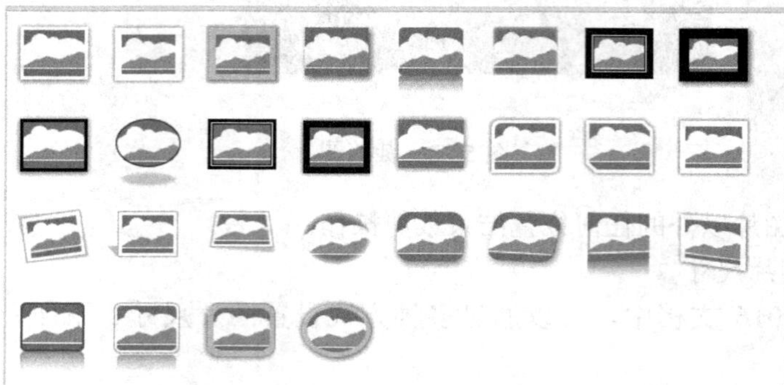

图 5-79　图片预设样式

（5）设置图片的自定义边框和自定义效果

如果预设的图片样式不能满足用户使用需求，用户还可以自己定义图片边框和图片效果。

1）设置图片自定义边框的操作如下。

① 选中要设置边框的图片。

② 单击“图片边框”下拉按钮，在打开的下拉列表中进行相应的设置，如图 5-80 所示。

2）设置图片自定义效果的操作如下。

① 选中要设置特殊效果的图片。

② 选择“图片工具”的“格式”选项卡，在“图片样式”选项组中单击“图片效果”下拉按钮，在打开的下拉列表中进行相应的设置，如图 5-81 所示。

（6）设置图片文字环绕方式

默认情况下，Word 2016 文档中的图片作为字符插入 Word 文档中，其位置随着其他字符的变动而改变，用户不能自由移动图片。通过设置图片的文字环绕方式，可以自由移动图片的位置，具体方法如下。

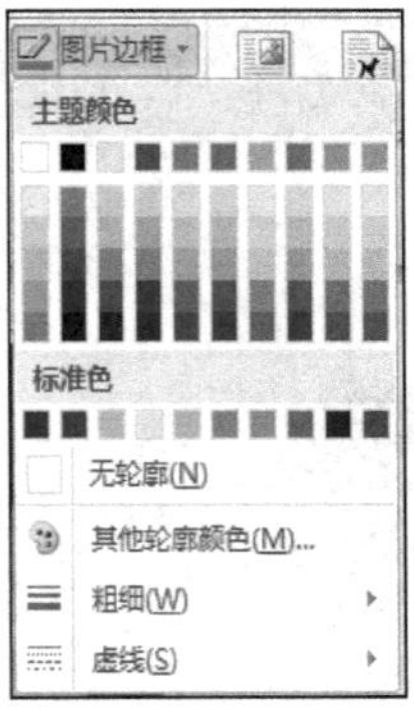

图 5-80　设置图片边框

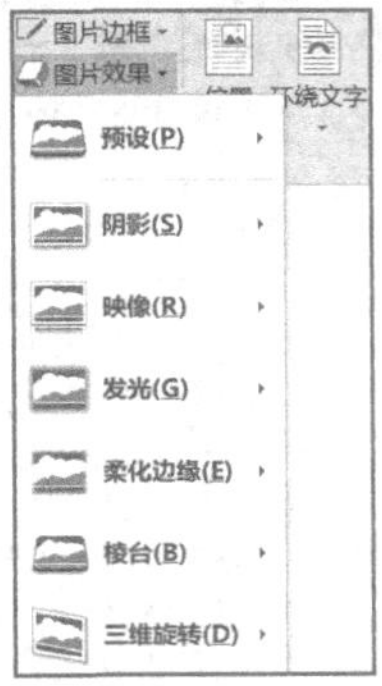

图 5-81　设置图片效果

1）选中需要设置文字环绕的图片。

2）选择“图片工具”的“格式”选项卡，在“排列”选项组中单击“位置”按钮，弹出“位置”下拉列表，如图 5-82 所示。

3）在下拉列表中选择“嵌入文本行中”选项，则图片作为超大字符嵌入文档中。

4）在下拉列表的“文字环绕”区域中，可选择一种合适的环绕方式。

5）如果预设的环绕方式均不合要求，可选择“其他布局选项”选项，在弹出的“布局”对话框中选择“文字环绕”选项卡，如图 5-83 所示。

图 5-82　“位置”下拉列表

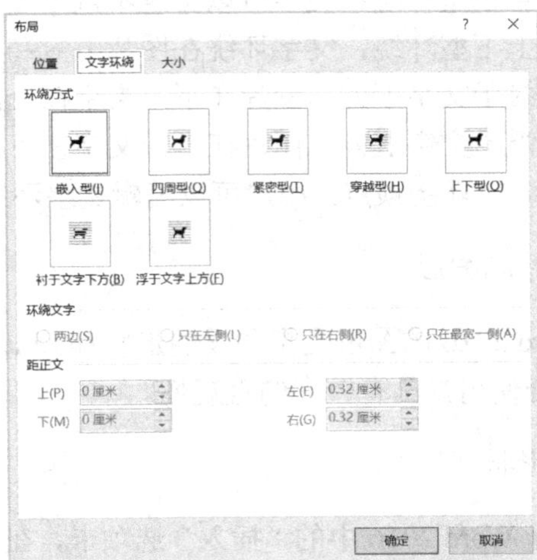

图 5-83　“布局”对话框

6）在“文字环绕”选项卡中单击“环绕方式”栏内任一按钮。

7）单击“确定”按钮。

如果用户希望在 Word 2016 文档中设置更丰富的文字环绕方式，可以选择“图片工具”的“格式”选项卡，在“排列”选项组中单击“环绕文字”下拉按钮，在打开的下拉列表中选择合适的文字环绕方式，如图 5-84 所示。

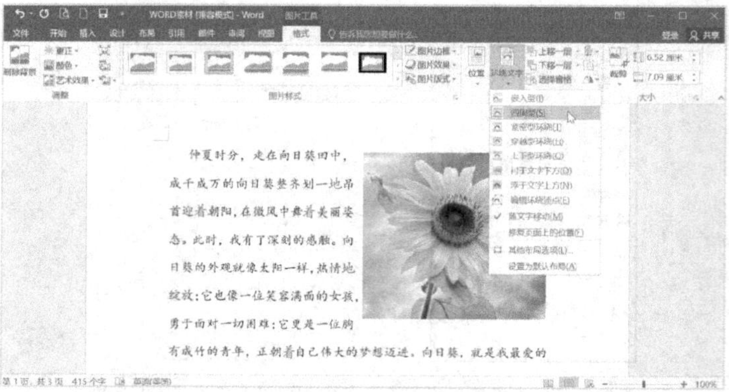

图 5-84　“环绕文字”下拉列表

“环绕文字”下拉列表中各种环绕方式的含义如下。

1）嵌入型：图片如同一个超大字符，前后可以有普通字符，所在行上下也可以有正常的文字行。

2）四周型：不管图片是否为矩形，文字均以矩形方式环绕在图片四周。

3）紧密型环绕：如果图片是矩形，则文字以矩形方式环绕在图片周围；如果图片是不规则图形，则文字将紧密环绕在图片四周。

4）穿越型环绕：文字可以穿越不规则图片的空白区域环绕图片。

5）上下型环绕：文字环绕在图片上方和下方。

6）衬于文字下方：图片在下，文字在上，分为两层，文字将覆盖图片。

7）浮于文字上方：图片在上，文字在下，分为两层，图片将覆盖文字。

8）编辑环绕顶点：用户可以编辑文字环绕区域的顶点，实现更个性化的环绕效果。

5.5.2　绘制图形

Word 2016 的图形是指预设的形状和 SmartArt 图形。根据用户的需要，图形一般与文字配合使用，具有较强的直观性。

1. 形状

选择 Word 2016 中的“插入”选项卡，在“插图”选项组中单击“形状”下拉按钮，便可以根据需要轻松绘制各种图形，并通过图形调整、旋转、修改颜色等来增加文档的直观性。常见的图形有线条、矩形、箭头、流程图、标注等。绘制自选图形的具体方法如下。

1）选择“插入”选项卡，在“插图”选项组中单击“形状”下拉按钮，在弹出的“形状”下拉列表中选择有关选项，此处选择“心形”，如图 5-85 所示，按住鼠标左键拖动图形至合适大小，即可绘制出所选图形。

2）右击新插入的图形，在弹出的快捷菜单中选择“添加文字”命令，可在图形中输入文字，此处输入“我的中国心”。选择“开始”选项卡，在“字体”选项组中设置相关文字的字体、字号、字形和颜色等，此处设置为“隶书”“二号”，如图 5-86 所示。

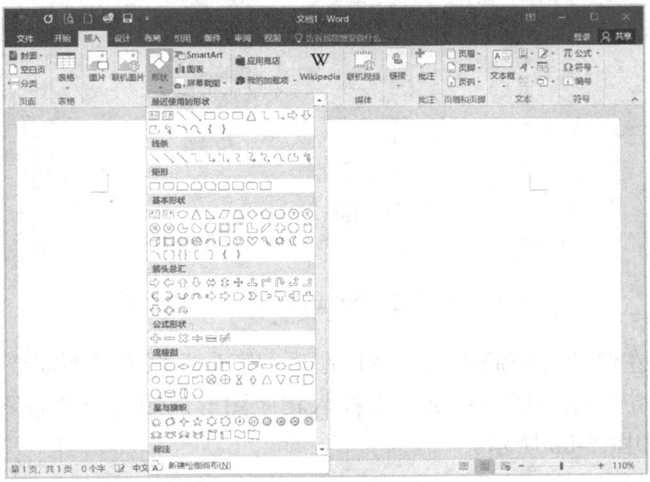

图 5-85　“形状”下拉列表

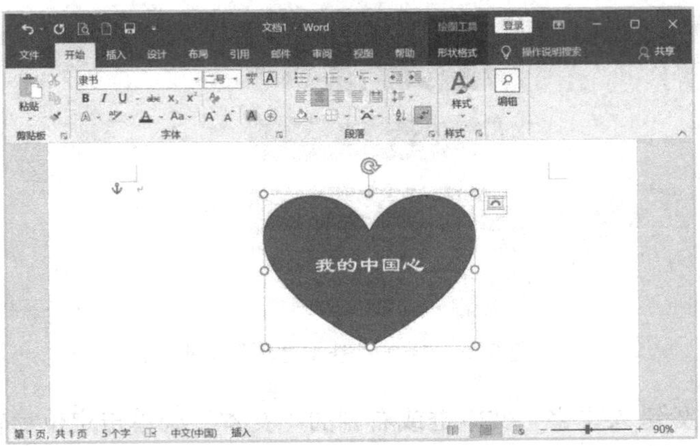

图 5-86　绘制心形

提示

绘制的形状可以像图片一样进行边框、效果设置和组合，也可以设置文字环绕方式（默认为“浮于文字上方”），设置方法和图片一样。

2. SmartArt 图形

SmartArt 图形是信息的视觉表示形式，相对于普通图片、剪贴画以及形状图形而言，它具有更高级的图形选项。使用 SmartArt 可以轻松、快速地创建高水准的示意图、组织结构图、流程图等各种图示。在文档中插入 SmartArt 图形的具体步骤如下。

1）选择“插入”选项卡，在“插图”选项组中单击 SmartArt 按钮，弹出如图 5-87 所示的“选择 SmartArt 图形”对话框。

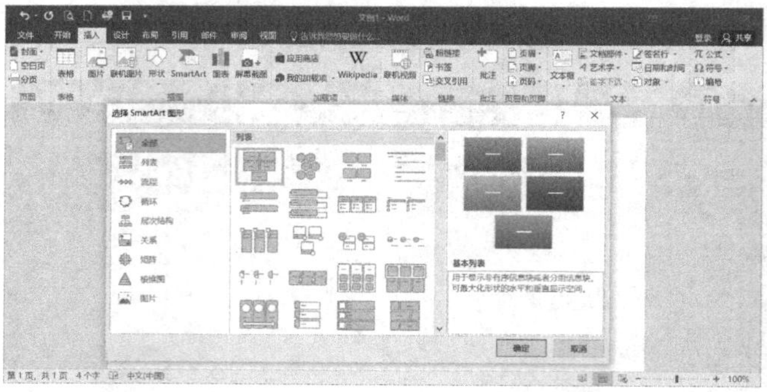

图 5-87 “选择 SmartArt 图形”对话框

2）在对话框左侧选择布局类型，然后在“列表”区域选择所需要的图形。

3）单击“确定”按钮即可在文档中插入相应图形，如选择“循环”选项中的“基本循环”图形，如图 5-88 所示。

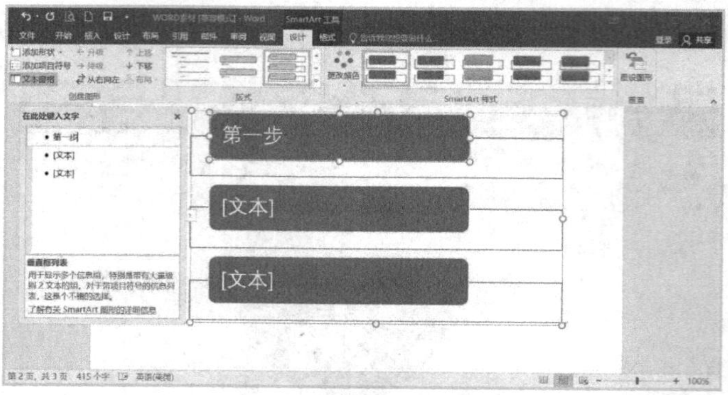

图 5-88 插入“基本循环”图形

4）在“在此处键入文字”文本框或右侧的“文本”处单击定位后输入文本内容。

插入 SmartArt 图形后，系统自动打开“SmartArt 工具”的“设计”选项卡和“格式”选项卡。通过“SmartArt 工具”的“设计”选项卡可以快速设置 SmartArt 图形的整体样式，如更改布局、样式和颜色等；通过“SmartArt 工具”的“格式”选项卡可以设置 SmartArt 图形的形状、形状样式和艺术字样式等。

5.5.3 插入艺术字

在编辑文档时，为了使标题更加醒目、活泼，可以使用 Word 2016 提供的艺术字功能来绘制特殊的文字。Word 2016 中的艺术字是图形对象，所以可以像对待图形那样来编辑艺术字，也可以给艺术字加边框、底纹、纹理、填充颜色、阴影和三维效果等。下面介绍如何插入艺术字。

艺术字本质上是高度风格化、具有特殊效果的形状文字，也是一种图形对象。Word 2016 将艺术字作为文本框插入，用户可以任意编辑其中的文字。要在文档中插入艺术字，操作过程如下。

1）把插入点定位到要插入艺术字的位置。

2）选择“插入”选项卡，在“文本”选项组中单击“艺术字”下拉按钮，弹出“艺术字”下拉列表，如图 5-89 所示。

3）在弹出的下拉列表中单击所需要的艺术字式样后，即可在文档中插入艺术字文本框，系统提示用户输入文字，如图 5-90 所示。

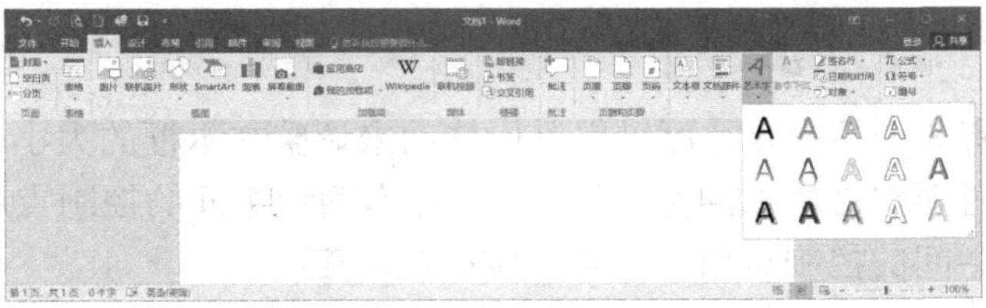

图 5-89　“艺术字”下拉列表

图 5-90　插入艺术字

4）在文本框中输入文字，插入艺术字完成。插入艺术字后，选择“绘图工具”的“格式”选项卡，可在“形状样式”选项组和“艺术字样式”选项组中对其进行进一步的设置，其操作方式与文本框的设置相同。

5.5.4　使用文本框

文本框是指一种可移动、可调大小的文字或图形容器。在文档中灵活使用 Word 中的文本框对象，可以将文字和其他各种图形、图片、表格等对象在页面中独立于正文放置并方便定位。如果使用链接的文本框，还可以使不同文本框中的内容自动衔接，当改变其中一个文本框大小时，其他内容自动改变，以适应文本框的更改。

1. 插入文本框

文本框是独立的对象，可以在页面上进行任意调整。用户可以将文本输入或复制到文本框中，并在文本框中进行任意调整。根据文本框中文本的排列方向，文本框可分为竖排文本框和横排文本框两种。竖排文本框，表示文本框中的文字垂直排列；横排文本框，表示文本框中的文字水平排列。创建文本框可以通过插入特定样式的文本框来实现，也可以通过绘制文本框完成。

在文档中插入文本框可按如下方法操作。

1）选择“插入”选项卡，在“文本”选项组中单击“文本框”下拉按钮，弹出“文本框”下拉列表，如图 5-91 所示。在“文本框”下拉列表中选择要插入的文本框内置样式，即可将其插入文档，然后在文本框中输入文本内容即可。

2）在“文本框”下拉列表中选择“绘制文本框”选项或“绘制竖排文本框”选项也可以创建文本框。选择这两个选项之一后，鼠标指针呈“+”形，将十字形指针移到文档内需要插入文本框的位置，按住鼠标左键并拖动鼠标到需要的位置，松开左键，即可在指定位置插入一个文本框，然后在文本框中输入文字即可。

3）在文本中插入文本框的第 3 种方法如下。

① 选择“插入”选项卡，在“插图”选项组中单击“形状”下拉按钮，在弹出的下拉列表中选择“基本形状”选项内的“文本框”或“垂直文本框”选项。

② 选择“文本框”或“垂直文本框”选项也可以方便地绘制文本框，具体操作与上述方法类似。

2. 编辑文本框

（1）调整文本框

和图片一样，文本框上也有 8 个控制点，可以用鼠标拖动来调整文本框的大小。文本框 4 个角上的控制点用于同时调整文本框的宽度和高度，左右两边中间的控制点用于调整文本框的宽度，上下两边中间的控制点用于调整文本框的高度。

将指针放在文本框边框上控制点以外的区域时，指针变为十字形箭头。此时按住鼠标左键并拖动鼠标，会出现虚线框以表示文本框的新位置，拖动鼠标到指定位置后松开左键，即可对文本框的位置进行调整。

（2）删除文本框

删除文本框的操作和删除文字一样，只需先选定文本框，然后选择“开始”选项卡，在“剪贴板”选项组中单击“剪切”按钮或按 Delete 键即可。

（3）设置文本框形状及效果

文本框可以像图片一样设置边框和各种效果，设置方法与设置图片边框和效果的方法相同。但是文本框与图片设置不相同的是，文本框还可以进行形状及效果设置，设置步骤如下。

1）单击文本框的边框，使文本框处于选定状态。

2）选择“绘图工具”的“格式”选项卡，在“形状样式”选项组中单击“形状填充”下拉按钮，弹出“形状填充”下拉列表，如图 5-92 所示。

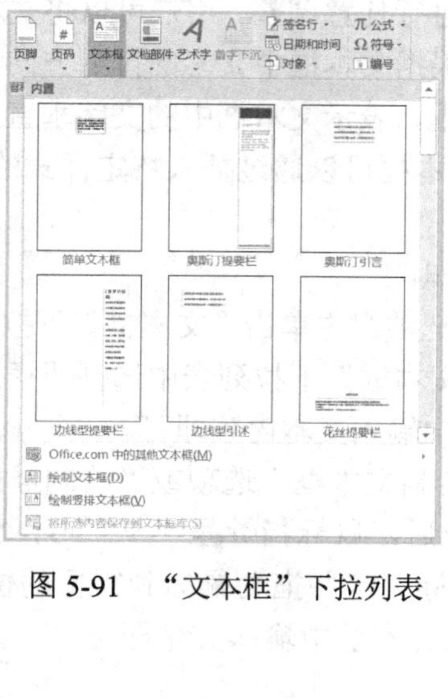

图 5-91　“文本框”下拉列表

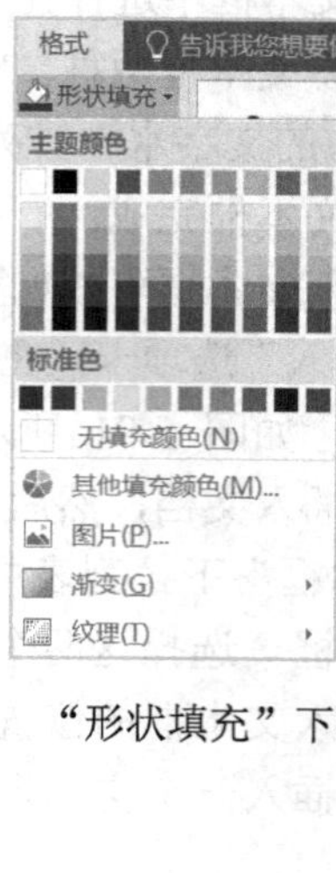

图 5-92　“形状填充”下拉列表

3）选择“主题颜色”或“标准色”选项可以为文本框指定填充色。

4）选择“无填充颜色”选项，则取消原有的所有填充设置。

5）选择“图片”选项，则使用指定图片来填充文本框。

6）选择“渐变”选项，可以为文本框设置不同颜色的渐变效果。

7）选择“纹理”选项，可以设置类似花岗岩等的纹理填充效果。

3. 文本框的链接

使用 Word 2016 制作手抄报、宣传册等文档时，往往会通过使用多个文本框进行版式设计。在多个 Word 文本框之间创建链接，可以在当前文本框充满文字后自动转入所链接的下一个文本框继续输入文字。在 Word 2016 中链接多个文本框的步骤如下。

1）打开 Word 2016 文档窗口，选中多个文本框中的第一个。

2）选择“绘图工具”的“格式”选项卡，在“文本”选项组中单击“创建链接”按钮，如图 5-93 所示。

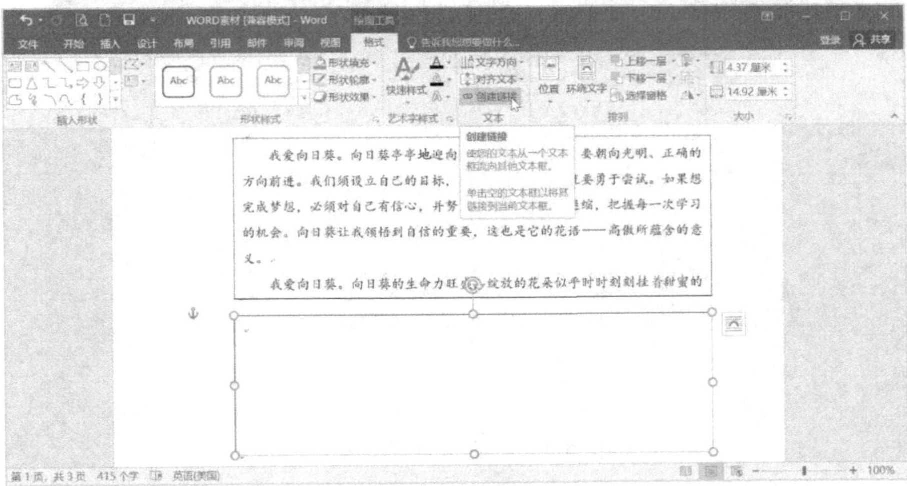

图 5-93　“创建链接”按钮

3）这时，鼠标指针变成水杯形状；将水杯状的鼠标指针移动到准备链接的下一个文本框内部，鼠标指针变成倾斜的水杯形状；单击后该形状消失，表示两个文本框已经创建了链接关系。此时，如果在第一个文本框中输入文本，溢出的文本部分将自动流到下一个文本框中，如图 5-94 所示。

4. 文本框断开链接

如果要断开链接，选中第一个文本框，选择“绘图工具”的“格式”选项卡，在“文本”选项组中单击“断开链接”按钮，如图 5-95 所示，则第一个文本框和第二个文本框之间的链接被取消，第二个文本框中的内容将会流回第一个文本框。

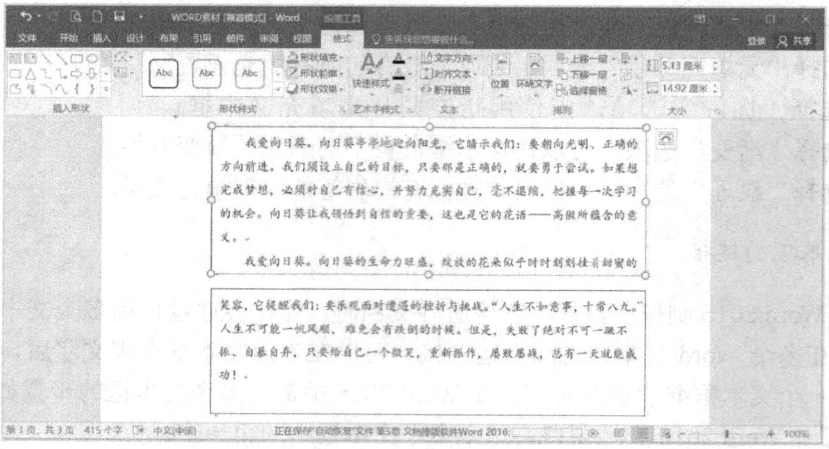

图 5-94 创建链接效果

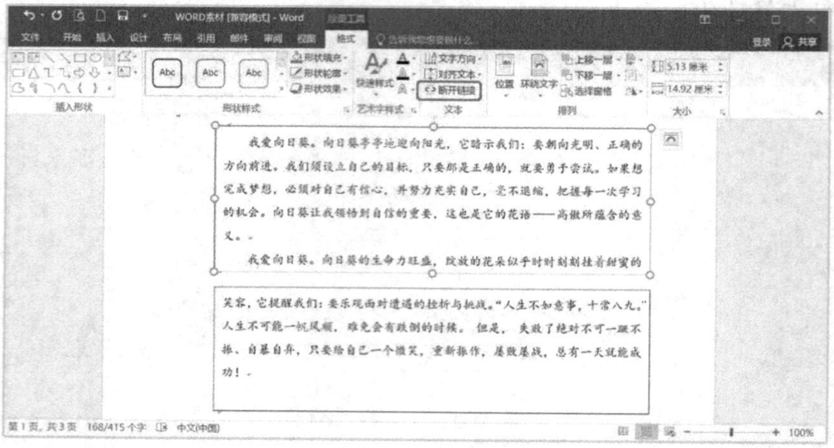

图 5-95 “断开链接”按钮

5.5.5 插入公式

当撰写学术报告、科研论文时，经常要在文档中插入数学公式。数学公式里往往包含一些特殊符号，普通的文字编辑很难输入和处理。为此，Word 2016 提供了专门的数学公式编辑功能，可用其符号库和结构来构造输入复杂的数学公式。

具体方法如下。

1）将光标定位于文档要插入公式处。

2）选择“插入”选项卡，在“符号”选项组中单击“公式”下拉按钮，弹出“公式”下拉列表，如图 5-96 所示。

3）从“公式”下拉列表中选择所需公式类型，即可在文档中插入所需公式。

4）如果下拉列表中没有用户所需公式类型，则在下拉列表中选择“插入新公式”选项，弹出“公式工具”的“设计”选项卡，在文档中插入如图 5-97 所示的文本框，在其中直接输入相应的公式即可。

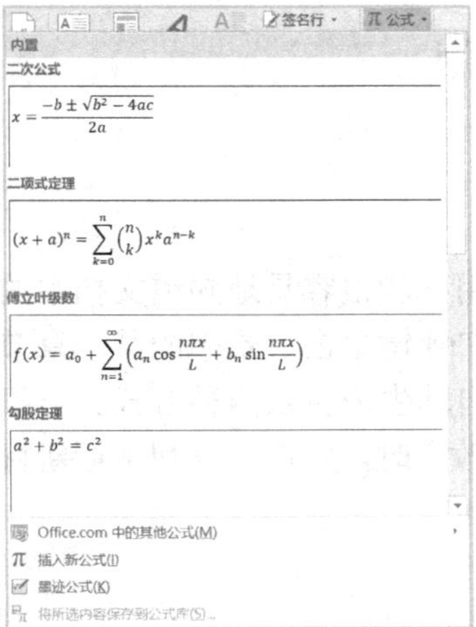

图 5-96　“公式”下拉列表

图 5-97　插入新公式

【例 5-5】插入以下数学表达式。

$$[x]_{原}=\begin{cases}x, & +0\leqslant x<2^{n-1}\\ 2^{n-1}-x, & -2^{n-1}<x\leqslant -0\end{cases}$$

具体方法如下。

1）将光标定位于文档要插入公式处。

2）选择“插入”选项卡，在“符号”选项组中单击“公式”下拉按钮，在弹出的下拉列表中选择“插入新公式”选项，则会在文档公式插入处插入“在此处键入公式”文本框，在文本框内输入该数学表达式。

3）选择“公式工具”的“设计”选项卡，在“结构”选项组中单击“上下标”下拉按钮，在弹出的下拉列表中选择“下标”选项，在“在此处键入公式”文本框内出现“$\square_{\square}$”符号，依次输入“$[x]$”、下标“原”和“=”，显示为“$[x]_{原}=$”。

4）在“结构”选项组中单击“括号”下拉按钮，在弹出的下拉列表中选择“仅左大括号”选项，如“$\{\square$”。输入“$x,\quad +0\leqslant x<2^{n-1}$”，按 Enter 键后光标移到单大括号的第 2 行，显示为“$\begin{cases}x, & +0\leqslant x<2^{n-1}\\ & \square\end{cases}$”。

5）在第 2 行输入“$2^{n-1}-x,\quad -2^{n-1}<x\leqslant -0$”，即得数学表达式

$$[x]_{原}=\begin{cases}x, & +0\leqslant x<2^{n-1}\\ 2^{n-1}-x, & -2^{n-1}<x\leqslant -0\end{cases}$$

6）单击“在此处键入公式”文本框外的任何一处，即完成数学表达式的输入。

5.6 目录编制与域的应用

5.6.1 目录编制

目录通常是长文档不可缺少的部分，根据目录列表，用户能很容易地知道文档中的组织结构，而且阅读查找有关内容时也很方便，只要按住 Ctrl 键单击目录中的某一章节就会直接跳转到该页。Word 2016 提供了手动生成目录和自动生成目录两种方式。一般在长文档编排过程中选择自动生成目录，这样当文档发生改变时，用户可以利用更新目录功能来及时更新变动过的文档内容。

1. 目录生成前的准备工作

如果用户已经完成了文档的全部输入和各级标题的设置工作，就可以创建目录了。设定文档中的标题格式如图 5-98 所示。

第一章……大标题（一级）
1.1……小标题（二级）
1.1.1……小标题下的小标题（三级）
……
第 *N* 章……大标题（一级）
***N*.1……小标题（二级）**
***N*.1.1……小标题下的小标题（三级）**

图 5-98　标题格式

2. 目录的自动生成

如果已经使用了内置标题样式并设置了标题格式，可按下列步骤生成目录。

1）将插入点移到要插入目录的位置。

2）选择“引用”选项卡，在“目录”选项组中单击“目录”下拉按钮，弹出“目录”下拉列表，如图 5-99 所示。在其中选择“内置”选项组中的相应样式，即可在文档相应位置插入目录。

3）若要对插入的目录进行自定义设置，可单击“目录”下拉按钮，在下拉列表中选择“自定义目录”选项，打开“目录”对话框，如图 5-100 所示。

4）在“目录”对话框中设置是否显示页码、页码对齐方式、制表符前导符的样式，以及目录格式和显示级别等。

5）单击“确定”按钮，即可在光标插入点插入目录，如图 5-101 所示。

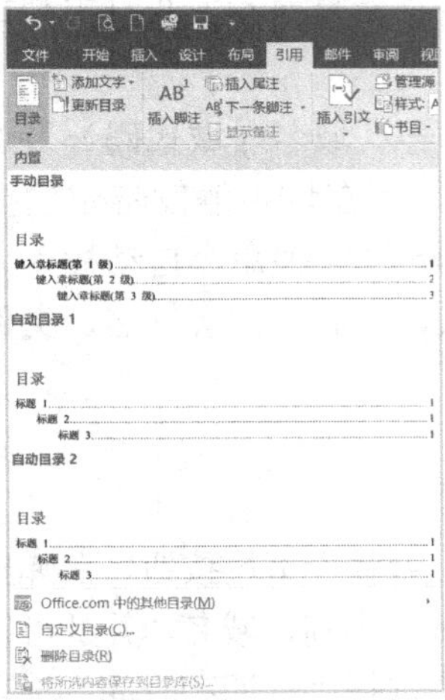

图 5-99　“目录”下拉列表

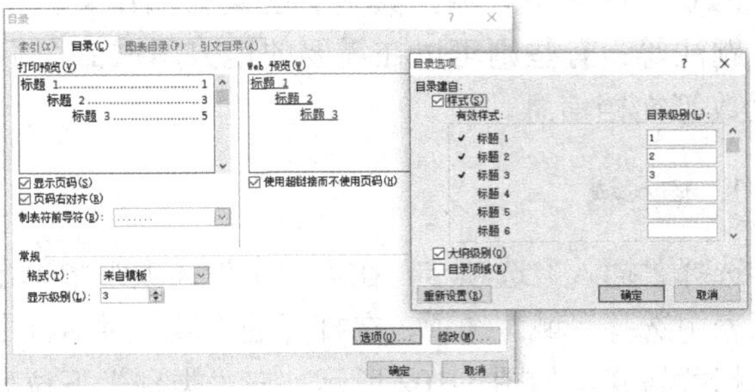

图 5-100　“目录”对话框

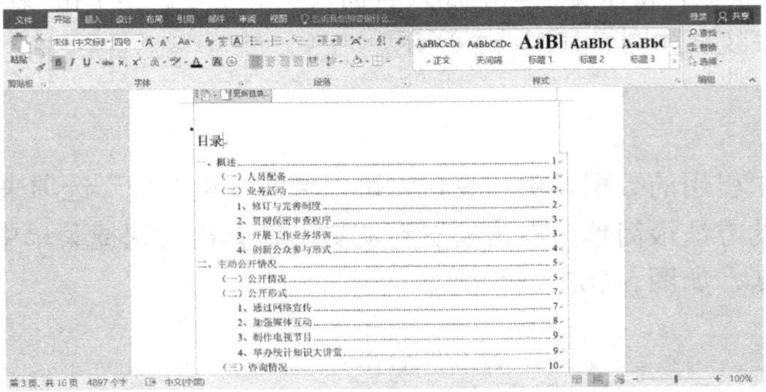

图 5-101　生成的目录

3. 更新目录

Word 2016 所创建的目录项是以域的形式存在的。创建目录后，如果文档的内容发生变化，如页码或者标题发生变化，就要更新目录，使它与文档的内容保持一致。最好不要直接修改目录，否则容易引起目录与文档内容的不一致。

在创建目录后，如果想改变目录的格式或者显示的标题等，可以再执行一次创建目录的操作，重新设置“格式”和“显示级别”等选项。执行完操作后，会弹出一个对话框，询问“是否要替换所选目录”，单击“是”按钮替换原来的目录即可。

如果只想更新目录中的数据，以适应文档的变化，而不更改目录的格式等项目，可以右击目录，在弹出的快捷菜单中选择“更新域”命令。也可以在选择目录后，单击目录上方的“更新目录”按钮。

5.6.2　域的应用

在一些文档中，某些内容可能需要随时更新。例如，在一些日报型的文档中，报道日期需要每天更新。如果手工更新这些日期，不仅烦琐而且容易遗忘，此时用户可以通过插入 Date 域来实现日期的自动更新。

域是指 Word 文档中类似公式的一些字段，它由花括号、域名（域代码）及选项开关等构成。域代码类似于公式，域选项开关是特殊指令，可在域中触发特定的操作。Word 2016 中有多种域，其中有些是在操作文档中用 Word 的相关命令自动插入，如目录、题注等；有些则可以在需要的地方用域命令手动插入，如显示作者姓名、文件大小或页数等文档信息。

1. 插入域

选择“插入”选项卡，在“文本”选项组中单击“文档部件”下拉按钮，在弹出的下拉列表中选择“域”选项，在打开的“域”对话框中选择域的类别、域名，并且可以设置域的相关格式，如图 5-102 所示。在“类别”下拉列表框中选择“日期和时间”选项，在“域名”列表中选择“Date”选项，在“日期格式”列表中选择如图 5-102 所示的格式类型，单击“确定”按钮，将在文档当前插入点插入当前日期。当单击该部分文档时，域内容将显示有灰色底纹，如图 5-103（a）所示。

2. 更新域

如果域代码中引用的数据发生了变化，可以通过“更新域”选项来更新计算出来的域结果。更新域的方法很简单，右击要更新的域，在弹出的快捷菜单中选择“更新域”命令即可自动更新，如图 5-103（b）所示。

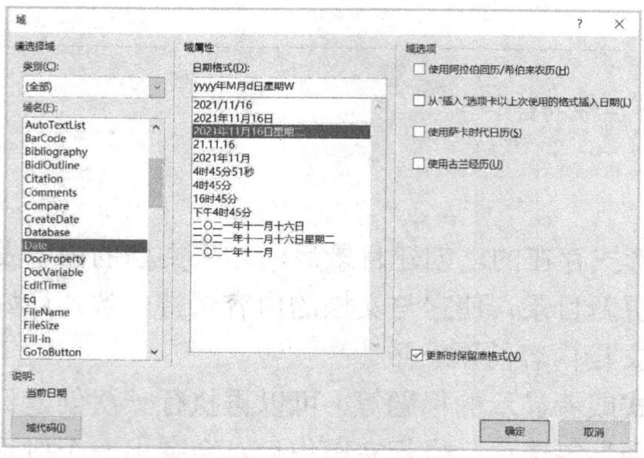

图 5-102 “域”对话框

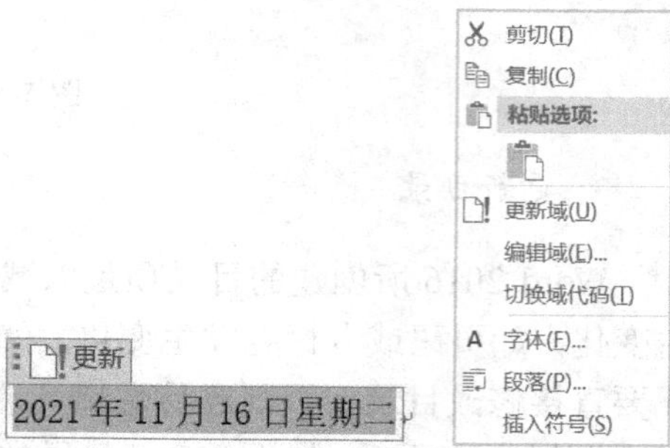

（a）显示灰色底纹　（b）更新域操作

图 5-103 Date 域

第 6 章 电子表格软件 Excel 2016

Excel 2016 是微软公司推出的电子表格软件，是 Office 2016 的套装软件之一，被称为电子表格，其功能非常强大，可以进行各种数据的处理、统计分析和辅助决策，广泛地应用于管理、统计、金融等领域。

Excel 2016 可以通过比以往更多的方法分析、管理和共享信息，帮助用户做出更好、更明智的决策。全新的分析和可视化工具可帮助用户跟踪和突出显示重要的数据趋势；支持移动办公的同时可以通过 Web 浏览器访问用户数据，还可以将文件上传到网站与其他人同时在线协作。无论用户是要生成财务报表还是管理个人支出，使用 Excel 2016 都能够更高效、灵活地实现目标。

Excel 2016 的默认文件扩展名是.xlsx。

6.1 认识 Excel 2016

6.1.1 Excel 的启动与退出

1. Excel 2016 的启动

启动中文版 Excel 2016 的方法有 4 种，用户可根据自己的习惯选择其中任何一种方法。

1）单击“开始”按钮，在打开的菜单中选择 Excel 2016 命令。

2）双击桌面上的 Excel 2016 应用程序快捷方式图标。

3）按 Win+R 组合键打开“运行”对话框，在文本框中输入“Excel.exe”，单击“确定”按钮。

4）通过打开已经存在的 Excel 文件来启动 Excel 2016 应用程序。

2. Excel 2016 的退出

用户在使用完 Excel 2016 之后，需要退出 Excel 2016。退出的方法有以下几种。

1）单击窗口右上角的“关闭”按钮☒。

2）在标题栏的空白处右击，在弹出的快捷菜单中选择“关闭”命令。

3）选择“文件”选项卡，在打开的后台视图中选择“关闭”选项。

4）按 Alt+F4 组合键。

6.1.2 窗口界面

Excel 2016 工作界面由快速访问工具栏、标题栏、选项卡、功能区、名称框、编辑栏、工作表编辑区和状态栏等区域组成，如图 6-1 所示。

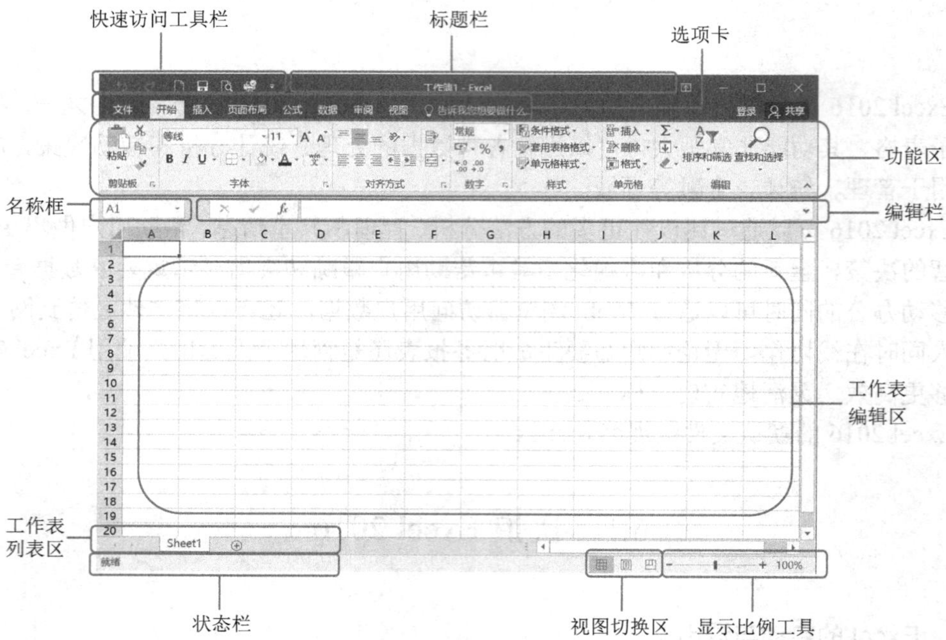

图 6-1 Excel 2016 工作界面

1. 快速访问工具栏

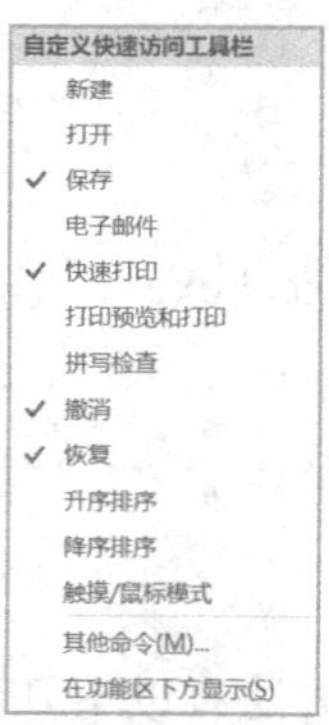

图 6-2 自定义快速访问工具栏

使用 Excel 2016 时，可以将常用的按钮显示在快速访问工具栏中，以方便操作。快速访问工具栏的使用方法如下。

Excel 2016 标题栏的左侧是快速访问工具栏，默认状态下只包含“保存”“撤销键入”“重复键入”3 个基本的常用按钮。单击快速访问工具栏右侧的黑色三角箭头▾，即可打开“自定义快速访问工具栏”列表，选中列表中的选项，即可将其加入快速访问工具栏，如图 6-2 所示。如要将“快速打印”按钮放入快速访问工具栏，可选择“快速打印”选项，该选项前面出现✓时，表示其已被添加到快速访问工具栏中。

2. 标题栏

标题栏位于窗口的最上方，显示正在编辑的工作簿的文件名以及所使用的软件名。右侧为“最小化”、“最大化”以及“关闭”按钮。

3. 选项卡和功能区

功能区能帮助用户快速找到完成某一任务所需的选项，这些选项组成一个选项组，集中放在各个选项卡内。每个选项卡只与一种类型的操作相关，Excel 2016 主要包括“文件”“开始”“插入”“页面布局”“公式”“数据”“审阅”“视图”等选项卡。

（1）“文件”选项卡功能区

“文件”选项卡位于 Excel 2016 工作界面的左上角。选择“文件”选项卡，会显示多种基本操作选项，如“打开”“保存”“另存为”“保存并发送”等。

（2）“开始”选项卡功能区

启动 Excel 2016 后，默认打开的就是“开始”选项卡。“开始”选项卡功能区包括“剪贴板”“字体”“对齐方式”“数字”“样式”“单元格”“编辑”等选项组。该功能区主要用于帮助用户对 Excel 2016 表格进行文字编辑和单元格的格式设置，是用户最常用的功能区。

（3）“插入”选项卡功能区

“插入”选项卡功能区包括“表格”“插图”“加载项”“图表”“演示”“迷你图”“筛选器”“链接”“文本”“符号”选项组，主要用于在 Exce1 2016 表格中插入各种对象，如图片、形状和图形、图表、文本等。

（4）“页面布局”选项卡功能区

“页面布局”选项卡功能区包括“主题”“页面设置”“调整为合适大小”“工作表选项”“排列”选项组，用于帮助用户设置 Excel 2016 表格页面样式，如页眉和页脚的设置，表格的总体样式设置，打印时纸张的设置等。

（5）“公式”选项卡功能区

“公式”选项卡功能区包括“函数库”“定义的名称”“公式审核”“计算”选项组，用于在 Excel 2016 表格中进行各种数据计算。

（6）“数据”选项卡功能区

“数据”选项卡功能区包括“获取外部数据”“获取和转换”“连接”“排序和筛选”“数据工具”“预测”“分级显示”等选项组，主要用于在 Excel 2016 表格中进行数据处理相关方面的操作。

（7）“审阅”选项卡功能区

“审阅”选项卡功能区包括“校对”“中文简繁转换”“见解”“语言”“批注”“更改”选项组，主要用于对 Excel 2016 表格进行校对和修订等操作，适用于多人协作处理 Excel 2016 表格数据。

（8）“视图”选项卡功能区

“视图”选项卡功能区包括“工作簿视图”“显示”“显示比例”“窗口”“宏”选项

组，主要用于帮助用户设置 Excel 2016 表格窗口的视图类型，以方便操作。

还有一些特殊的选项卡隐藏在 Excel 中，只有在特定的情况下才会显示，如“开发工具”选项卡。

提示

在 Excel 中，按 Ctrl+F1 组合键可隐藏/显示功能区。

4. 名称框、编辑栏、工作表编辑区和工作表列表区

名称框用于显示活动单元格的地址或已命名的活动单元格或区域的名称。

编辑栏位于名称框右侧，用于显示、输入、编辑、修改当前活动单元格中的内容。

用户可在工作表编辑区内对各单元格的内容进行编辑。

工作表列表区用于显示工作表名称。单击工作表标签，可以在不同的工作表间切换，当前可以编辑的工作表称为活动工作表。

5. 状态栏、视图切换区和显示比例工具

状态栏用于显示当前工作区的状态。默认情况下，状态栏显示“就绪”字样，表示工作表正准备接收新的信息。在单元格中输入数据时，状态栏会显示“输入”字样；当对单元格的内容进行编辑和修改时，状态栏会显示“编辑”字样。

默认情况下，打开的 Excel 工作表是普通视图，若要切换到其他视图，单击状态栏右侧视图切换区的相应按钮即可，还可以单击显示比例工具中的“+”和“-”按钮改变工作表的显示比例，如图 6-3 所示。

图 6-3　状态栏、视图切换区和显示比例工具

6.2　工作簿与工作表的基本操作

6.2.1　基本概念

1. 工作簿

在 Excel 2016 中，用于保存并处理工作表数据的文件称为工作簿。一个工作簿文件就是一个 Excel 文件，其扩展名为.xlsx。

Excel 2016 启动后，系统默认打开的工作表数目是 1 个。用户可以修改这个数目，以满足需要。其方法是：选择“文件”选项卡，在打开的后台视图中选择“选项”选项，打开“Excel 选项”对话框，选择“常规”选项，在右侧“新建工作簿时”栏的“包含的工作表数”数值框中输入数值或通过按钮调节数值。一个工作簿最多可有 255 张工作表。

2. 工作表

工作簿中的每一张表称为工作表。工作表是一张二维电子表格，是组成工作簿的基本单元，可以输入数据、公式，编辑格式以及显示和分析数据。工作表由排列成行、列的单元格组成，列号按字母排列，A～XFD 共 16384 列，行号按阿拉伯数字自然排列，计 1～1048576 行。

3. 单元格和单元格地址

工作表行和列交叉的矩形框称为单元格，它是 Excel 中存储数据的最基本元素，通过行号和列标进行命名和引用。单元格的使用是通过引用单元格地址来实现的。单元格地址由列标和行号共同组成，单个单元格地址可表示为“列标+行号”，如 C11，列标在前，行号在后；而多个连续的单元格则称为单元格区域，其地址表示为“单元格:单元格”，如 A4:A8。

6.2.2　工作簿的操作

在 Excel 2016 中，工作簿是计算和存储数据的文件，每一个工作簿可以包含多张工作表，用户可以在一个工作簿文件中管理各种类型的相关信息。

1. 创建工作簿

（1）通过启动程序创建

1）单击任务栏中的“开始”按钮。

2）在展开的菜单中选择 Excel 2016 命令，启动 Excel 2016 应用程序。

3）Excel 启动后选择“空白工作簿”选项，即可创建一个新的空白工作簿。

（2）通过选项卡创建

如果先前已经启动了 Excel 2016 程序，在编辑表格的过程中，还需要创建一个新的空白文档，可以通过“文件”选项卡的后台视图来实现，其步骤如下。

1）选择“文件”选项卡，在打开的后台视图中选择“新建”选项，如图 6-4 所示。

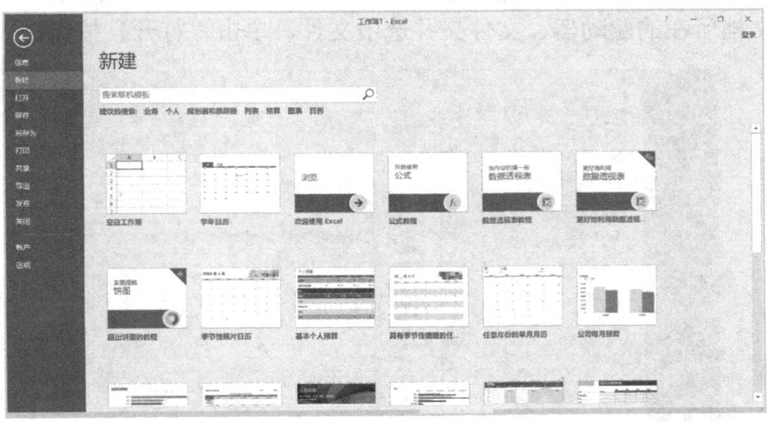

图 6-4　“新建”选项界面

2）在右侧区域中选择“空白工作簿”选项，即可创建一个新的空白工作簿。

（3）通过快速访问工具栏创建

将“新建”选项添加到快速访问工具栏中，然后单击“新建”按钮，如图 6-5 所示。

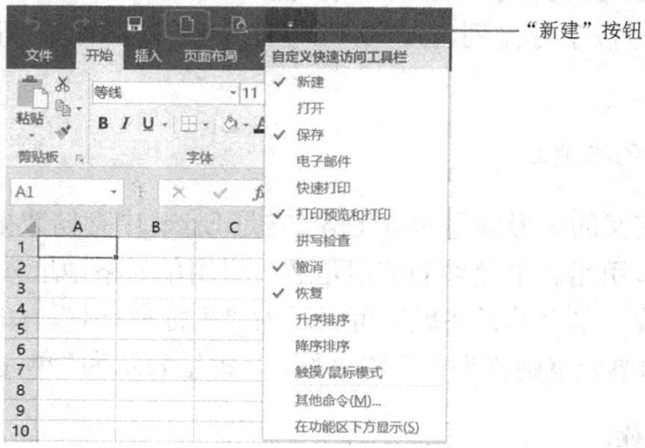

图 6-5　通过快速访问工具栏创建工作簿

（4）通过快捷键创建

按 Ctrl+N 组合键，即可快速创建一个空白工作簿。

2. 打开工作簿

打开工作簿有 3 种方法。

1）选择要打开的工作簿文件，直接双击文件打开。

2）要打开最近使用的工作簿，选择“文件”选项卡，在打开的后台视图中选择“打开”选项，在中间区域选择“最近”选项，即可在最右侧列出的最近使用过的文档列表中选择需要打开的文档。

3）要打开已经存在的工作簿，选择“文件”选项卡，在打开的后台视图中选择“打开”选项，在中间区域选择“浏览”选项，弹出如图 6-6 所示的“打开”对话框，在对话框中选择文档所在的驱动器、文件夹并选中文件，单击“打开”按钮。

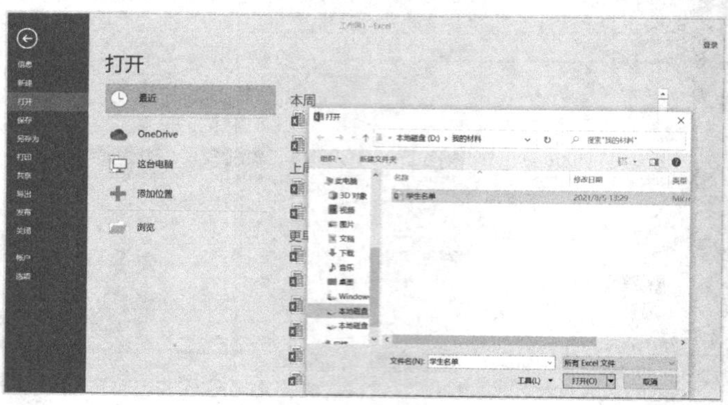

图 6-6　“打开”对话框

3. 保存工作簿

在使用 Excel 2016 的过程中，经常保存工作簿对于数据保护十分重要。及时进行保存操作可以避免计算机系统因发生意外或断电而非正常退出所造成的 Excel 数据损失。

（1）保存新建工作簿

若工作簿是新建工作簿，还未进行任何保存操作，则可以通过以下几种方法进行保存。

1）选择“文件”选项卡，在打开的后台视图中选择“保存”选项。

2）单击快速访问工具栏中的“保存”按钮。

3）利用“另存为”对话框进行保存。

① 按 Ctrl+S 组合键，此时会弹出如图 6-7 所示的“另存为”对话框。

② 选择文件所要保存的位置。

③ 在“文件名”文本框中输入要保存的工作簿名称。

④ 单击“保存”按钮，即可保存工作簿。

（2）保存已有工作簿

如果活动工作簿已经被命名，可以单击快速访问工具栏中的“保存”按钮，或者选择“文件”选项卡，在打开的后台视图中选择“保存”选项，即可保存工作簿内容。

（3）以其他文件格式保存工作簿

选择“文件”选项卡，在打开的后台视图中选择“另存为”选项，弹出“另存为”对话框，选择工作簿的保存路径，输入一个新文件名，然后在“保存类型”下拉列表框中选择要保存的文件格式，如图 6-8 所示，单击“保存”按钮进行保存。

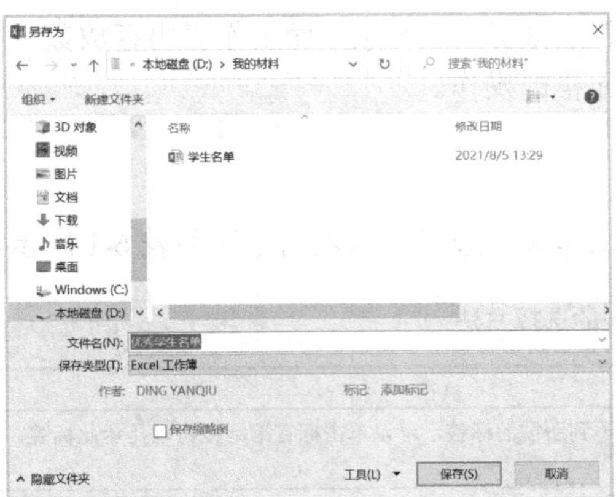

图 6-7　“另存为”对话框

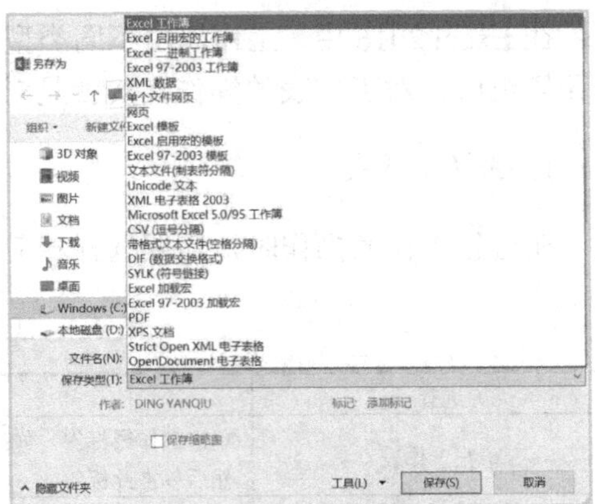

图 6-8　文件保存类型

4. 共享工作簿

在 Excel 2016 中，如果允许多个用户同时对一个工作簿进行编辑，可以设置共享工作簿。具体方法如下。

1）选择“审阅”选项卡，在“更改”选项组中单击“共享工作簿”按钮，打开“共享工作簿”对话框。

2）选中“允许多用户同时编辑，同时允许工作簿合并”复选框，然后切换到“高级”选项卡，在其中进行共享工作簿的相关设置。

3）设置完成后，单击“确定”按钮。

5. 加密工作簿

如果对打开的工作簿进行了加密设置，则只有输入正确的密码后才可以打开或编辑工作表中的数据。加密工作簿的具体方法如下。

1）打开要设置密码的工作簿，选择“文件”选项卡，在打开的后台视图中选择“另存为”选项，打开“另存为”对话框。

2）单击“工具”下拉按钮，在弹出的下拉列表中选择“常规选项”选项，打开“常规选项”对话框，如图 6-9 所示。

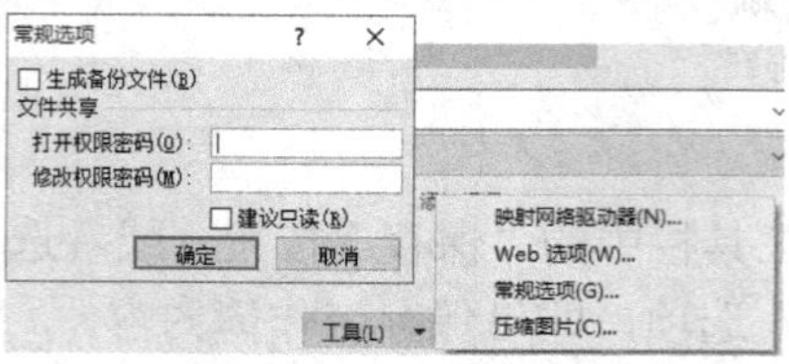

图 6-9 密码设置选项

3）在“打开权限密码”文本框和“修改权限密码”文本框中分别输入要设置的密码，选中“建议只读”复选框。

4）单击“确定”按钮，打开“确认密码”对话框，要求重新输入设置的修改权限密码，再次输入修改权限密码后单击“确定”按钮。

5）单击“另存为”对话框中的“保存”按钮，保存工作簿。

6.2.3 工作表的操作

在 Excel 2016 中，工作簿由不同类型的若干张工作表组成，而工作表由存放数据的单元格组成，对工作表的操作其实就是对单元格的操作。

1. 选择工作表

在进行工作表操作时，需要选择相应的工作表。选择工作表的方法如表 6-1 所示。

表 6-1 工作表的选择方法

选择	执行
单张工作表	单击工作表标签。如果看不到所需的标签，可以单击标签滚动按钮以显示此标签，然后单击此标签
两张或多张相邻的工作表	选中第一张工作表的标签，同时按住 Shift 键单击最后一张工作表的标签
两张或多张不相邻的工作表	单击第一张工作表的标签，同时按住 Ctrl 键单击其他工作表的标签
工作簿中的所有工作表	在任一工作表标签上右击，在弹出的快捷菜单中选择“选定全部工作表”命令

2. 添加与删除工作表

（1）添加工作表

打开 Excel 2016，创建一个新工作簿，系统默认包含一张工作表，有以下 3 种方法可以添加单张工作表。

1）在该工作表标签上右击，在弹出的快捷菜单中选择“插入”命令，如图 6-10 所示。在打开的“插入”对话框中选择“常用”选项卡，选择“工作表”选项，单击“确定”按钮，即可在所选工作表前插入一张新的工作表。

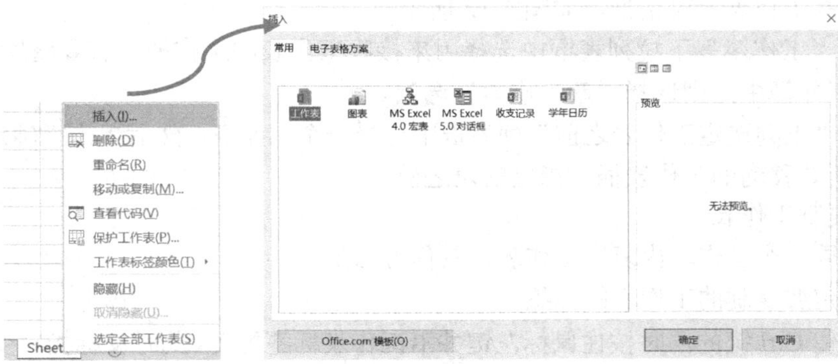

图 6-10　选择“插入”命令打开“插入”对话框

2）选择“开始”选项卡，在“单元格”选项组中单击“插入”下拉按钮，在弹出的下拉列表中选择“插入工作表”选项，同样可以在选中的工作表前插入一张新的工作表。

3）单击 Sheet1 旁边的“插入工作表”按钮⊕，可以在所选工作表后面插入一张新的工作表。

（2）删除工作表

如果不再需要某张工作表，可以将其删除。常用方法有以下两种。

1）选定要删除的工作表，选择“开始”选项卡，在“单元格”选项组中单击“删除”下拉按钮，在弹出的下拉列表中选择“删除工作表”选项，如图 6-11 所示。

2）在要删除的工作表标签上右击，在弹出的快捷菜单中选择“删除”命令。

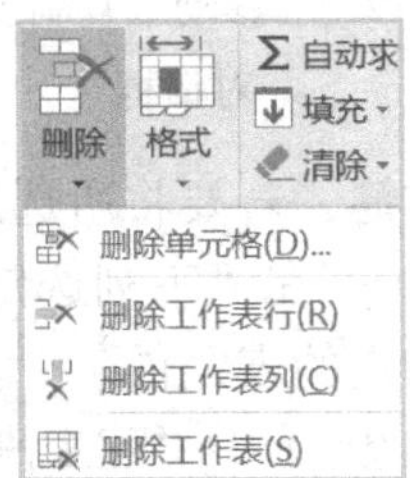

图 6-11　“删除”下拉列表

3. 移动与复制工作表

用户可以便捷地在工作簿中移动或复制工作表，或者将工作表移动或复制到其他工作簿中。

（1）移动工作表

1）利用鼠标，可以在当前工作簿内移动工作表，具体方法如下。

① 选定要移动的工作表的标签。

② 按住鼠标左键并沿工作表标签拖动，此时鼠标指针将变成白色方块与箭头的组合，同时，在标签行上方出现一个小黑三角形，指示当前工作表所要插入的位置。

③ 在需要放置的位置处释放鼠标左键，工作表即被移到新位置。

2）利用快捷菜单中的“移动或复制”命令，可以在不同工作簿间移动工作表，具体方法如下。

① 打开用于接收工作表的工作簿。

② 切换到包含需要移动的工作表的工作簿，再选定工作表。

③ 在该工作表标签上右击，在弹出的快捷菜单中选择“移动或复制”命令，弹出“移动或复制工作表”对话框，如图 6-12 所示。

④ 在“工作簿”下拉列表框中选择用来接收工作表的工作簿。若要将所选工作表移动到新工作簿中，则选择“新工作簿”选项。

⑤ 在“下列选定工作表之前”列表框中选择一个工作表，然后单击“确定”按钮，就可以将所要移动的工作表插入指定的表之前。

（2）复制工作表

1）在同一个工作簿内复制工作表，具体方法如下。

① 选定要复制的工作表的标签。

② 按住 Ctrl 键的同时按住鼠标左键并沿工作表标签拖动，此时鼠标指针变成形状，同时在标签行上方出现一个小黑三角形，指示当前工作表所要复制的位置。

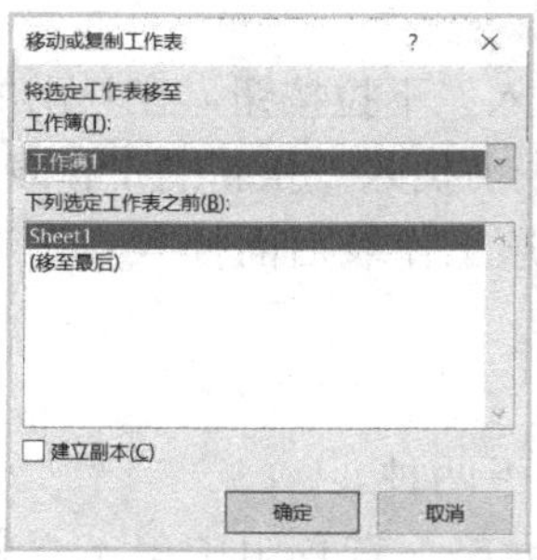

图 6-12 “移动或复制工作表”对话框

③ 释放鼠标左键和 Ctrl 键，工作表即被复制到新位置。

2）在不同工作簿间复制工作表，具体方法如下。

① 打开用于接收工作表的工作簿。

② 切换到包含需要复制的工作表的工作簿，再选定工作表。

③ 在该工作表标签上右击，在弹出的快捷菜单中选择“移动或复制”命令，弹出“移动或复制工作表”对话框，如图 6-12 所示。

④ 在“工作簿”下拉列表框中选择用来接收工作表的工作簿。若要将所选工作表复制到新工作簿中，则选择“新工作簿”选项。

⑤ 在“下列选定工作表之前”列表框中选择一个工作表，将所要复制的工作表插入指定的表之前。

⑥ 选中“建立副本”复选框，然后单击“确定”按钮。

4. 切换工作表

当需要从当前工作表切换到其他工作表时，可以使用以下任意一种方法。

1）单击工作表标签，可以快速地在工作表之间进行切换。

2）通过键盘切换工作表。按 Ctrl+PageUp 组合键，选择上一工作表为当前工作表；按 Ctrl+PageDown 组合键，选择下一工作表为当前工作表。

3）在工作表标签左边的标签滚动按钮上右击，然后从弹出的对话框的列表框中选择要激活的工作表。

5. 重命名工作表

在 Excel 2016 中，系统在新建一个工作簿时，默认情况下工作表是按照 Sheet1、Sheet2、Sheet3……的顺序来命名的。工作表名一般不代表特定意义，用户可以对工作表进行重命名。其具体方法如下。

1）选定要重命名的工作表。

2）双击工作表标签将其激活，或者在选定的工作表标签上右击，在弹出的快捷菜单中选择“重命名”命令，这时工作表标签上的名字被反白显示。

3）输入新的工作表名称，按 Enter 键确定。

6. 隐藏工作表

隐藏工作表可以减少屏幕上显示的工作表，并避免不必要的混乱。隐藏的工作表仍处于打开状态，其他文件可以利用其中的信息。当一个工作表被隐藏时，它的工作表标签也被隐藏起来。

1）隐藏工作表的方法如下。

① 选定需要隐藏的工作表。

② 在工作表标签上右击，在弹出的快捷菜单中选择“隐藏”命令。

2）重新显示被隐藏的工作表，具体方法如下。

① 在任意工作表标签上右击，在弹出的快捷菜单中选择“取消隐藏”命令，弹出如图 6-13 所示的“取消隐藏”对话框。

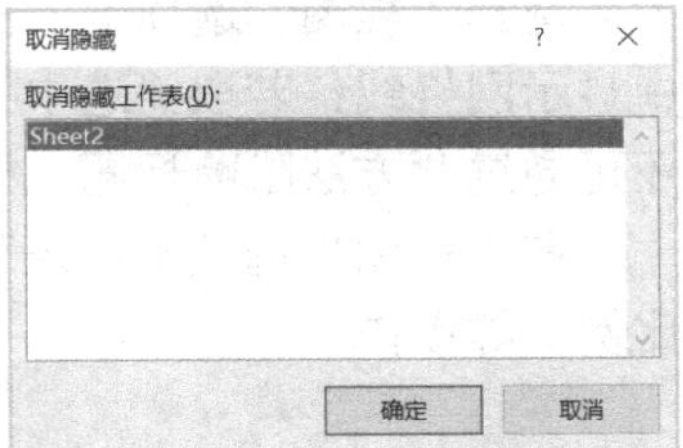

图 6-13　“取消隐藏”对话框

② 在“取消隐藏”对话框中选择要显示的被隐藏工作表的名称，单击“确定”按钮。

6.2.4 窗口视图操作

在“视图”选项卡中，用户可以设置各种视图，可以隐藏或显示网格线和编辑栏，还可以冻结表格的某一部分，或者进行宏操作。

1. 新建窗口

对于数据比较多的工作表，可以建立两个窗口。一个窗口显示固定内容，另一个窗口显示其他内容或进行其他操作。具体方法如下。

1）选择“视图”选项卡，在“窗口”选项组中单击“新建窗口”按钮，此时会显示一个名为“工作簿 1:2”的工作簿，内容和“工作簿 1:1”相同。

2）选择“视图”选项卡，在“窗口”选项组中单击“并排查看”按钮，则两个工作簿可在同一个窗口中显示。

2. 重排窗口

如果新建了多个工作窗口，要实现窗口之间的快速切换，可以使用 Excel 的“全部重排”功能对新建的窗口进行排列。具体方法如下。

1）选择“视图”选项卡，在“窗口”选项组中单击“全部重排”按钮，弹出“重排窗口”对话框。

2）在“重排窗口”对话框中选择要使用的排列方式，单击“确定”按钮即可。

3. 拆分窗格

Excel 2016 可以将窗口拆分为 4 个部分。如果要拆分窗口，可以选择“视图”选项卡，在“窗口”选项组中单击“拆分”按钮；如果要取消拆分，可以双击分割窗格中拆分框的任何部分。

4. 显示和隐藏网格线

选择“视图”选项卡，在“显示”选项组中选中“网格线”复选框，则会在工作表中显示网格线；若取消选中“网格线”复选框，则可以隐藏工作表中的网格线。此外，还可通过此方法隐藏标题、标尺等。

在“视图”选项卡下还可以进行“重设窗口位置”“冻结窗格”“切换窗口”“显示比例”等操作。

6.3 工作表的编辑

工作表中任意一行和一列唯一确定了一个可以容纳数据的二维位置，这就是单元格，它是工作表编辑处理数据的基本单位。

Excel 2016 在执行大多数任务之前，先要选定需要进行操作的单元格。

如果要选定一个单元格，则将鼠标指针指向它并单击，在该单元格的周围出现粗边框，表明它是活动单元格。另外，也可以同时选定多个单元格，称为单元格区域（即一个矩形区域中的多个单元格）。单元格的选择方法如表 6-2 所示。

表 6-2 单元格的选择方法

选择	执行
单个单元格	单击相应的单元格，或按箭头键移动到相应的单元格
某个单元格区域	单击所选区域的第一个单元格，再拖动鼠标到最后一个单元格
较大的单元格区域	单击区域中的第一个单元格，再按住 Shift 键单击区域中的最后一个单元格
工作表中所有单元格	单击“全选”按钮（位于工作表中行标题和列标题交叉处的左上端）
不相邻的单元格或单元格区域	先选中第一个单元格或单元格区域，再按住 Ctrl 键选中其他的单元格或单元格区域
整个行或列	单击行标题或列标题，如 A，B，AB，BC；1，2，128

续表

选择	执行
相邻的行或列	在行标题或列标题中拖动鼠标指针，或者先选中第一行或第一列，再按住 Shift 键选中最后一行或最后一列
不相邻的行或列	先选中第一行或第一列，再按住 Ctrl 键选中其他的行或列
增加或减少活动区域中的单元格	按住 Shift 键单击需要包含在新选定区域中的最后一个单元格，在活动单元格与所单击的单元格之间的矩形区域将成为新的选定区域
取消单元格选定区域	单击相应工作表中的任意单元格

6.3.1　数据的输入

Excel 2016 工作表单元格能够包含文本、数字、日期、时间与公式等数据类型。在输入数据时，首先激活相应的单元格，然后输入数据。

1. 输入文本数据

单击需要输入数据的单元格，输入所需的文本数据。输入完成后，按 Tab 键可使右侧相邻的单元格成为活动单元格，按 Enter 键可使下方相邻的单元格成为活动单元格。

文本数据在单元格中的默认对齐方式是左对齐。

2. 输入数字数据

单击需要输入数字的单元格，输入具体的数值。在 Excel 2016 中，数字是仅包含下列字符的常量数值：0、1、2、3、4、5、6、7、8、9、+、-、()、/、$、￥、%、,、.、E、e。

数字数据在单元格中的默认对齐方式是右对齐。

3. 输入日期和时间

日常编辑表格数据时，往往要涉及日期和时间。用户可以使用多种格式来输入日期或时间，如在单元格中直接输入类似 2020 年 6 月 16 日、2020/6/16、2020-6-16、20-6-16、16-June-22 格式的数据，按 Enter 键后均可显示为日期型数据。日期型数据或时间型数据在单元格中的默认对齐方式是右对齐。

4. 输入公式

使用公式有助于分析工作表中的数据。在单元格中输入公式的具体方法如下。

1）选定要输入公式的单元格。

2）在单元格中输入一个等号“=”。

3）输入公式的内容。

4）输入完毕后，按 Enter 键。

6.3.2 数据的编辑

1. 编辑、修改单元格数据

编辑或修改单元格数据的具体方法如下。

1）双击要编辑或修改数据的单元格。

2）对数据内容进行修改或编辑。

3）按 Enter 键确认所做编辑或修改。

若要取消所做编辑或修改，按 Esc 键即可。

2. 删除单元格数据

删除一个单元格或某个区域中所包含内容的快速方法是：先选定相应的单元格或单元格区域，然后按 Delete 键。

用户可以有选择地删除单元格中的相关内容、格式以及批注等，具体方法如下。

1）选定待删除数据的单元格区域。

2）选择“开始”选项卡，在“编辑”选项组中单击“清除”下拉按钮。

3）在弹出的下拉列表中选择相应的清除选项，其中各选项的功能如表 6-3 所示。

表 6-3 清除选项

选项	功能
全部清除	清除单元格中的全部内容，包括格式、批注和超链接等
清除格式	仅清除单元格的格式，单元格的内容、批注和超链接均不改变
清除内容	仅清除单元格的内容，单元格的格式和批注均不改变
清除批注	仅清除单元格中包含的附注，单元格的内容、格式和超链接均不改变
清除超链接	仅清除文本中的超链接，单元格的内容、格式和批注均不改变

3. 移动单元格数据

移动单元格数据是指将某个单元格中的数据从一个位置移到另一个位置，原位置的数据会消失。具体方法如下。

1）双击包含要移动数据的单元格。

2）在单元格中选择要移动的数据。

3）选择“开始”选项卡，在“剪贴板”选项组中单击“剪切”按钮；或者在选中的数据上右击，在弹出的快捷菜单中选择“剪切”命令。

4）单击需要粘贴数据的单元格。

5）选择“开始”选项卡，在“剪贴板”选项组中单击“粘贴”按钮；或者在需要粘贴数据的单元格中右击，在弹出的快捷菜单中选择“粘贴”命令。

4. 复制单元格数据

复制单元格数据是指将某个单元格或区域中的数据复制到指定位置，原位置的数据依然存在。具体方法如下。

1）双击包含要复制数据的单元格。

2）在单元格中选择要复制的数据。

3）选择“开始”选项卡，在“剪贴板”选项组中单击“复制”按钮；或者右击选中的数据，在弹出的快捷菜单中选择“复制”命令。

4）单击需要粘贴数据的单元格。

5）选择“开始”选项卡，在“剪贴板”选项组中单击“粘贴”按钮；或者在需要粘贴数据的单元格中右击，在弹出的快捷菜单中选择“粘贴”命令。

6.3.3　单元格与行、列的操作

1. 插入单元格、整行或整列

在工作表中插入单元格、整行或整列的具体方法如下。

1）在需要插入单元格的位置选定单元格。

2）选择“开始”选项卡，在“单元格”选项组中单击“插入”下拉按钮，弹出如图 6-14 所示的下拉列表。选择“插入工作表行”（或“插入工作表列”）选项，则在工作表中插入整行（或整列）；如选择“插入单元格”选项，则弹出如图 6-15 所示的“插入”对话框。

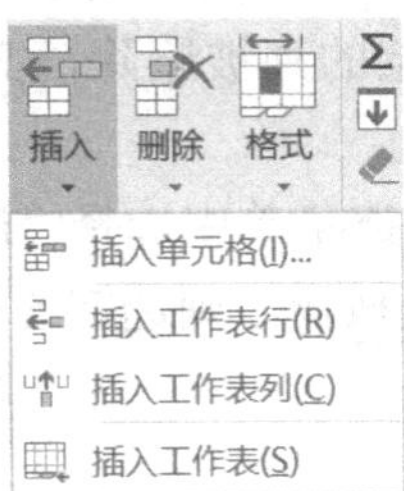

图 6-14　“插入”下拉列表

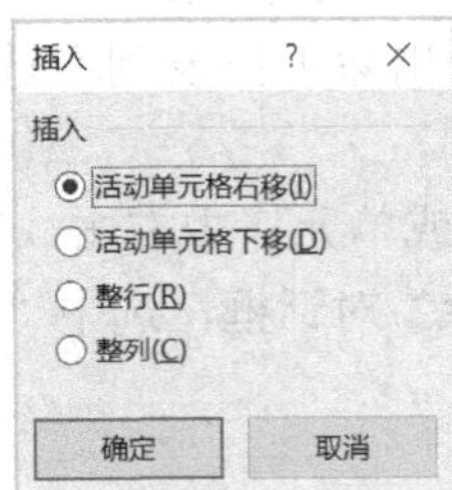

图 6-15　“插入”对话框

3）在“插入”对话框中选择合适的选项。

4）单击“确定”按钮。

2. 删除单元格、整行或整列

删除单元格、整行或整列不同于删除单元格数据。删除单元格数据仅仅是清除了单元格的内容，而空白单元格仍然保留在工作表中；而删除单元格、整行和整列则在工作表中彻底删除了相应项。

（1）删除整行

删除整行的具体方法如下。

1）单击所要删除行的行号。

2）选择“开始”选项卡，在“单元格”选项组中单击“删除”下拉按钮，弹出如图 6-16 所示的下拉列表，选择“删除工作表行”选项，则选定的行被删除，其下方的行整体向上移动；或者在选定的行或单元格中右击，在弹出的快捷菜单中选择“删除”命令，弹出如图 6-17 所示的“删除”对话框，选中“整行”单选按钮，则选定的行被删除，其下方的行整体向上移动。

图 6-16 “删除”下拉列表

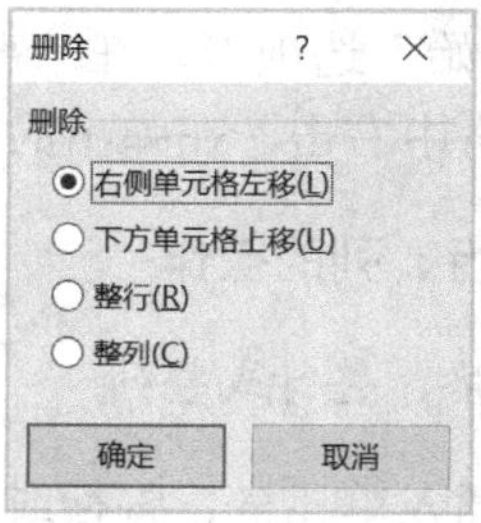

图 6-17 “删除”对话框

（2）删除整列

删除整列的具体方法如下。

1）单击所要删除列的列标。

2）选择“开始”选项卡，在“单元格”选项组中单击“删除”下拉按钮，在弹出的下拉列表中选择“删除工作表列”选项，则选定的列被删除，其右方的列整体向左移动。

或者在选定的列或单元格中右击，在弹出的快捷菜单中选择“删除”命令，弹出如图 6-17 所示的“删除”对话框，选中“整列”单选按钮，则选定的列被删除，其右方的列整体向左移动。

（3）删除单元格

删除单元格的具体方法如下。

1）单击所要删除的单元格或单元格区域。

2）选择“开始”选项卡，在“单元格”选项组中单击“删除”下拉按钮，弹出“删除”下拉列表，选择“删除单元格”选项；或者在选定的单元格中右击，在弹出的快捷菜单中选择“删除”命令，弹出“删除”对话框。

3）在“删除”对话框中选择合适的选项。

4）单击“确定”按钮。

“删除”对话框中各选项的功能如表 6-4 所示。

表 6-4　“删除”选项及其功能

选项	功能
右侧单元格左移	右侧的单元格左移，填充被删除位置
下方单元格上移	下方单元格上移，填充被删除位置
整行	选定单元格所在的行被删除
整列	选定单元格所在的列被删除

6.3.4　批注的使用

1. 插入批注

选定要添加批注的单元格，选择“审阅”选项卡，在“批注”选项组中单击“新建批注”按钮，或者在该单元格中右击，在弹出的快捷菜单中选择“插入批注”命令，弹出一个黄色的批注文本框，在其中输入批注文本，然后单击批注文本框外部工作表的任一区域，则批注添加完成。以后将鼠标指针移至该单元格时，将显示注释的内容。批注的左上角显示插入批注的计算机用户的名称。

2. 编辑批注

需要修改批注时，单击批注所在单元格，选择“审阅”选项卡，在“批注”选项组中单击“编辑批注”按钮；或者在需要编辑批注的单元格上右击，从弹出的快捷菜单中选择“编辑批注”命令。

3. 复制批注

1）单击含有批注的单元格，选择“开始”选项卡，在“剪贴板”选项组中单击“复制”下拉按钮，从弹出的下拉列表中选择“复制”选项。

2）单击目标单元格，选择“开始”选项卡，在“剪贴板”选项组中单击“粘贴”下拉按钮，在弹出的下拉列表中选择“选择性粘贴”选项，在弹出的“选择性粘贴”对话框中选中“批注”单选按钮；或者在目标单元格中右击，从弹出的快捷菜单中选择“选择性粘贴”命令，然后在弹出的“选择性粘贴”对话框中选中“批注”单选按钮。

4. 删除批注

选中要删除批注的单元格，选择“审阅”选项卡，在“批注”选项组中单击“删除批注”按钮；或者右击需要删除批注的单元格，从弹出的快捷菜单中选择“删除批注”命令。

5. 隐藏（显示）批注

选择“审阅”选项卡，在“批注”选项组中单击“显示所有批注”按钮，则显示所有批注和标识符；单击“显示/隐藏批注”按钮，则显示或隐藏当前所选单元格的批注。

6.3.5 查找和替换

使用查找功能可以迅速在表格中定位到要查找的内容，使用替换功能则可对表格中多处出现的同一内容进行修改，查找和替换功能可以交互使用。

1. 查找

进行查找操作的具体步骤如下。

1）选择“开始”选项卡，在“编辑”选项组中单击“查找和选择”下拉按钮，在弹出的下拉列表中选择“查找”选项，弹出如图 6-18（a）所示的“查找和替换”对话框。

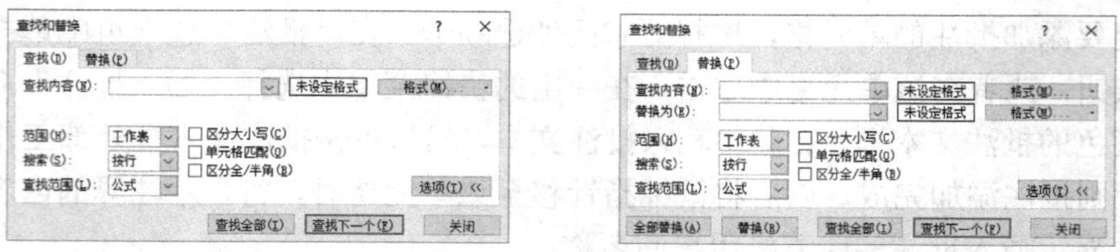

（a）“查找”选项卡　　（b）“替换”选项卡

图 6-18　“查找和替换”对话框

2）选择“查找”选项卡，在“查找内容”文本框中输入要查找的内容。

3）单击“选项”按钮，在扩展选项中进行设置。

① 在“范围”下拉列表框中选择工作簿或工作表。

② 在“搜索”下拉列表框中选择行或列的搜索方式。

③ 在“查找范围”下拉列表框中选择值、公式或批注类型。

④ 若选中“区分大小写”复选框，则查找内容区分大小写。

⑤ 若选中“单元格匹配”复选框，则仅查找单元格内容与查找内容完全一致的单元格；否则，只要单元格中包含查找的内容，该单元格就在查找之列。

⑥ 若选中“区分全/半角”复选框，则查找内容区分全角或半角。

4）单击“查找下一个”按钮开始查找。

2. 替换

进行替换操作的具体步骤如下。

1）选择“开始”选项卡，在“编辑”选项组中单击“查找和选择”下拉按钮，在弹出的下拉列表中选择“替换”选项，打开如图 6-18（b）所示的对话框。

2）对话框中的“范围”“搜索”“查找范围”“区分大小写”“单元格匹配”“区分全/半角”选项与“查找”选项卡中的相同。

3）在“查找内容”和“替换为”文本框中输入相应的内容。

4）单击“全部替换”按钮，将一次性替换工作表中所有匹配的内容；单击“查找下一个”按钮，则查找指定的内容，找到后如果单击“替换”按钮，则进行替换，否则不替换当前找到的内容，系统自动查找下一个匹配的内容。

6.4　工作表的格式化

编辑好工作表内容后，需要对工作表进行格式化编排，使表格更加形象、整齐、美观、一目了然。

6.4.1　设置文字格式

在 Excel 2016 中，设置文字格式的方法与 Word 2016 基本相同。可选择“开始”选项卡，在“字体”选项组中单击不同的按钮进行设置，如需进行更多的选项设置，可以打开“设置单元格格式”对话框，在“字体”选项卡中进行更多的设置。

1. 使用“字体”选项组设置

Excel 2016 的“开始”选项卡如图 6-19 所示。

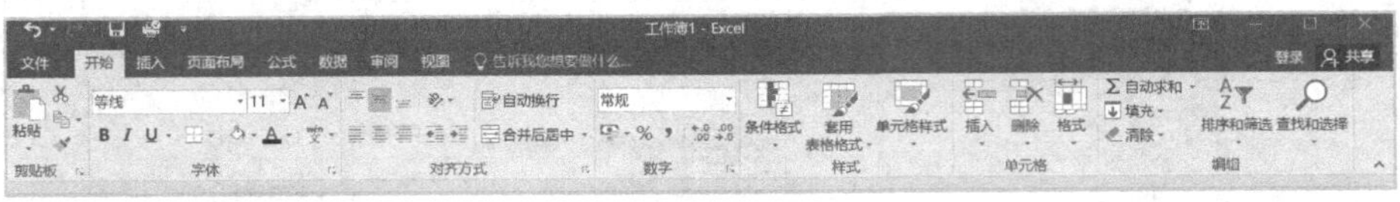

图 6-19　“开始”选项卡

1）设置字体格式：首先需选定要设置字体的单元格区域，然后单击“字体”选项组中的“字体”下拉按钮，弹出如图 6-20 所示的下拉列表，从列表中选择所需的字体即可。

2）设置文本的字号：先选定要改变字号的单元格区域，然后单击“字体”选项组中的“字号”下拉按钮，在弹出的“字号”下拉列表中选择所需的字号或手动输入所需的字号。

3）设置文本的字形：“字体”选项组中有 3 个设置文本字形的按钮，即“加粗”“倾斜”“下划线”，这 3 个选项可以同时选择，也可以只选一项。

4）设置文本的颜色：先选定要设置文本颜色的单元格区域，然后单击“字体”选项组中的“字体颜色”下拉按钮，弹出如图 6-21 所示的下拉列表，选择所需的颜色即可。

2. 使用“设置单元格格式”对话框设置

打开“设置单元格格式”对话框的方法主要有以下几种。

1）选择“开始”选项卡，在“单元格”选项组中单击“格式”下拉按钮，在弹出的“格式”下拉列表（图 6-22）中选择“设置单元格格式”选项，弹出“设置单元格格式式”对话框。

2）单击“开始”选项卡中“字体”选项组、“对齐方式”选项组或“数字”选项组右下角的对话框启动器按钮，打开“设置单元格格式”对话框。

3）右击待设置格式的单元格，在弹出的快捷菜单中选择“设置单元格格式”命令。

“设置单元格格式”对话框如图 6-23 所示。选择“字体”选项卡，可以进行“字体”“字形”“字号”“下划线”“颜色”等文本属性的设置，设置好后单击“确定”按钮即可。

图 6-20　字体选择

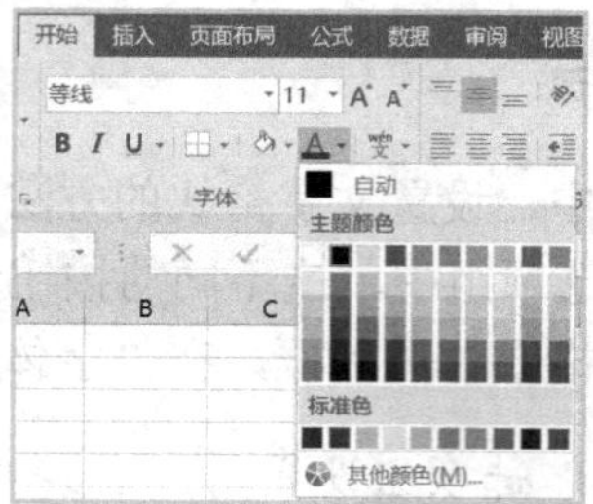

图 6-21　颜色调色板

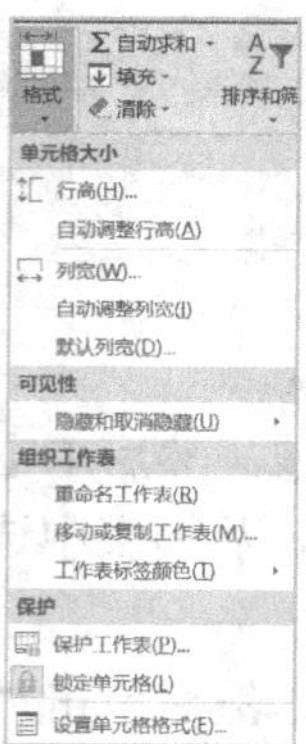

图 6-22　“格式”下拉列表

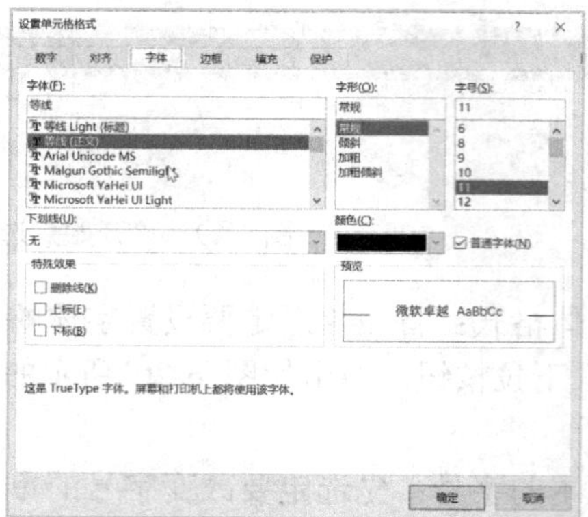

图 6-23　“设置单元格格式”对话框

6.4.2 设置数字格式

在 Excel 2016 中，设置数字格式可选择“开始”选项卡，在“数字”选项组中单击不同的按钮，如需进行更多的选项设置，可以打开“设置单元格格式”对话框，在其“数字”选项卡中进行更多的设置。

1. 使用“数字”选项组设置

“开始”选项卡的“数字”选项组中有 6 个格式化数字的按钮：“常规”、“会计数字格式”、“百分比样式”、“千位分隔样式”、“增加小数位数”和“减少小数位数”。各按钮的功能如下。

1）“常规”下拉按钮：可在其下拉列表中根据需要设置数据格式。

2）“会计数字格式”下拉按钮：可在其下拉列表中根据需要在数字前面插入货币符号，并且保留两位小数。

3）“百分比样式”按钮：将选定单元格区域的数字乘以 100，并在该数字的末尾加上百分号。

4）“千位分隔样式”按钮：将选定单元格区域的数字从小数点向左每 3 位整数之间用千分号分隔。

5）“增加小数位数”按钮：将选定单元格区域的数字增加一位小数。

6）“减少小数位数”按钮：将选定单元格区域的数字减少一位小数。

2. 使用“设置单元格格式”对话框设置

打开“设置单元格格式”对话框的方法同 6.4.1 节。在打开的“设置单元格格式”对话框中选择“数字”选项卡，在“分类”列表框中选择需要的格式，在右侧可进行相应格式的设置，如图 6-24 所示，设置好后单击“确定”按钮即可。

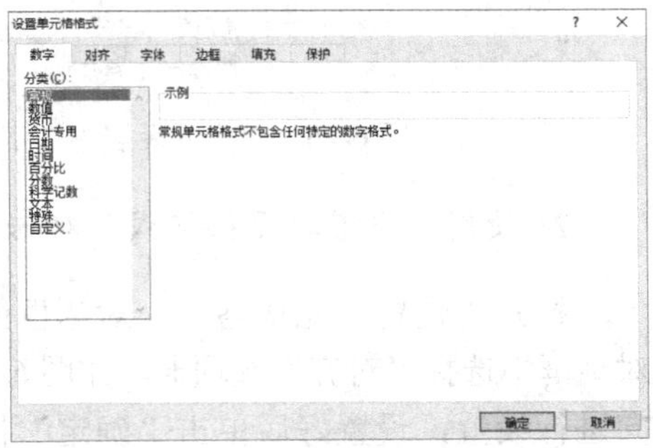

图 6-24　“数字”选项卡

6.4.3　设置对齐格式

默认情况下，Excel 2016 中单元格的文本靠左对齐，数字靠右对齐，逻辑值和错误值居中对齐，但用户可以改变对齐格式的设置。设置对齐格式可以在“开始”选项卡的“对齐方式”选项组中单击不同按钮，如需进行更多的选项设置，可以打开“设置单元格格式”对话框，在其“对齐”选项卡中进行更多设置。

1. 使用“对齐方式”选项组设置

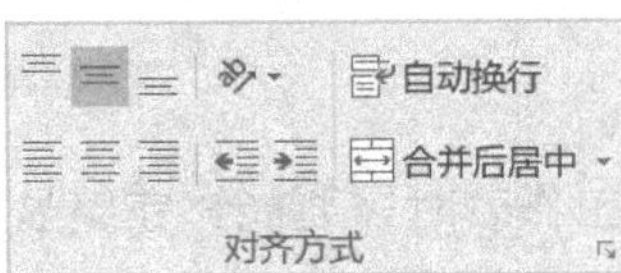

图 6-25　“对齐方式”选项组

如图 6-25 所示，“开始”选项卡的“对齐方式”选项组中包含以下对齐格式按钮：“顶端对齐”、“垂直居中”、“底端对齐”、“左对齐”、“居中”、“右对齐”、“方向”、“增加缩进量”、“减少缩进量”、“自动换行”和“合并后居中”。各主要按钮的功能如下。

1）“顶端对齐”按钮：可以将选定单元格区域中的内容沿单元格顶边缘对齐。

2）“垂直居中”按钮：可以将选定单元格区域中的内容沿单元格垂直方向居中对齐。

3）“底端对齐”按钮：可以将选定单元格区域中的内容沿单元格底边缘对齐。

4）“左对齐”按钮：可以将选定单元格区域中的内容沿单元格左边缘对齐。

5）“右对齐”按钮：可以将选定单元格区域中的内容沿单元格右边缘对齐。

6）“居中”按钮：可以将选定单元格区域中的内容居中。

7）“合并后居中”下拉按钮：单击该下拉按钮，弹出如图 6-26 所示的下拉列表，从中选择需要的选项。

8）“自动换行”按钮：可以将选定单元格中超出列宽的内容自动换到下一行。

9）“方向”下拉按钮：单击该下拉按钮，弹出如图 6-27 所示的下拉列表，从中选择需要的选项。

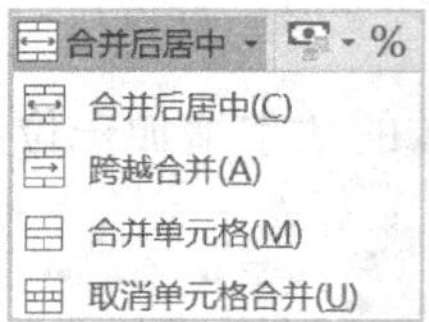

图 6-26 “合并后居中”下拉列表

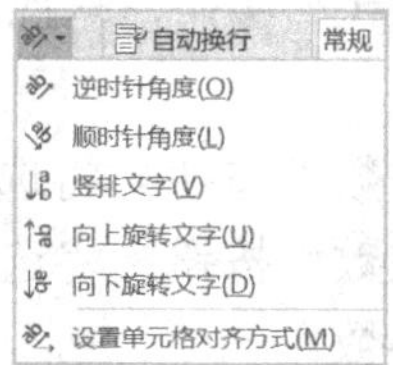

图 6-27 “方向”下拉列表

2. 使用“设置单元格格式”对话框设置

打开“设置单元格格式”对话框的方法同 6.4.1 节。在打开的“设置单元格格式”对话框中选择“对齐”选项卡，如图 6-28 所示，可以对文本对齐方式、文本控制及文字方向进行设置，设置好后单击“确定”按钮即可。

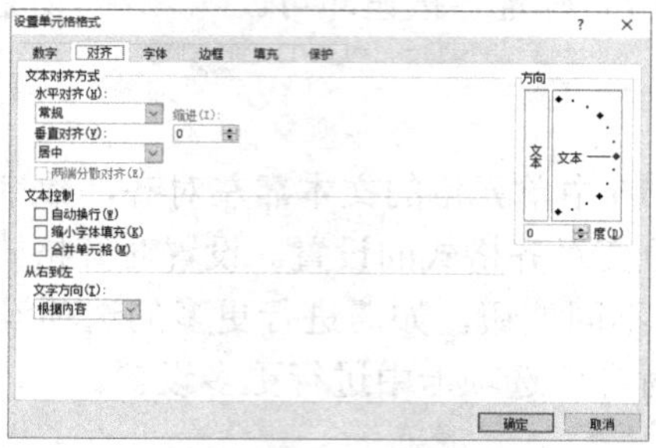

图 6-28 “对齐”选项卡

6.4.4 调整行高和列宽

虽然行高和列宽并不影响工作表存储数据，但是用户打印工作表时需要能够完整显示数据和对齐格式，因此，有时需要改变行高和列宽。

1. 通过对话框改变行高和列宽

操作过程如下。

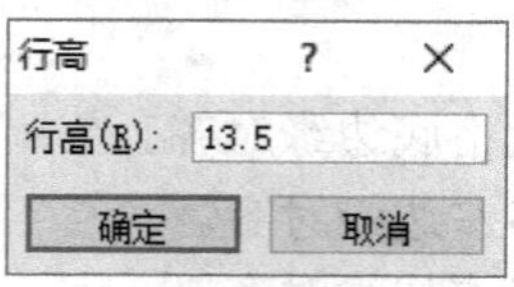

图 6-29 改变行高

1）选定操作区域，要改变行高则选中某一行或者几行，要改变列宽则选中一列或者几列。

2）选择“开始”选项卡，在“单元格”选项组中单击“格式”下拉按钮，在弹出的下拉列表中选择“行高”选项，弹出如图 6-29 所示的“行高”对话框，在“行高”文本框内输入行的高度，单击“确定”按钮即完成更改行高的操作。

也可以利用快捷菜单进行操作。在选中的行中右击，在弹出的快捷菜单中选择“行高”命令，弹出“行高”对话框，在“行高”文本框中输入行的高度，单击“确定”按钮即完成更改行高的操作。

改变列宽的操作和改变行高的操作完全相同。

2. 通过鼠标拖动改变行高和列宽

要改变某列的宽度，也可以用鼠标拖动列标题的边界来实现。

首先将鼠标指针置于列标题的边界旁，这时鼠标指针变为✛形状，按住鼠标左键左右拖动到合适宽度后释放鼠标左键，即可完成改变列宽的操作；或者在此处直接双击，系统会根据单元格内容调整到合适的列宽。

改变行高也可采用类似方法。

如果要一次改变多行或多列的高度或宽度，可以一次选中多行或多列，然后用鼠标拖动其中任何一行或一列的边界即可实现。

6.4.5　自动套用格式

Excel 2016 提供了丰富的表格格式供用户套用，操作过程如下。

1）选择要套用格式的单元格区域。

2）选择“开始”选项卡，在“样式”选项组中单击“套用表格格式”下拉按钮，在弹出的下拉列表中选择表格样式，如图 6-30 所示。

3）选择一种表格样式，弹出如图 6-31 所示的“套用表格式”对话框，选中“表包含标题”复选框，单击“确定”按钮，即可应用预设的表格样式。

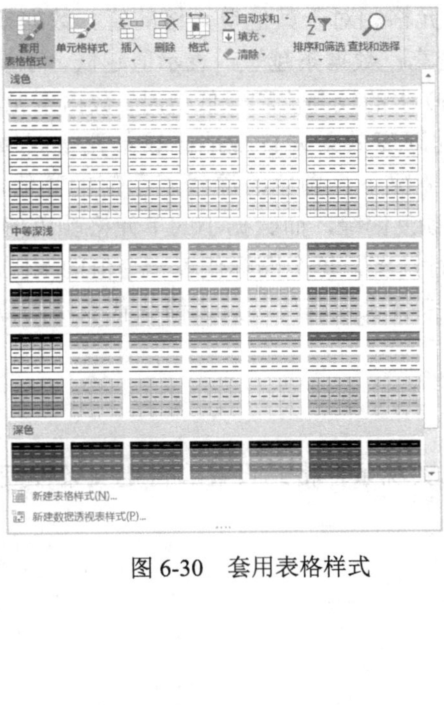

图 6-30　套用表格样式

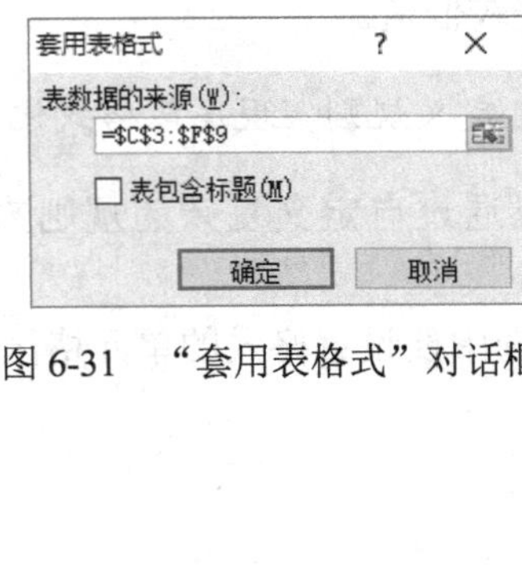

图 6-31　“套用表格式”对话框

6.4.6 设置条件格式

Excel 2016 中的条件格式是一项方便用户的功能，是指在单元格中输入的内容满足预先设置的条件之后，就自动给该单元格预先设置各种样式，并突出显示要检查的动态数据。

条件格式即单元格格式，包括单元格的底纹、字体等。

1. 利用预置条件实现快速格式化

Excel 2016 提供了许多预置条件，快速使用预置条件的方法如下。

1）选中要设置格式的单元格区域。

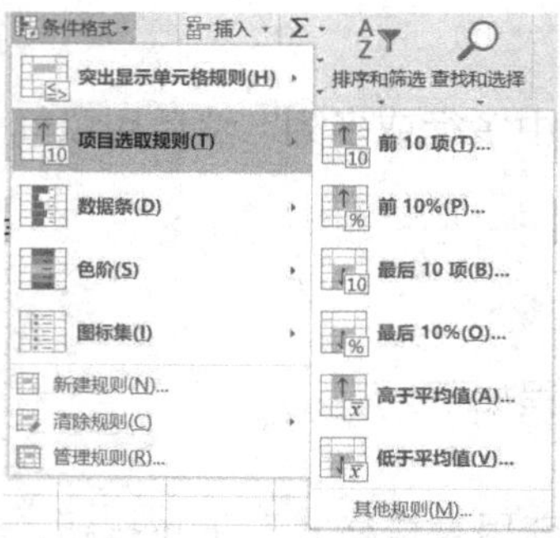

图 6-32 “条件格式”下拉列表

2）选择“开始”选项卡，在“样式”选项组中单击“条件格式”下拉按钮，弹出如图 6-32 所示的下拉列表。

3）将鼠标指针指向某一条规则，右侧将出现下级菜单，从中选择某一预置的条件格式即可快速实现格式化。

各项条件规则的功能说明如下。

1）突出显示单元格规则：通过使用大于、小于、等于、包含等比较运算符限定数据范围，为属于该数据范围内的单元格设定格式。例如，在一份学生成绩表中，可将所有小于 60 分的成绩用红色字体突出显示。

2）项目选取规则：可以为选定单元格区域中的前若干个高值或后若干个低值、高于或低于该区域平均值的单元格设定特殊格式。例如，在一份工资表中，可用绿色字体标出 3 个较高的奖金数。

3）数据条：数据条可用于查看某个单元格相对于其他单元格的值。数据条的长度代表单元格中的值。数据条越长，表示值越高；数据条越短，表示值越低。在观察大量数据（如销售报表中最畅销和最滞销的商品）中的较高值和较低值时，数据条尤其有用。

4）色阶：通过使用两种或 3 种颜色的渐变效果来直观地比较单元格区域中的数据，用来显示数据分布和数据变化。一般情况下，颜色的深浅表示值的高低。例如，在“白-绿色阶”色阶中，数值大的单元格颜色偏绿，而数据小的单元格颜色偏白。

5）图标集：可以使用图标集对数据进行注释，每个图标代表一个值的范围。例如，在“三向箭头（彩色）”图标集中，绿色箭头代表较高值，黄色箭头代表中间值，红色箭头代表较低值。

2. 自定义规则实现高级格式化

可以通过自定义复杂的规则来方便地实现条件格式设置。自定义条件规则的方法如下。

1）选中要设置格式的单元格区域。

2）选择“开始”选项卡，在“样式”选项组中单击“条件格式”下拉按钮，在打开的下拉列表中选择“新建规则”选项，打开如图 6-33 所示的“新建格式规则”对话框。

3）在“选择规则类型”列表框中选择一个规则类型，然后在“编辑规则说明”区域设定条件及格式，最后单击“确定”按钮。

如果要编辑某个条件，则需选择“开始”选项卡，在“样式”选项组中单击“条件格式”下拉按钮，在弹出的下拉列表中选择“管理规则”选项，打开如图 6-34 所示的“条件格式规则管理器”对话框。选择要修改的规则，单击“编辑规则”按钮进行修改；单击“删除规则”按钮则删除指定的规则。

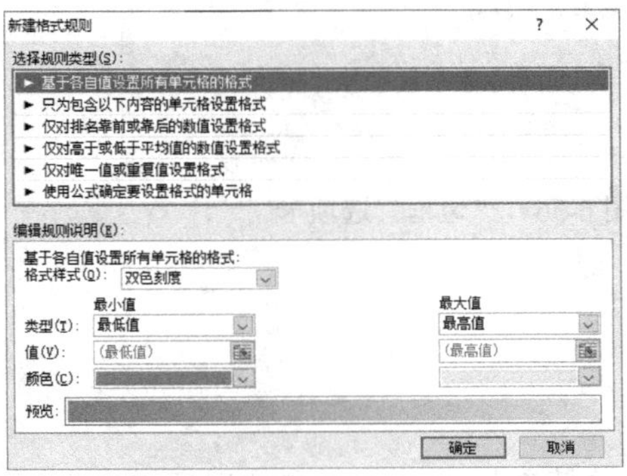

图 6-33　“新建格式规则”对话框

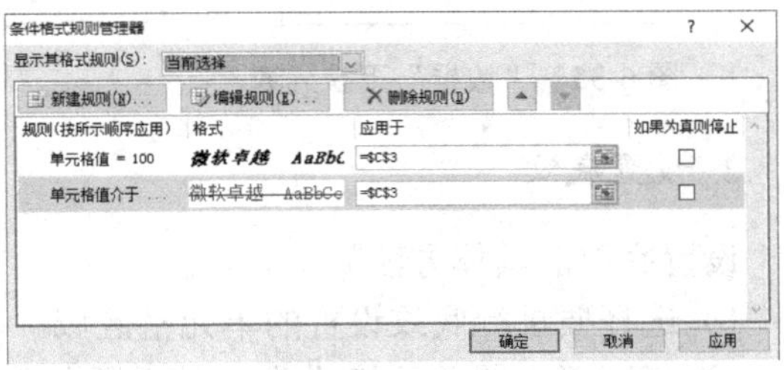

图 6-34　“条件格式规则管理器”对话框

6.4.7　设置边框和底纹

默认情况下，工作表中的网格线只用于显示，不会被打印。为了使表格更加美观易读，可以为表格设置边框，还可以为需要突出显示的单元格设置底纹。

1. 设置边框

设置边框的具体方法如下。

（1）利用“边框”下拉列表自动设置

1）选择要进行边框设置的单元格区域。

2）选择“开始”选项卡，在“字体”选项组中单击“所有框线”下拉按钮，弹出如图 6-35 所示的下拉列表，选择所需边框，Excel 2016 将自动进行设置。

（2）利用“设置单元格格式”对话框进行设置

1）选择要进行边框设置的单元格区域。

2）选择“开始”选项卡，在“字体”选项组中单击“边框”下拉按钮，在弹出的下拉列表中选择“其他边框”选项，打开“设置单元格格式”对话框（也可通过其他方式打开“设置单元格格式”对话框，具体方法见 6.4.1 节）。在对话框中选择“边框”选项卡，即可对边框的位置、线条的样式和颜色进行设置，如图 6-36 所示。

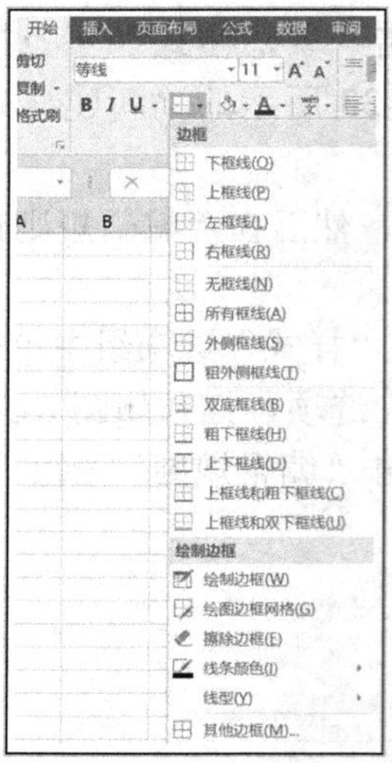

图 6-35 “边框”下拉列表

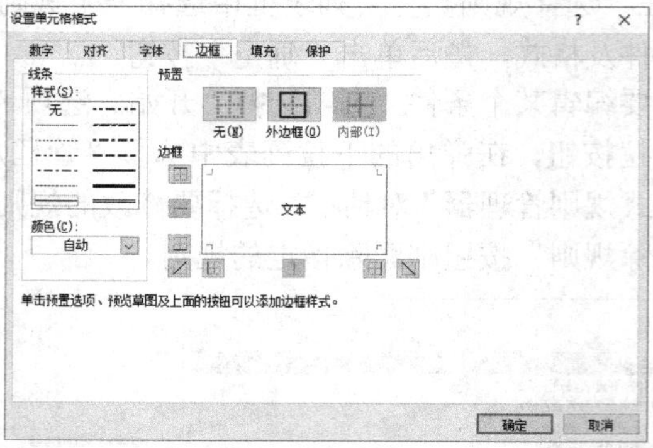

图 6-36 “边框”选项卡

2. 设置底纹

设置底纹的具体方法如下。

1）选择要进行底纹设置的单元格区域。

2）打开“设置单元格格式”对话框，选择“填充”选项卡，在该选项卡中可以对所选区域进行颜色和图案的设置，如图 6-37 所示。

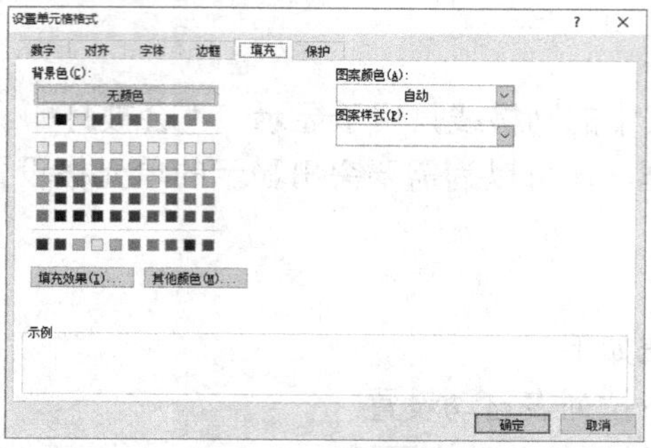

图 6-37 “填充”选项卡

3）设置完成后，单击“确定”按钮。

6.5 公式与函数

Excel 2016 具有强大的数据运算和分析功能，其应用程序中包含了丰富的函数及数据运算公式。对于复杂的数据运算，用户可以利用公式和函数进行求解。在 Excel 中，公式是常用工具，编辑公式需要遵循的准则是：公式必须以“=”开头，等号后面是运算数和运算符，运算数可以是常量数值、单元格引用、区域名称或者函数等。

公式与函数是 Excel 2016 的灵魂所在，学好本节知识，对于掌握 Excel 2016 的操作至关重要。

6.5.1　公式

1. 公式的组成

公式以等号开头，后面包含各种运算符、常量、函数以及单元格引用等。使用公式可以进行许多计算，如对单元格中的数据进行计算，对工作表中的数据进行计算。此外，使用公式还可以对文本进行操作和比较。

公式中包含的基本元素如下。

1）常量：不会发生变化的值，如数字 1010、文本“每月平均销售量”等是常量。

2）函数：系统预先编写好的公式，可以对一个或多个值进行函数运算，并返回一个或多个值。函数可以简化工作表中的公式符号，缩短数据处理时间，尤其在用公式进行大数据处理或复杂计算时更能显示其优越性。

3）运算符：用于指定表达式内执行的计算类型的标记或符号。

2. 公式中的运算符

运算符用于规定对公式的元素进行特定类型的运算。Excel 2016 公式中包含 4 种类型的运算符：算术运算符、比较运算符、文本运算符和引用运算符。输入运算符时，系统应处于半角英文输入状态。

（1）算术运算符

算术运算符用来完成基本的数学运算，包括+（加法，如 3+7）、-（减法，如 9-4 或负数-1）、*（乘法，如 7*3）、/（除法，如 9/3）、^（乘幂，如 2^10）和%（百分号，如 89%）。运算的优先级是先乘方、后乘除、再加减，如有括号先计算括号内部的公式。

（2）比较运算符

比较运算符有=（等于，如 A1=B1）、<（小于，如 A1<B1）、>（大于，如 A1>B1）、<=（小于等于，如 A1<=B1）、>=（大于等于，如 A1>=B1）、< >（不等于，如 A1<>B1）。使用上述运算符可对两个值进行比较，比较运算的结果是逻辑值：结果成立则返回 TRUE，否则返回 FALSE。

在使用比较运算符进行比较的时候，应该注意以下几点。

1）数值型数据：应该按照数值的大小进行比较，如 125>45。

2）文字型数据：西文字符应按照 ASCII 值进行比较，中文字符按照拼音首字母顺序进行比较。例如，“A”<“a”（A 的 ASCII 值为 65，a 的 ASCII 值为 97）。

3）日期型数据：日期越靠后的数据越大，如 20/03/16（表示 2020 年 3 月 16 日）> 20/02/16（表示 2020 年 2 月 16 日）。此外，时间型数据不能进行比较。

（3）文本运算符

文本连接符&（或称和号）用来连接不同单元格的数据，即将一个或多个文本字符串连接起来产生一串文本。参与连接运算的数据可以是字符串，也可以是数字。连接字符串时，字符串两边必须加双引号；连接数字时，数字两边的双引号可有可无。

例如，将两个文本值连接或串起来产生一个连续的文本值（"China" & "BeiJing"，即显示“ChinaBeiJing”）。又如，A1 单元格的数据为“学生”，在 E1 单元格中输入公式“=A1&'元华'”后，E1 单元格中将显示“学生元华”。

（4）引用运算符

引用运算符有冒号（:）、逗号（,）和空格，使用引用运算符可以将单元格区域合并计算。

冒号：区域运算符，用于对两个引用间的所有单元格进行引用。例如，AVERAGE(A1:D1)表示对 A1～D1 单元格中的数值计算算术平均值。

逗号：联合运算符，用于连接两个以上的单元格区域，即将多个引用合并为一个引用。例如，AVERAGE(B5:B15, D5:D15) 表示对 B5～B15 单元格、D5～D15 单元格中的数值计算算术平均值。

空格：交叉运算符，表示取两个单元格区域的交叉集合，即不同区域共同包含的单元格。例如，AVERAGE(A1:D1 A1:B4)表示对 A1、B1 单元格中的数值计算算术平均值。

（5）运算符的优先级别

如果公式中包含多个运算符，优先级别高的运算符先运算；若优先级相同，则从左到右计算（单目运算除外）；若要改变运算的优先级，可利用括号将先计算的部分括起来。

在 Excel 2016 中，运算符的优先级（由高到低）如表 6-5 所示。

表 6-5　运算符的优先级

运算符	说明
:	冒号
	单个空格
,	逗号
–	负号
%	百分号
^	乘方
* 和 /	乘和除
+ 和 –	加和减
&	连接符
=、<、>、<=、>=、<>	比较运算符

3. 公式的操作

（1）公式的输入

首先选定要输入公式的单元格，在该单元格（或编辑栏的输入框）中输入“=”，然后输入公式，公式的形式为“=表达式”。其中，表达式由运算符、常量、单元格地址、函数以及括号等组成，不包括空格。输入完毕后，按 Enter 键或单击编辑栏上的“输入”按钮✓即可。

【例 6-1】对图 6-38 所示的“学生成绩表”给定公式：“总分=语文+数学+英语+政治+生物+地理+历史”。要求计算出每个学生的总分。

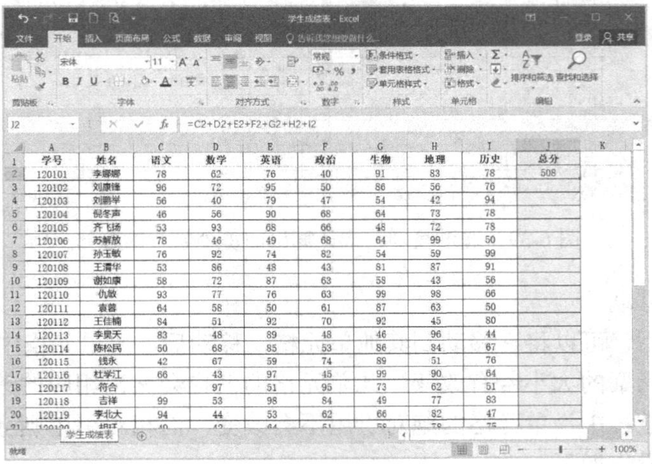

图 6-38　公式的输入

步骤：在 J2 单元格中输入公式“=C2+D2+E2+F2+G2+H2+I2”，按 Enter 键，如图 6-38 所示，J2 单元格中显示 508（即李娜娜的总成绩）。

（2）公式的复制

在计算其他同学的成绩时，不需要重新输入公式“=C2+D2+E2+F2+G2+H2+I2”，只需要复制公式即可。常用的复制公式方法如下。

1）使用剪贴板复制：选中要复制的单元格，选择“开始”选项卡，在“剪贴板”选项组中单击“复制”按钮；选中目标单元格或单元格区域，选择“开始”选项卡，在“剪贴板”选项组中单击“粘贴”按钮即可。

2）使用鼠标操作：将鼠标指针指向要复制的单元格的右下角，当鼠标指针变成实心十字时，按住鼠标左键，沿水平或垂直方向拖动填充柄到目标单元格。这是复制公式最常用的方法。

3）选中要复制的目标单元格或单元格区域，在编辑栏中输入公式，然后按 Ctrl+Enter 组合键，即可在区域内的所有单元格中输入同一个公式。

提示

这种复制不是简单的原样复制，而是对单元格区域进行了引用。

【例 6-2】采用复制公式方法计算每个学生的总分。

图 6-39 是通过复制公式计算出的每个学生的总分。

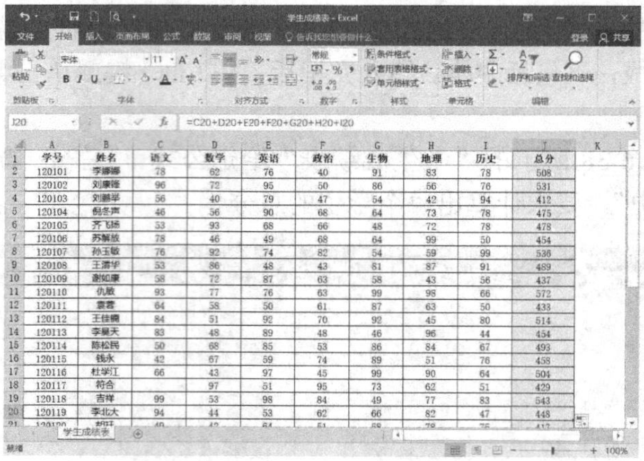

图 6-39　通过复制公式计算出的每个学生的总分

（3）公式的移动

创建公式之后，可以将它移动到其他单元格，移动后，原单元格中的内容消失，目标单元格中公式元素的大小若有改变，此单元格的值也会做出相应的改变。

移动公式的过程中，单元格的绝对引用不会改变，而相对引用则会改变。

移动公式的操作如下。

1）选定包含要移动公式的单元格，将鼠标指针移动到该单元格的边框上。

2）待鼠标指针变为箭头形状后，按住鼠标左键并拖动鼠标指针到目标单元格，松开鼠标左键，即可完成公式的移动。

（4）公式的删除

在 Excel 2016 中，当使用公式计算出结果后，可以删除该单元格中的公式，只保留结果。操作过程如下。

1）在待删除公式的单元格上右击，在弹出的快捷菜单中选择“复制”命令，然后选择“开始”选项卡，在“剪贴板”选项组中单击“粘贴”下拉按钮，在弹出的下拉列表中选择“选择性粘贴”选项，如图 6-40（a）所示。

2）打开如图 6-40（b）所示的“选择性粘贴”对话框，选中“数值”单选按钮。

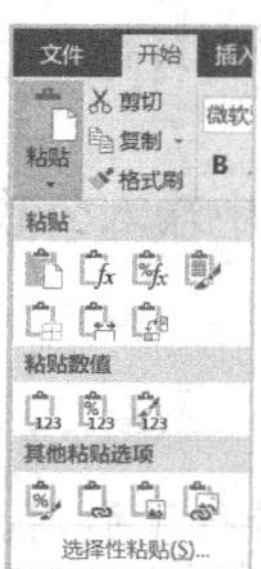

（a）“粘贴”下拉列表

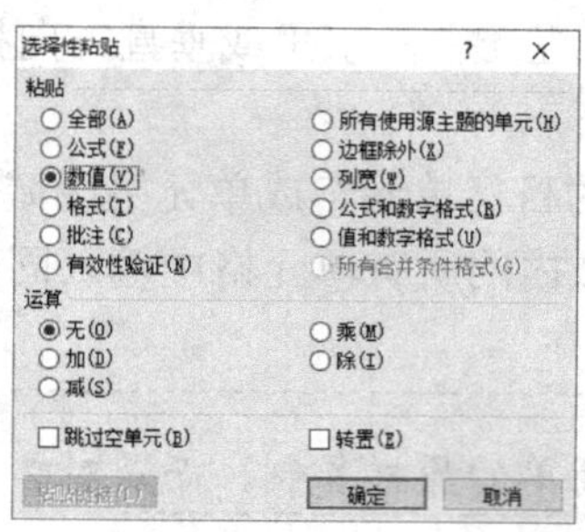

（b）“选择性粘贴”对话框

图 6-40　打开“选择性粘贴”对话框

3）单击“确定”按钮，即可删除该单元格中的公式并保留结果。

【例 6-3】将图 6-39 所示的“学生成绩表”中 J6 单元格中的公式删除并保留计算结果。

按上述步骤删除公式并保留计算结果，如图 6-41 所示。

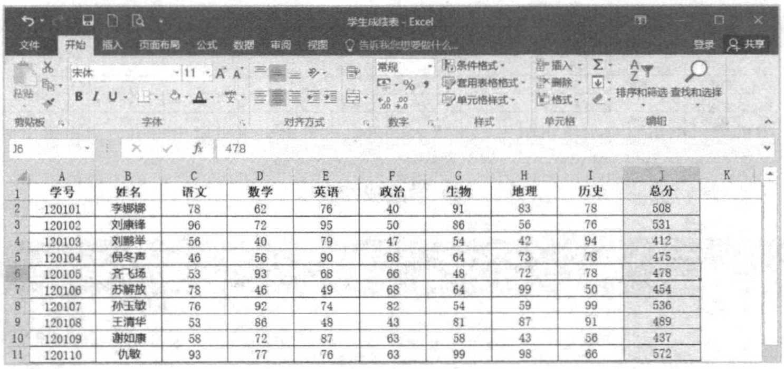

学号	姓名	语文	数学	英语	政治	生物	地理	历史	总分
120101	李娜娜	78	62	76	40	91	83	78	508
120102	刘康锋	96	72	95	50	86	56	76	531
120103	刘鹏举	56	40	79	47	54	42	94	412
120104	倪冬声	46	56	90	68	64	73	78	475
120105	齐飞扬	53	93	68	66	48	72	78	478
120106	苏解放	78	46	49	68	64	99	50	454
120107	孙玉敏	76	92	74	82	54	59	99	536
120108	王清华	53	86	48	43	81	87	91	489
120109	谢如康	58	72	87	63	58	43	56	437
120110	仇敏	93	77	76	63	99	98	66	572

图 6-41　删除公式并保留计算结果

提示

若要将单元格中的计算结果和公式一起删除，只需选定要删除的单元格，然后按 Delete 键即可。

4. 相对引用和绝对引用

公式的引用就是对工作表中的一个或一组单元格进行标识，它允许公式使用这些单元格的值。通过引用，可以在一个公式中使用工作表不同部分的数据，或者在几个公式中使用同一个单元格的数值。在 Excel 2016 中，引用单元格的常用方式包括相对引用、绝对引用与混合引用。

（1）相对引用

在创建公式时，单元格或单元格区域的引用通常是指相对于包含公式单元格的相对位置。单元格的相对引用指将单元格所在的列标和行号作为其引用，如 A5 引用了第 A 列与第 5 行交叉处的单元格；单元格区域的引用由单元格区域的左上角单元格的相对引用和该区域右下角单元格的相对引用组成，中间用冒号分隔，如 A3:F8 表示以单元格 A3 作为左上角，以单元格 F8 作为右下角的矩形区域。

相对引用的特点是将相应的计算公式复制或填充到其他单元格时，其中的单元格引用会自动随着移动的位置而发生变化。

【例 6-4】图 6-42（a）所示为“学生成绩表”，J2 单元格用来存放李娜娜的总分，其公式为“=C2+D2+E2+F2+G2+H2+I2”。将 J2 单元格的公式复制到 J3 单元格中，试采用相对引用方法计算刘康锋的总分。

J3 单元格中的相对引用相应地从“= C2+D2+E2+F2+G2+H2+I2”改变为“= C3+D3+E3+F3+G3+H3+I3”，结果如图 6-42（b）所示。

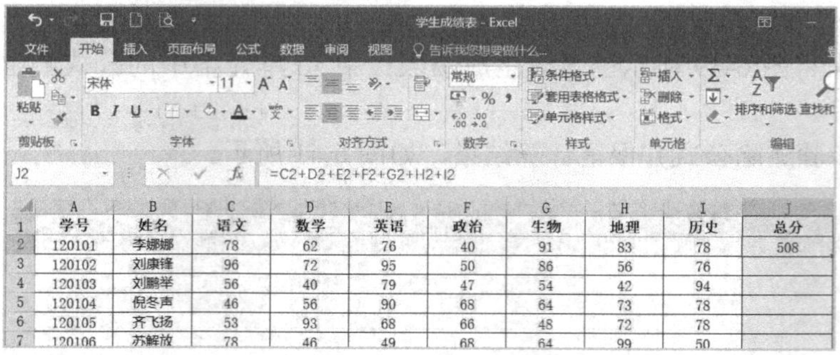

	A	B	C	D	E	F	G	H	I	J
1	学号	姓名	语文	数学	英语	政治	生物	地理	历史	总分
2	120101	李娜娜	78	62	76	40	91	83	78	508
3	120102	刘康锋	96	72	95	50	86	56	76	
4	120103	刘鹏举	56	40	79	47	54	42	94	
5	120104	倪冬声	46	56	90	68	64	73	78	
6	120105	齐飞扬	53	93	68	66	48	72	78	
7	120106	苏解放	78	46	49	68	64	99	50	

（a）学生成绩表

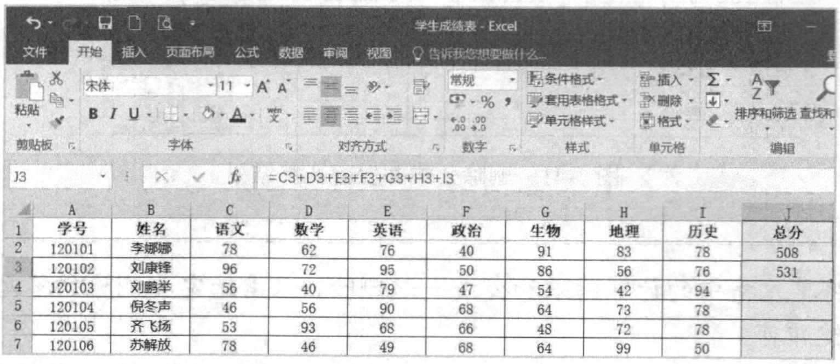

	A	B	C	D	E	F	G	H	I	J
1	学号	姓名	语文	数学	英语	政治	生物	地理	历史	总分
2	120101	李娜娜	78	62	76	40	91	83	78	508
3	120102	刘康锋	96	72	95	50	86	56	76	531
4	120103	刘鹏举	56	40	79	47	54	42	94	
5	120104	倪冬声	46	56	90	68	64	73	78	
6	120105	齐飞扬	53	93	68	66	48	72	78	
7	120106	苏解放	78	46	49	68	64	99	50	

（b）采用相对引用计算总分

图 6-42　相对引用

（2）绝对引用

绝对引用是指复制公式后的目标单元格严格按照原公式中的单元格地址进行计算。书写时在列标和行号前分别加上符号“$”。例如，$D$5 表示对单元格 D5 的绝对引用，而$A$1:$D$ 5 则表示对单元格区域 A1:D5 的绝对引用。

相对引用和绝对引用的区别是：复制公式时，若使用相对引用，则单元格引用会自动随着移动的位置相对变化；若使用绝对引用，则单元格引用不会发生变化。

【例 6-5】给定图 6-42（a）所示的“学生成绩表”，试采用绝对引用方法计算单元格 J3 中学生的总分。

将图 6-42（a）所示的 J2 单元格中的公式改为“=$C$2+$D$2+$E$2+$F$2+$G$2+$H$2+$I$2”，然后将公式复制到 J3 单元格中，J3 单元格中的公式不变，结果也不变，如图 6-43 所示。

（3）混合引用

混合引用是指公式中绝对引用和相对引用混合使用，如$B3、B$3 均为混合引用。

【例 6-6】将图 6-42（a）中 J2 单元格的公式改为“=C$2+D$2+E$2+$F2+$G2+$H2+$I2”，然后将公式复制到 J3 单元格中，试计算结果。

J3 单元格的公式实际运算时变为“=C$2+D$2+E$2+$F3+$G3+$H3+$I3”，结果如

图 6-44 所示。

	A	B	C	D	E	F	G	H	I	J
1	学号	姓名	语文	数学	英语	政治	生物	地理	历史	总分
2	120101	李娜娜	78	62	76	40	91	83	78	508
3	120102	刘康锋	96	72	95	50	86	56	76	508
4	120103	刘鹏举	56	40	79	47	54	42	94	
5	120104	倪冬声	46	56	90	68	64	73	78	
6	120105	齐飞扬	53	93	68	66	48	72	78	
7	120106	苏解放	78	46	49	68	64	99	50	

图 6-43　绝对引用

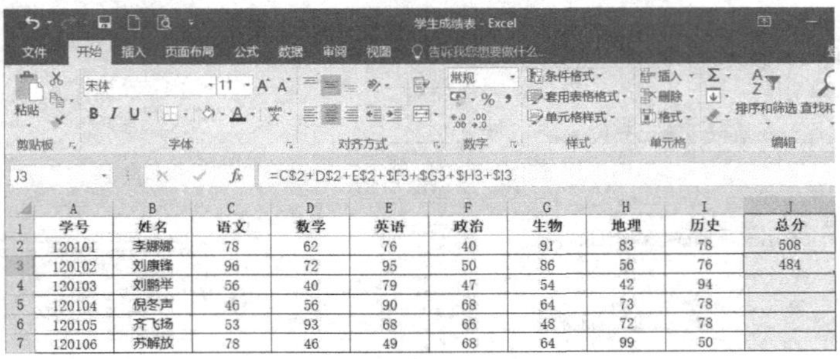

	A	B	C	D	E	F	G	H	I	J
1	学号	姓名	语文	数学	英语	政治	生物	地理	历史	总分
2	120101	李娜娜	78	62	76	40	91	83	78	508
3	120102	刘康锋	96	72	95	50	86	56	76	484
4	120103	刘鹏举	56	40	79	47	54	42	94	
5	120104	倪冬声	46	56	90	68	64	73	78	
6	120105	齐飞扬	53	93	68	66	48	72	78	
7	120106	苏解放	78	46	49	68	64	99	50	

图 6-44　混合引用

6.5.2　函数

用户在操作表格时经常会遇到各种复杂的运算，如果都要逐一编制、输入公式来运行，效率就会大大降低。Excel 2016 功能的强大之处就在于它为用户提供了丰富的函数。用户只需遵循函数的规则就可以轻松地运用它们完成复杂的运算。

函数通过接收参数后返回结果的方式来完成预定的功能。函数可以单独使用，也可以出现在公式表达式中，其格式如下。

函数名(参数 1,参数 2,…,参数 n)。

在函数中，“( )”是不可省略的。

函数的功能不同，其接收参数的数据类型也有所不同，可以是文本、数值、逻辑值、错误值或单元格引用，有的函数甚至不需要参数。但是，不论有没有参数，函数的调用一定要有一对圆括号，没有参数时就写一对空的圆括号。虽然每个函数具有不同的功能，但是都有一个确定的返回值，因此用户在使用函数时可以将函数的整体当作一个数。当函数单独作为公式输入时，函数调用前应加等号。

1. 函数的输入

输入函数有插入函数和直接输入两种方法。

(1)插入函数法

创建带函数的公式，选择“公式”选项卡，在“函数库”选项组中单击“插入函数”按钮，如图 6-45 所示，在弹出的“插入函数”对话框中选择相应的函数，如图 6-46（a）所示，单击“确定”按钮后弹出如图 6-46（b）所示的“函数参数”对话框，显示函数的名称、各个参数、函数及其各参数的说明、函数的当前结果以及整个公式的当前结果等。

图 6-45　插入函数

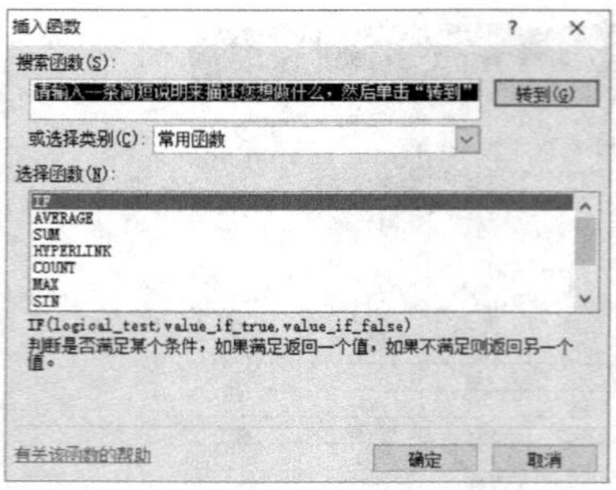

（a）“插入函数”对话框

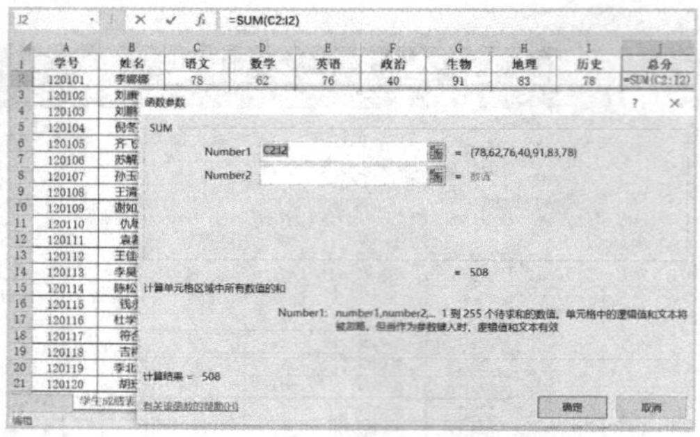

（b）“函数参数”对话框

图 6-46　“函数”的插入

在如图 6-45 所示的“公式”选项卡的“函数库”选项组中，将函数进行了分类管理，如财务、逻辑、文本、日期和时间、查找与引用、数学和三角函数等，可按类别选择要插入的函数。

(2)直接输入法

在单元格中直接输入公式有以下两种方法。

1）选取要插入函数的单元格，若设置了“公式记忆式键入”功能，则在输入“=”和开头几个字母或显示触发字符之后，Excel 2016 会在单元格的下方显示一个动态下拉列表，其中包含与这几个字母或该触发字符相匹配的名称和有效参数供用户选取，如图 6-47 所示。

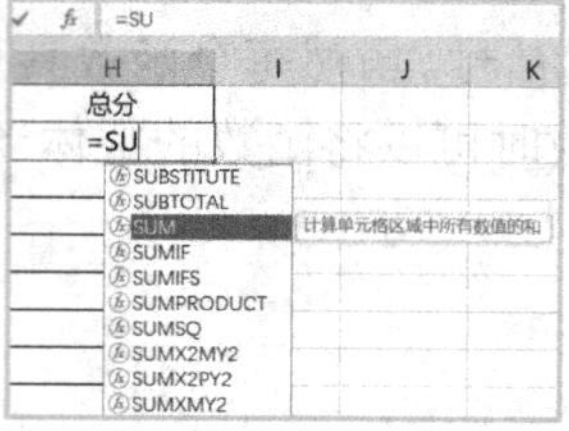

（a）与输入内容相匹配的名称

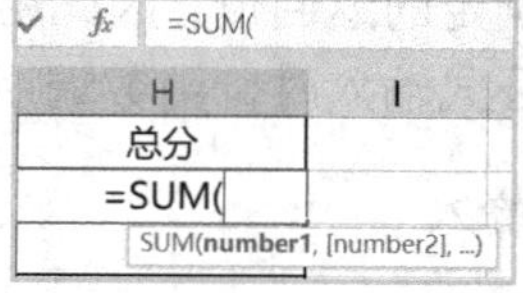

（b）与输入内容相匹配的参数

图 6-47　直接输入函数

提示

要设置“公式记忆式键入”功能，可选择“文件”选项卡，在打开的后台视图中选择“选项”选项，在弹出的“Excel 选项”对话框中选择“公式”选项，在对话框右侧选中“公式记忆式键入”复选框，如图 6-48 所示。

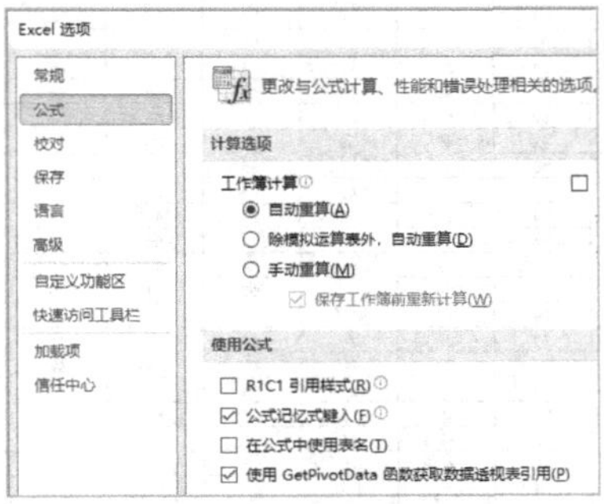

图 6-48　设置“公式记忆式键入”功能

2）选取要插入函数的单元格，输入“=”，此时名称框切换为函数名下拉列表框，在其中选择相应的函数即可完成函数输入。

2. 函数的类型

Excel 2016 内置函数包括常用函数、财务函数、日期与时间函数、数学与三角函数、统计函数、查找与引用函数、数据库函数、文本函数、逻辑函数、信息函数和工程函数等。它们都有各自不同的应用。

3. 常用函数介绍

（1）求和函数：SUM

功能：计算所有参数数值的和。

使用格式：SUM(number1, number2, …)。

参数说明：number1, number2, …为 1～255 个需要求和的参数，代表需要计算的值，参数可以是数字、文本、逻辑值，也可以是单元格引用等。如果参数是单元格引用，那么引用中的空白单元格、逻辑值、文本值和错误值将被忽略，即取值为 0。

【例 6-7】现有如图 6-49 所示的“学生成绩表”，要求计算李娜娜各科成绩的总分。试写出 J2 单元格中的输入公式，计算李娜娜各科成绩的总分。

要在 J2 单元格中求出 C2:I2 单元格区域的总和，只要在 J2 单元格中输入公式“=SUM(C2:I2)”，即可得到李娜娜各科总成绩为 508。

（2）有条件的求和函数：SUMIF()

功能：对满足指定条件的单元格求和。

使用格式：SUMIF(Range, Criteria, Sum_Range)。

J2　=SUM(C2:I2)

	A	B	C	D	E	F	G	H	I	J
1	学号	姓名	语文	数学	英语	政治	生物	地理	历史	总分
2	120101	李娜娜	78	62	76	40	91	83	78	508
3	120102	刘康锋	96	72	95	50	86	56	76	
4	120103	刘鹏举	56	40	79	47	54	42	94	
5	120104	倪冬声	46	56	90	68	64	73	78	
6	120105	齐飞扬	53	93	68	66	48	72	78	
7	120106	苏解放	78	46	49	68	64	99	50	
8	120107	孙玉敏	76	92	74	82	54	59	99	
9	120108	王清华	53	86	48	43	81	87	91	
10	120109	谢如康	58	72	87	63	58	43	56	
11	120110	仇敏	93	77	76	63	99	98	66	
12	120111	袁蓉	64	58	50	61	87	63	50	
13	120112	王佳楠	84	51	92	70	92	45	80	
14	120113	李昊天	83	48	89	48	46	96	44	
15	120114	陈松民	50	68	85	53	86	84	67	
16	120115	钱永	42	67	59	74	89	51	76	
17	120116	杜学江	66	43	97	45	99	90	64	
18	120117	符合		97	51	95	73	62	51	
19	120118	吉祥	99	53	98	84	49	77	83	
20	120119	李北大	94	44	53	62	66	82	47	
21	120120	胡珏	49	42	64	51	58	78	75	
22	120121	陈玉秀	98	56	64	65	64	45	66	
23	120122	于璐	79	72	79	58	73	95	85	
24	120123	杨羽佳	70	62	74	68	61	68	89	
25	120124	梁沁	92	84	80	60	100	47	90	
26	120125	王瀚仪	93	57	97	96	56	69	76	
27	120126	谢莹莹	76	79	77	84	84	96	53	
28	120127	仇敏	78	97	93	81	43	48	87	
29	120128	袁蓉	61	68	75	65	43	72	82	
30	120129	王佳楠	74	72	100	69	61	88	86	
31	120130	李昊天	91	93	58	63	41	77	69	

图 6-49　学生成绩表

参数说明：Range 代表条件判断的单元格区域，Criteria 为指定条件表达式，Sum_Range 代表需要计算的数值所在单元格区域。

【例 6-8】在图 6-49 所示的“学生成绩表”中统计出数学成绩等于 93 分的学生的英语成绩之和。试写出 D33 单元格中的输入公式，计算相应的成绩之和。

D2:D31 单元格区域有 2 名学生的数学成绩等于 93 分，E2:E31 英语成绩区域中与数学成绩为 93 分对应的单元格成绩分别是 68 与 58，在 D33 单元格中输入公式“=SUMIF(D2:D31,"=93",E2:E31)”，可得到 2 名数学成绩等于 93 分的学生的英语成绩之和为 126 分。

（3）求平均值函数：AVERAGE()

功能：求出所有参数的算术平均值。

使用格式：AVERAGE(number1, number2, …)。

参数说明：number1, number2, …为需要求平均值的数值或引用单元格（区域），参数不超过 255 个。

【例 6-9】在图 6-49 所示的“学生成绩表”的“总分”列后面新增一列并在 K1 单元格中输入“平均成绩”，试从 K2 单元格开始求出每个学生各门课程的平均成绩，并写出输入公式。设置数值的小数位数为 1 位。

在 K2 单元格中输入公式“= AVERAGE (C2:I2)”，确认后即可得到李娜娜各门课程平均成绩为 72.6 分。该列其他各单元格采用复制公式的方法即可求得各学生的平均成绩。

提示

如果引用区域中包含 0 值单元格，则计算在内；如果引用区域中包含空白或字符单元格，则不计算在内。

（4）求最大值函数：MAX()

功能：求出一组数中的最大值。

使用格式：MAX(number1, number2, …)。

参数说明：number1, number2, …代表需要求最大值的数值或引用单元格（区域），参数不超过 255 个。

【例 6-10】 在图 6-49 所示的“学生成绩表”的 A34 单元格中输入“最高总分”，试在 D34 单元格中求出所有学生中总分最高的成绩，并写出输入公式。

求 J2:J31 单元格区域的最大值，应在 D34 单元格中输入公式“=MAX(J2:J31)”，确认后即可得到总分最高的成绩为 572 分。

提示

如果参数中有文本或逻辑值，则忽略。

（5）求最小值函数：MIN()

功能：求出一组数中的最小值。

使用格式：MIN(number1, number2, …)。

参数说明：number1, number2, …代表需要求最小值的数值或引用单元格（区域），参数不超过 255 个。

【例 6-11】 在图 6-49 所示的“学生成绩表”的 A35 单元格中输入“最低总分”，试在 D35 单元格中求出所有学生中总分最低的成绩，并写出输入公式。

求 J2:J31 单元格区域的最小值，应在 D35 单元格中输入公式“=MIN(J2:J31)”，确认后即可得到总分最低的成绩为 412 分。

提示

如果参数中有文本或逻辑值，则忽略。

（6）求绝对值函数：ABS()

功能：求出相应数字的绝对值。

使用格式：ABS(number)。

参数说明：number 代表需要求绝对值的数值或引用的单元格。

【例 6-12】 在图 6-49 所示的“学生成绩表”的 A36 和 B36 单元格中分别输入公式“=ABS(D4)”和“=ABS(B4)”，求出结果。

输入公式“=ABS(D4)”的结果是 40，输入公式“=ABS(B4)”的结果是“#VALUE!”。

提示

如果 number 参数不是数值，而是一些字符，则返回错误值“#VALUE!”。

（7）取整函数：INT()

功能：将数值向下取整为最接近的整数。

使用格式：INT(number)。

参数说明：number 表示需要取整的数值或包含数值的引用单元格。

【例 6-13】对例 6-9 的计算结果取整。

在 K2 单元格中输入公式“=INT(AVERAGE(C2:I2))”，确认后得到结果为 72.0，复制公式到该列其他各单元格中，即对各学生的平均成绩进行取整。

> **提示**
>
> 如果输入的公式为“=INT(−81.89)”，则返回结果为−82。

（8）求余函数：MOD()

功能：求出两数相除的余数。

使用格式：MOD(number, divisor)。

参数说明：number 代表被除数，divisor 代表除数。

【例 6-14】求 20/3 的余数。

输入公式“=MOD(20, 3)”，确认后得到结果为 2。

> **提示**
>
> 如果 divisor 参数为 0，则显示错误值“#DIV/0!”。MOD()函数可以借用取整函数 INT()来表示，上述公式可以修改为“=20-3*INT(20/3)”。

（9）判断函数：IF()

功能：根据对指定条件的逻辑判断的真假结果，返回相对应的内容。

使用格式：=IF(Logical, Value_if_true, Value_if_false)。

参数说明：Logical 代表逻辑判断表达式；Value_if_true 表示当判断条件为逻辑真（TRUE）时的显示内容，如果忽略，返回 TRUE；Value_if_false 表示当判断条件为逻辑假（FALSE）时的显示内容，如果忽略，返回 FALSE。

【例 6-15】在图 6-49 所示的“学生成绩表”中对学生的学习情况进行分析。在 L1 单元格中输入“学生成绩评定”。如果学生平均成绩大于等于 80 分，评定为“良好”，否则评定为“中等”。试写出 L 列各单元格中的输入公式。

在 L2 单元格中输入公式“=IF(K2>=80,"良好","中等")”，确认以后即可得到对应学生的学习评定结果。复制公式到该列其他各单元格中即可得到各学生的学习评定结果。

（10）计数函数：COUNT()

功能：统计参数表中的数字参数和包含数字的单元格个数。

使用格式：COUNT(value1, value2, …)

参数说明：value1, value2, …为 1～255 个可以包含或引用各种不同类型数据的参数，但只对数字型数据进行计算。

【例 6-16】在图 6-49 所示的“学生成绩表”的 A37 单元格中输入“班级总人数”。试在 D37 单元格中求出班级总人数，并写出输入公式。

求学生总人数可以在 D37 单元格中输入公式“=COUNT(A2:A31)”，其中 A2:A31 是所有学生的学号。

（11）条件计数函数：COUNTIF()

功能：统计某个单元格区域中符合指定条件的单元格数目。

使用格式：COUNTIF(Range,Criteria)。

参数说明：Range 代表要统计的单元格区域，Criteria 表示指定的条件表达式。

【例 6-17】根据图 6-49 所示的“学生成绩表”，求出各科目成绩大于等于 95 分的学生人数。试设计该行各单元格中的输入公式。

在 A38 单元格中输入文字“>=95 分的学生人数”，在 C38 单元格中输入公式“=COUNTIF(C2:C31,">=95")”，得到结果 3。将公式复制到该行其他各单元格中即可得到语文、数学、英语、政治、生物、地理、历史各科成绩大于等于 95 分的学生人数。

提示

允许引用的单元格区域中有空白单元格出现。

4. 工作表的快速计算

（1）简单计算

求和、平均值、计数、最大值和最小值都是常用的简单计算。用户可以在“开始”选项卡的“编辑”选项组中单击“Σ 自动求和”下拉按钮，在弹出的下拉列表中选择简单计算选项完成计算，如图 6-50 所示。

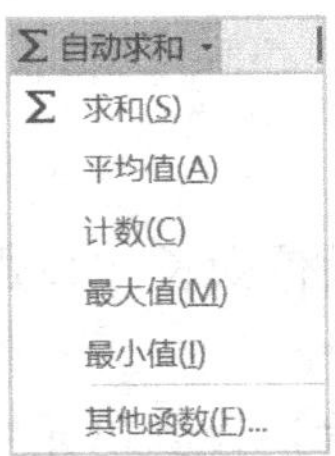

图 6-50　简单计算选项

（2）自动计算

Excel 2016 提供了自动计算功能，可以自动计算选定单元格的总和、平均值、计数、最大值和最小值等。

【例 6-18】如图 6-51 所示，利用自动计算功能计算 C2:I2 单元格区域的总和、最大值和个数。

选择 C2:I2 单元格区域，在状态栏上右击，在弹出的“自定义状态栏”快捷菜单中选择需要在状态栏显示的自动计算类型，此处选择“平均值”、“计数”和“求和”命令，其计算结果将在状态栏上显示出来，如图 6-51 所示。

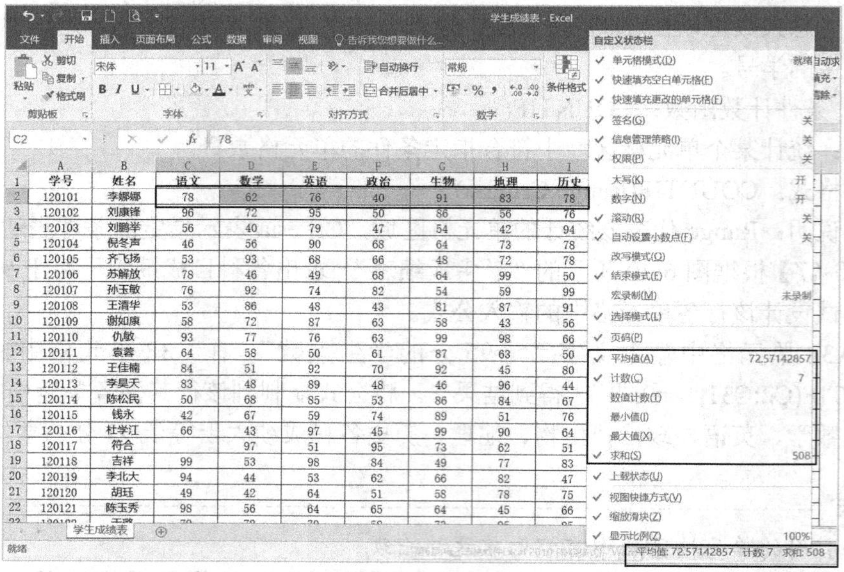

图 6-51　自动计算

6.5.3　常见出错信息分析

公式中的错误不仅使计算结果出错，而且会产生某些意外结果。在使用公式或函数进行计算时，经常遇到单元格中出现类似“#NAME”“#VALUE”等信息，这些信息都是由于错误使用公式而返回的错误信息。下面就来介绍部分常见错误信息的产生原因以及解决方法。

1. 错误信息“######”

1）错误原因：输入单元格中的数值太长或公式产生的结果太长，单元格容纳不下，将产生错误信息“######”。

2）解决方法：适当增加列的宽度，直到单元格的数值完全显示。

2. 错误信息“#DIV/0!”

1）错误原因：在公式中引用了空单元格或公式中有除数为 0，将产生错误信息“#DIV/0!”。

2）解决方法：修改单元格引用，或者修改除数的值。

3. 错误信息“#VALUE”

1）错误原因：当使用错误的参数，或运算对象类型不匹配，或当自动更正公式功能不能更正公式时，将产生错误信息“#VALUE”。

2）解决方法：确认公式或函数所需要的参数或运算符的正确性，确认公式引用的单元格所包含数值的有效性。

4. 错误信息“#N/A”

1）错误原因：在公式中无可用的数值或缺少函数参数时，将产生错误信息“#N/A”。

2）解决方法：如某些单元格中暂无数值，可在这些单元格中输入“#N/A”，这样公式引用时将不计算数值，且返回“#N/A”。

5. 错误信息“#NAME”

1）错误原因：在公式中使用了 Excel 不能识别的文本，即函数名拼写错误，或引用了错误的单元格地址或单元格区域。

2）解决方法：确认使用的名称是否存在，如果所需的名称没有被列出，则添加相应的名称；如果名称存在拼写错误，则修改拼写错误。

6. 错误信息“#REF”

1）错误原因：引用了一个所在列或行已被删除的无效单元格，将产生错误信息“#REF”。

2）解决方法：更改公式，或在删除或粘贴单元格之后，立即单击“撤销”按钮以恢复工作表中的单元格。

7. 错误信息“#NUM!”

1）错误原因：在公式或函数中使用了非法的数字参数，如“=sqrt(-3)”，将产生错误信息“#NUM!”。

2）解决方法：检查数值是否超出限定区域，确认函数中使用的参数类型的正确性。

8. 错误信息“#NULL!”

1）错误原因：使用了不正确的区域运算或不准确的单元格引用，将产生错误信息“#NULL!”。

2）解决方法：如果要引用两个不相交的区域，则使用联合运算符“,”。

6.6 图　表

图表是分析数据最直观的工具，这是因为图形比数据更加清晰易懂。图形表示的含义更加形象直观，并且便于用户直接了解数据之间的关系，分析、预测数据的变化趋势。Excel 2016 提供了强大的用图形表示数据的功能，可以自动将工作表中的数据生成各种类型的图表，并且各图表之间可以方便地转换。

6.6.1 图表概述及基本术语

在 Excel 2016 中，图表是对数据的图形描述和表示，即是将工作表单元格区域中的数据根据需要生成相应的图表，使人一目了然。其中，单元格数值对应图表中的一个数据点，工作表单元格区域的数据对应图表的数据系列。

1. 图表概述

Excel 2016 提供了柱形图、折线图、饼图、条形图、面积图、散点图、股价图、曲面图、雷达图、树状图、旭日图、直方图、箱形图、瀑布图共 14 类标准图表。此外，用户还可以选择多种类型图表创建组合图。下面介绍基本的图表类型。

1）柱形图：可直观地对数据进行对比分析。在 Excel 2016 中，柱形图又可细分为簇状柱形图、堆积柱形图、百分比堆积柱形图、三维簇状柱形、三维堆积柱形图、三维百分比堆积柱形图以及三维柱形图等。

2）折线图：可直观地显示数据的走势。在 Excel 2016 中，折线图又分为堆积折线图、百分比堆积折线图、带数据标记的折线图、带标记的堆积折线图、带数据标记的百分比堆积折线图和三维折线图。

3）饼图：能直观地显示数据占有比例，而且比较美观。在 Excel 2016 中，饼图又分为三维饼图、复合饼图、复合条饼图和圆环图。

4）条形图：横向的柱形图，其作用与柱形图相同，可直观地对数据进行对比分析。在 Excel 2016 中，条形图又可细分为簇状条形图、堆积条形图、百分比堆积条形图、三维簇状条形图、三维堆积条形图以及三维百分比堆积条形图等。

5）面积图：可直观地显示数据的大小与走势范围。在 Excel 2016 中，面积图又可分为堆积面积图、百分比堆积面积图、三维面积图、三维堆积面积图和三维百分比堆积面积图。

6）散点图：可直观地显示图表数据点的精确性，帮助用户对图表数据进行统计计算。在 Excel 2016 中，散点图又分为带平滑线和数据标记的散点图、带平滑线的散点图、带直线和数据标记的散点图、带直线的散点图、气泡图和三维气泡图。

2. 图表的基本术语

图 6-52 所示是一个关于公司销售额的柱形图，基本术语已经在图中标注出来，包括图表区、绘图区、图表标题、数据系列、数据标签、坐标轴、坐标轴标题以及图例等。

基本术语说明如下。

1）图表区：整个图表及其全部元素。

2）绘图区：指通过轴来界定的区域，包括所有数据系列、分类名、刻度线标志和坐标轴标题。

3）数据系列：图表中每个数据系列具有唯一的颜色或图案并且在图表的图例中表

示。可以在图表中绘制一个或多个数据系列（饼图只有一个数据系列）。

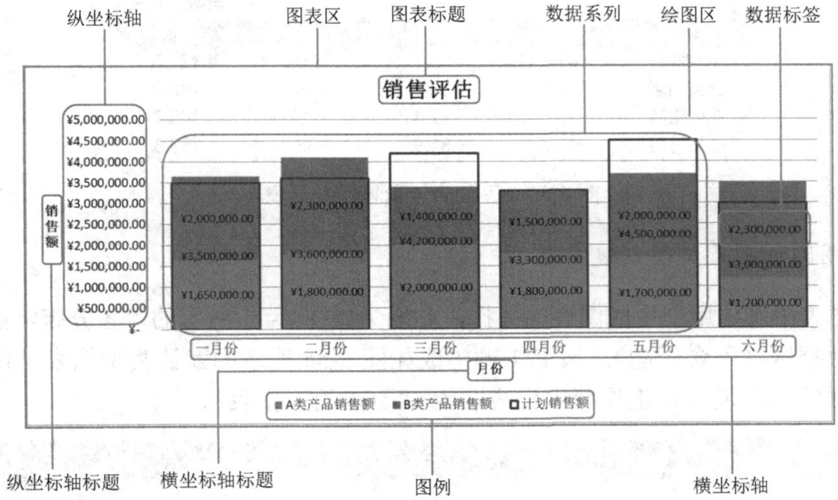

图 6-52　图表的基本术语

在图表中绘制的相关数据点的数据来自数据表的行或列。数据点在图表中绘制的单个值由条形、柱形、折线、饼图或圆环图的扇面、圆点以及其他被称为数据标记的图形表示。相同颜色的数据标记组成一个数据系列。

4）坐标轴：指界定图表绘图区的线条，用作度量的参照框架。其中 X 轴（横轴）称为水平分类轴，Y 轴（纵轴）称为垂直数值轴。

5）图表标题：图表标题是说明性的文本，可以自动与坐标轴对齐或在图表顶部居中。

6）数据标签：为数据标记提供附加信息的标签。数据标签代表源于数据表单元格的单个数据点或值。

7）图例：图例是一个方框，用于标识图表中的数据系列，或分类制定的图案或颜色。

6.6.2　图表的创建

Excel 2016 的图表在总体上可以分成两种类型：一种位于单独的工作表中，也就是说图表与数据源不在同一张工作表中，这种工作表称为图表工作表；另外一种与数据源在同一张工作表中，作为该工作表中的一个对象，称为嵌入式图表。两种图表都与建立它们的工作表的数据相链接，图表会随着与之关联的工作表数据的变化而发生相应的变化。

图 6-53 所示为“各分店年销售额统计表”，现根据其数据建立一个柱形图，并以此为例介绍建立图表的方法与步骤。

各分店年销售额统计表				
				单位：万元
店铺	1季度	2季度	3季度	4季度
上地店	81.9	63.7	100.2	127.5
西直门店	91.0	68.3	113.8	136.6
亚运村店	95.6	77.4	118.4	145.7
中关村店	104.7	81.9	132.0	159.3

图 6-53　各分店年销售额统计表

1. 使用默认图表类型创建图表

在工作表中选定用于生成图表的数据，如选中如图 6-53 所示的“各分店年销售额统计表”的数据区（不含标题）；按 F11 键生成如图 6-54 所示的默认类型图表工作表，它是一张单独的工作表（在工作簿中生成名为 Chart1 的工作表）。

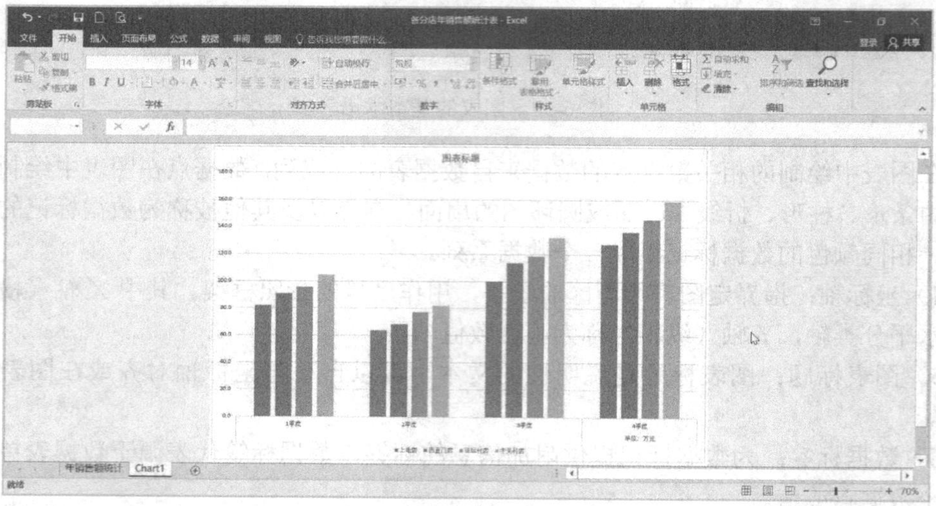

图 6-54　默认图表类型

2. 创建基本图表

在 Excel 2016 中，可根据已有的数据建立一个标准类型或自定义类型的图表。在图表创建完成后，可以修改其各种属性，以使图表趋于完善。

（1）插入图表

【例 6-19】在“年销售额统计”工作表中创建图表。操作如下。

1）选择用于创建图表的工作表数据（即 A3:E7 单元格区域）。

2）选择“插入”选项卡，在“图表”选项组中单击“柱形图”下拉按钮，在下拉列表中选择“簇状柱形图”样式，如图 6-55 所示；若要查看所有可用的图表类型，单击“图表”选项组右下角的对话框启动器按钮，弹出如图 6-56 所示的“插入图表”对话框，浏览图表类型并选中图表，然后单击“确定”按钮。

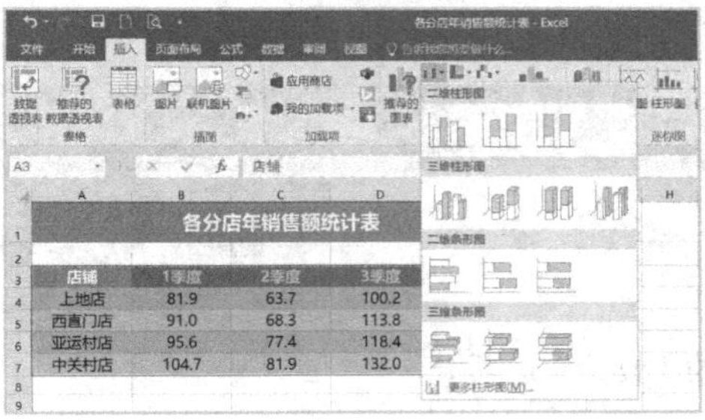

图 6-55　图表类型

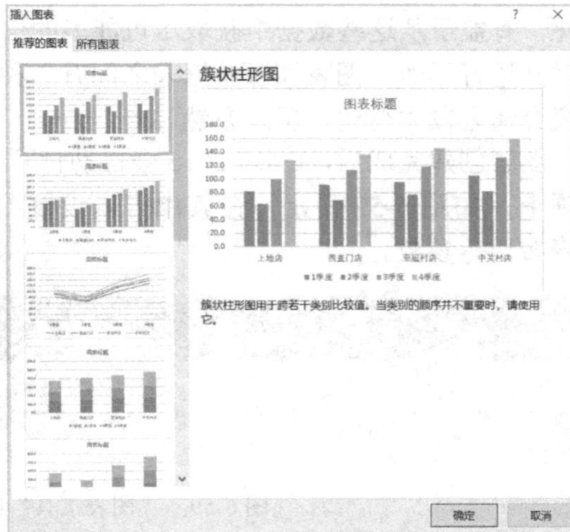

图 6-56　“插入图表”对话框

3）此时二维簇状柱形图将插入工作表中，如图 6-57 所示。

（2）确定图表位置

1）嵌入式图表：嵌入式图表是数据源和图表在同一张工作表中的图表。当要在一张工作表中查看或打印图表、数据透视图及其源数据等信息时使用此类图表。默认情况下，图表作为嵌入式图表放在工作表中。

2）图表工作表：图表工作表是数据源和图表不在同一张工作表中的图表。当单独查看图表或数据透视图时使用此类图表。

如果需要将图表放在单独的工作表中，可更改嵌入式图表的位置。单击嵌入式图表的任何位置可以将其激活，选择“图表工具”的“设计”选项卡，在“位置”选项组中单击“移动图表”按钮，弹出如图 6-58 所示的“移动图表”对话框，选中“新工作表”单选按钮，并在其右侧的文本框中输入新工作表的名称，图表即移动到新的工作表中。

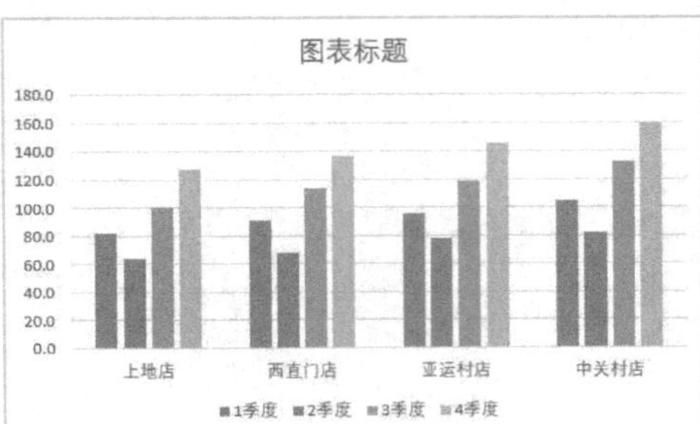

图 6-57　二维簇状柱形图

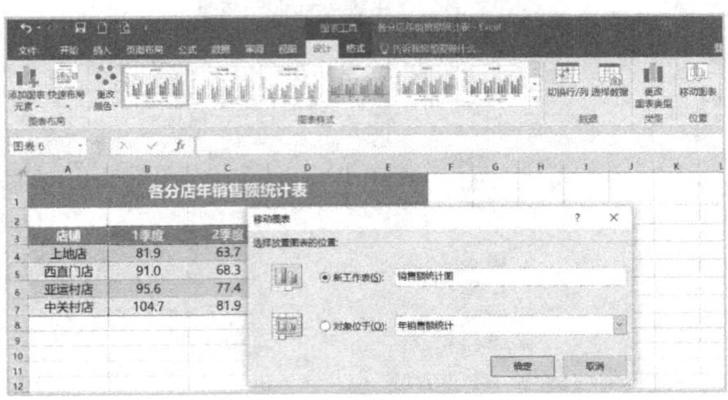

图 6-58　移动图表

6.6.3　图表的编辑

选择一个能充分表现数据特征的最佳图表类型，有助于更清晰地反映数据的差异和变化，有益于从这些数据中获取尽可能多的信息。图表生成后，如果觉得不够理想，可以对其进行更改。图表和源数据表之间有一种动态的联系，当修改工作表中的数据时，图表会随之发生变化，反之亦然。

图表创建完成后，Excel 2016 会自动打开“图表工具”的“设计”选项卡和“格式”选项卡，如图 6-59 所示，在其中可以设置图表类型、图表位置和大小、图表样式和图表布局等参数。

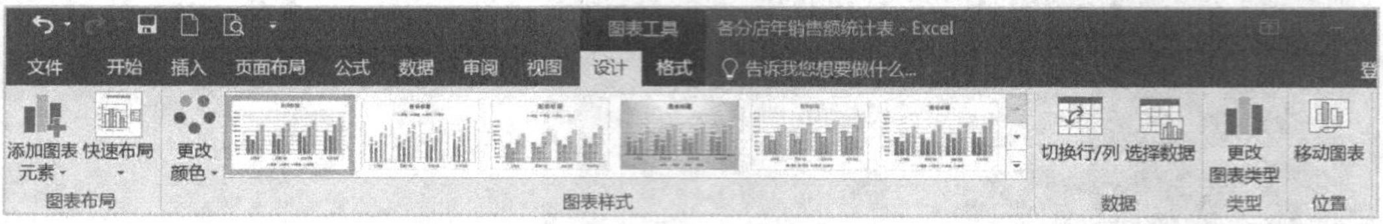

图 6-59 “图表工具”的“设计”选项卡

1. 更改图表类型

当创建的图表类型不合适或无法确切展现工作表数据所包含的信息时，需要更改图表类型。例如，将图 6-57 所示的二维簇状柱形图更改为带数据标记的折线图，可以按以下步骤进行操作。

1）单击图 6-57 所示的二维簇状柱形图，使之处于激活状态。

2）选择“图表工具”的“设计”选项卡，在“类型”选项组中单击“更改图表类型”按钮，弹出“更改图表类型”对话框，如图 6-60 所示。

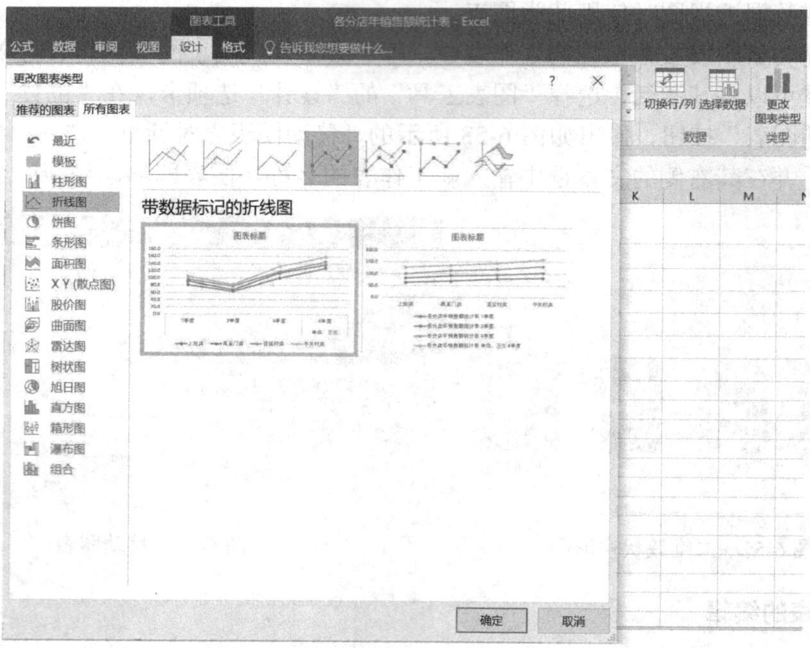

图 6-60 “更改图表类型”对话框

3）选择“所有图表”选项卡，在左侧区域的列表中选择“折线图”选项，然后在右侧区域中选择“带数据标记的折线图”样式，单击“确定”按钮，即可将图表类型更改为带数据标记的折线图，如图 6-61 所示。

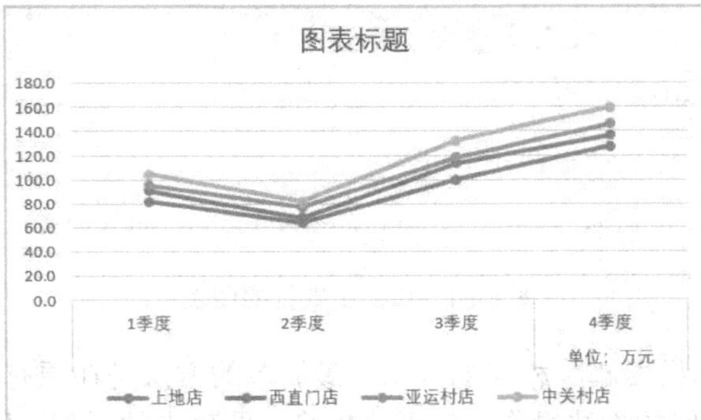

图 6-61　更改图表类型后的示例图

2. 更新图表数据

在创建图表后，有时会添加或删除数据，需要在图表上体现出来。

1）添加数据：在原数据表中添加南京路店销售额，如图 6-62 所示。

更新图表数据的具体方法如下。

① 在工作表中添加南京路店销售额数据。

② 单击要更新数据的图表，使之处于激活状态。

③ 选择“图表工具”的“设计”选项卡，在“数据”选项组中单击“选择数据”按钮，弹出“选择数据源”对话框，如图 6-63 所示。

各分店年销售额统计表

单位：万元

店铺	1季度	2季度	3季度	4季度
上地店	81.9	63.7	100.2	127.5
西直门店	91.0	68.3	113.8	136.6
亚运村店	95.6	77.4	118.4	145.7
中关村店	104.7	81.9	132.0	159.3
南京路店	*115.6*	*87.8*	*145.7*	*162.6*

图 6-62　添加南京路店销售额

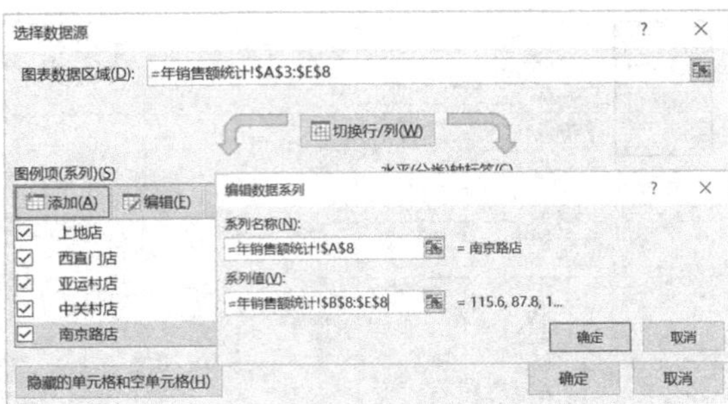

图 6-63　“选择数据源”对话框

④ 单击“编辑”按钮，在弹出的“编辑数据系列”对话框中选择系列名称 A8 单元格和系列值数据区域 B8:E8，单击“确定”按钮，南京路店销售额情况即在图表中显示出来，如图 6-64 所示。

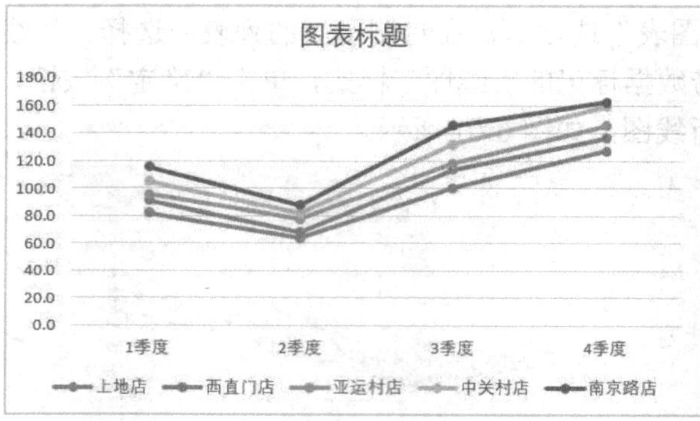

图 6-64　添加了数据的图表

2）删除数据：如果要删除相应的数据，最简单的方法是在原有工作表上删除该行，然后按与添加数据类似的方法操作；如果只想修改图表上的系列，原工作表不变，只要选定所需删除的数据系列，按 Delete 键即可把整个数据系列从图表中删除。

3. *图表布局*

Excel 2016 提供了多种预定义布局供用户选择，用户也可以手动更改各个图表元素的布局。

（1）应用预定义图表布局

单击图 6-64 所示的图表区的任意位置，选择“图表工具”的“设计”选项卡，在“图表布局”选项组中单击“快速布局”按钮，可在弹出的下拉列表中选择图表布局方式，如图 6-65 所示。选择要使用的图表布局（如选择“布局 5”），即可应用预定义的图表布局，如图 6-66 所示。

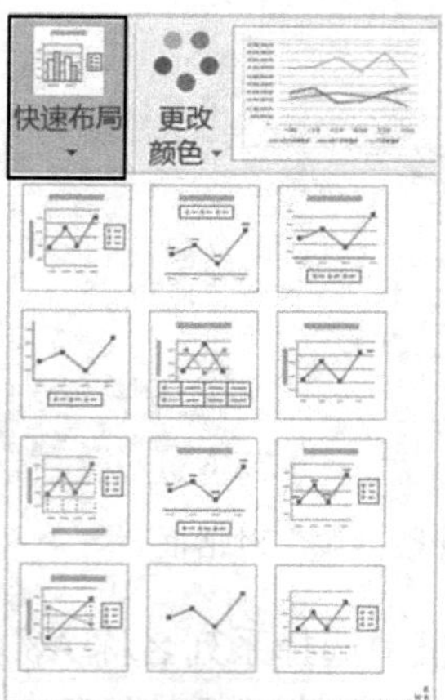

图 6-65　快速布局

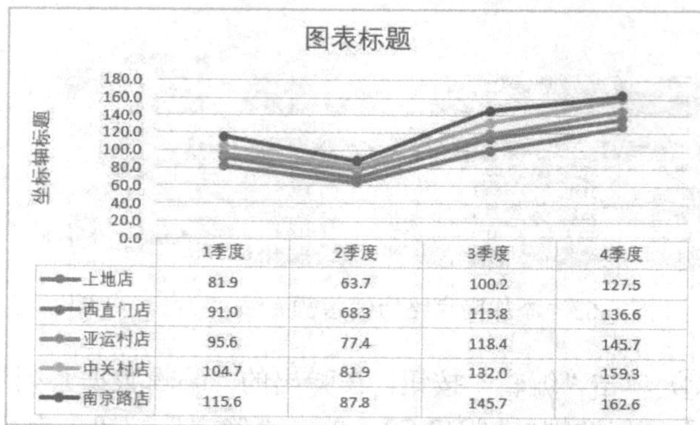

图 6-66　应用“布局 5”布局

（2）手动更改图表元素的布局

选择“图表工具”的“设计”选项卡，在“图表布局”选项组中可以手动设置图表的标签、坐标轴、背景等参数。例如，设置图 6-66 所示图表的布局，操作如下。

1）在图表区的任意位置单击，使图表处于激活状态。

2）打开“图表工具”的“设计”选项卡，在“图表布局”选项组中单击“添加图表元素”下拉按钮，在弹出的下拉列表中选择“图表标题”选项，展开其下一级列表，在列表中选择“图表上方”选项，如图 6-67 所示，即在图表上方弹出“图表标题”文本框（如图表中已有该文本框可忽略此步）。

3）在“图表标题”文本框中输入“各分店全年销售额统计”。

4）打开“图表工具”的“设计”选项卡，在“图表布局”选项组中单击“添加图表元素”下拉按钮，在弹出的下拉列表中选择“轴标题”选项，展开其下一级列表，在列表中分别选择“主要横坐标轴”选项和“主要纵坐标轴”选项，在弹出的“主要横坐标轴”和“主要纵坐标轴”文本框中分别输入“季度”“销售额”，即可在图表中添加横、纵坐标轴标题。

5）打开“图表工具”的“设计”选项卡，在“图表布局”选项组中单击“添加图表元素”下拉按钮，在弹出的下拉列表中选择“图例”选项，展开其下一级列表，在列表中选择图例的位置，此处选择“底部”选项，将图例显示在底部，效果如图 6-68 所示。

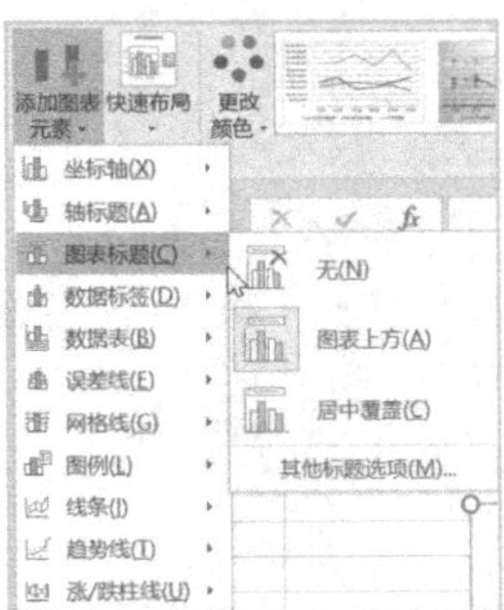

图 6-67　添加图表标题

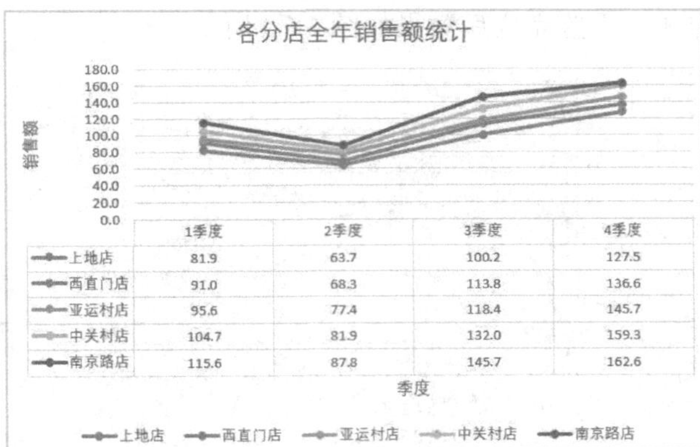

图 6-68　设置图表布局的效果图

6）此外，还可以在“图表布局”选项组中单击“添加图表元素”下拉按钮，在弹出的下拉列表中选择“数据标签”选项，设置数据标签信息；选择“坐标轴”和“网格线”选项，设置坐标轴和网格线信息等。

4. 图表样式

设置图表样式与设置图表布局方法相似。先在图表区的任意位置单击，激活图表，然后选择“图表工具”的“设计”选项卡，在“图表样式”选项组中选择要使用的图表样式，即可完成预定义图表样式的设置，如图 6-69 所示。

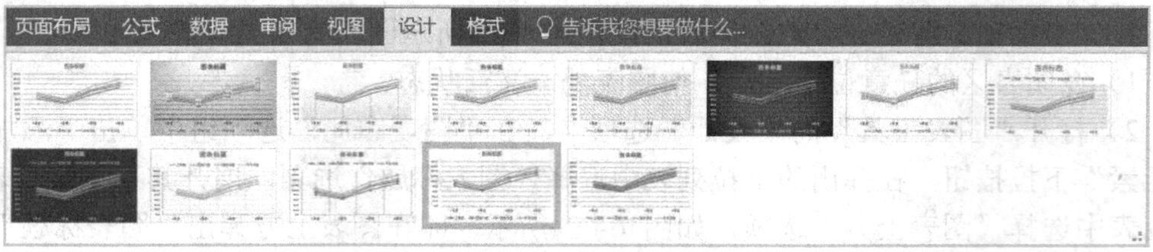

图 6-69　图表样式

5. 更改图表元素格式

【例 6-20】对图 6-68 所示的“各分店全年销售额统计”图表进行填充、边框颜色、样式、阴影、属性等格式设置。

操作步骤如下。

1）在图表区任意位置右击，在弹出的快捷菜单中选择“设置图表区域格式”命令，打开“设置图表区格式”窗格。在此窗格中可对图表区的“填充”“边框”“阴影”“发光”“柔化边缘”“三维格式”“大小”“属性”“可选文字”等属性进行设置。

2）在窗格中单击“填充与线条”按钮，在“填充”区域中选中“图片或纹理填充”单选按钮，然后单击“纹理”下拉按钮，从弹出的纹理面板中选择“蓝色面巾纸”样式，设置完成后效果如图 6-70 所示。

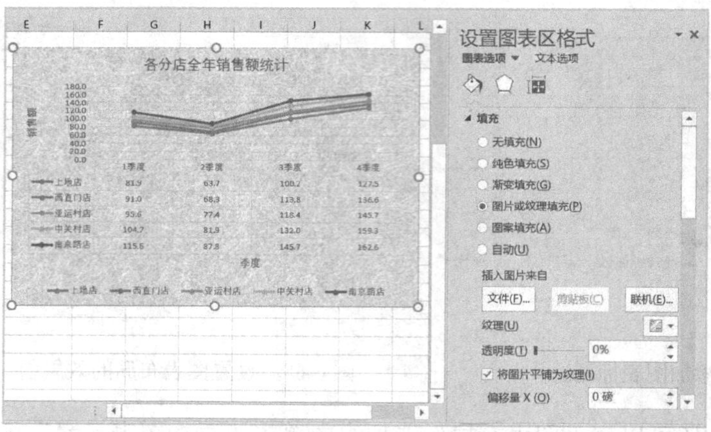

图 6-70　“填充”设置

3）在“边框”区域中选中“实线”单选按钮，单击“颜色”下拉按钮，从弹出的颜色面板中选择“橙色，个性色 2”选项；单击“宽度”数值框的上下调节按钮，将宽度设置为“3.5 磅”；单击“复合类型”下拉按钮，在弹出的下拉列表中选择“由粗到细”选项；单击“短划线类型”下拉按钮，在弹出的下拉列表中选择“实线”选项；单击“端点类型”下拉按钮，在弹出的下拉列表中选择“圆形”选项；单击“联接类型”下拉按钮，在弹出的下拉列表中选择“圆形”选项；选中最下方的“圆角”复选框，设置完成后的效果如图 6-71 所示。

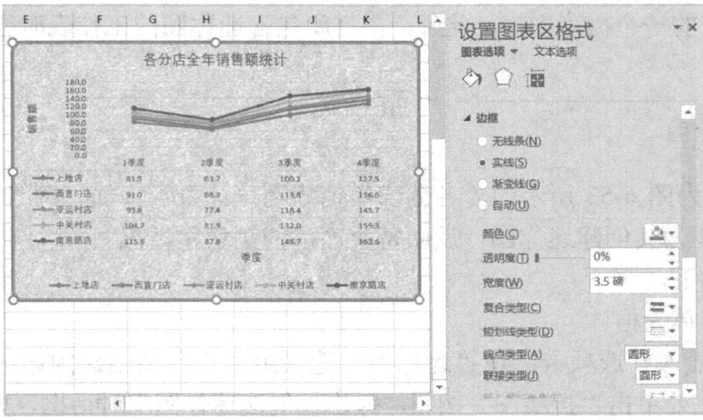

图 6-71 “边框”设置

4）在窗格中单击“效果”按钮，在“发光”区域中单击“预设”下拉按钮，在弹出的下拉列表中选择“橙色，18pt 发光，个性色 2”选项；在“柔化边缘”区域中单击“预设”下拉按钮，在弹出的下拉列表中选择“2.5 磅”选项，设置完成后的效果如图 6-72 所示。

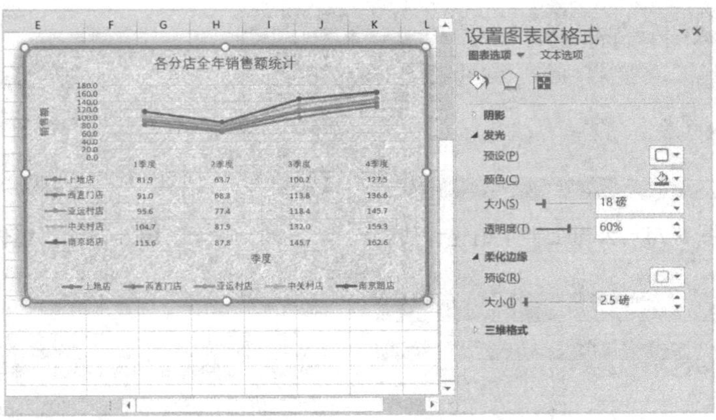

图 6-72 “效果”设置

5）关于“阴影”“三维格式”“大小”“属性”“可选文字”等属性的设置参照上述方法即可，最终效果如图 6-73 所示。

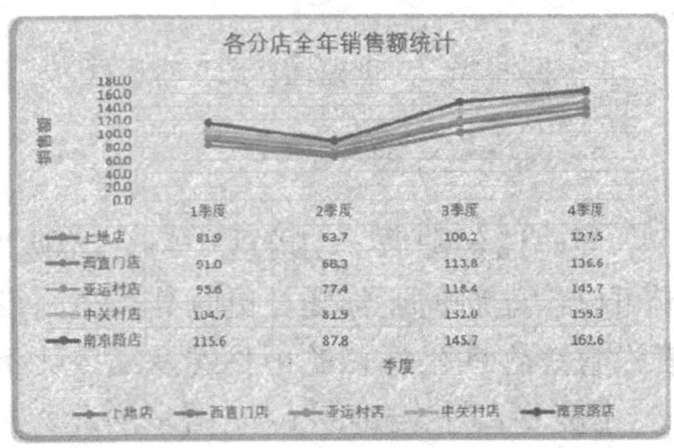

图 6-73 设置图表样式效果

6.6.4 迷你图

迷你图是一个微型图表，可提供数据的直观表示，还可以显示一系列数值的趋势，或者突出显示最大值和最小值。与 Excel 2016 工作表中的图表不同，迷你图不是对象，而是单元格背景中的一个微型图表。此外，在打印包含迷你图的工作表时会把迷你图也打印出来。

1. 创建迷你图

【例 6-21】为图 6-53 所示的“各分店年销售额统计表”增加一列“迷你图分析”，如图 6-74 所示，为其创建迷你图，反映每类产品的销售额情况。

具体方法如下。

1）选中 F4 单元格。

2）选择“插入”选项卡，在“迷你图”选项组中选择要创建的迷你图的类型，如图 6-75 所示，此处单击“折线图”按钮，弹出“创建迷你图”对话框，如图 6-76 所示。

3）在“数据范围”文本框中输入 B4:E4（或者在表格中选择该单元格区域），在“位置范围”文本框中输入$F$4（或者在表格中选择该单元格），单击“确定”按钮，即可在 F4 单元格中生成迷你折线图。将鼠标指针置于 F4 单元格右下角，当指针变形为“+”时（F4 单元格的填充柄），按住鼠标左键向下拖动，即可生成 F5:F8 单元格区域的迷你图，如图 6-77 所示。

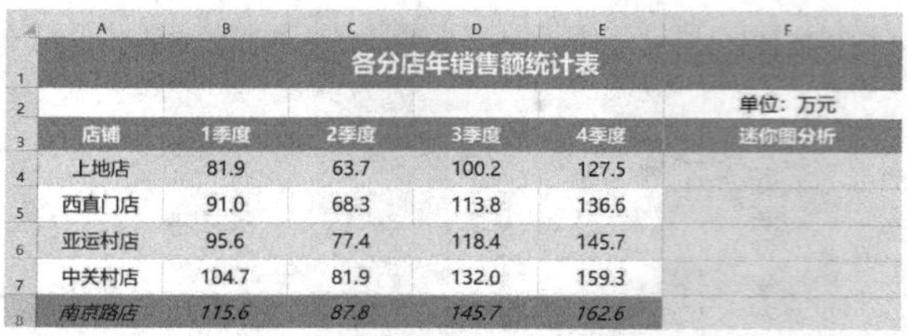

图 6-74　公司上半年销售评估表

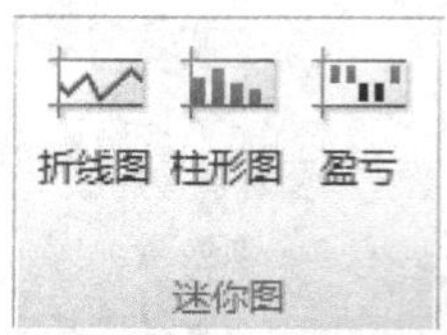

图 6-75　“迷你图”选项组

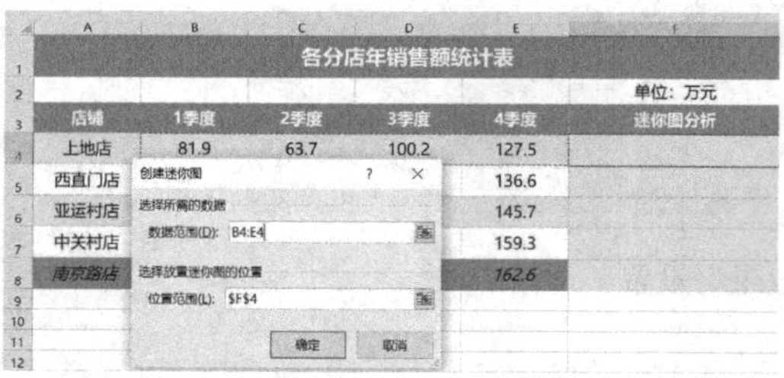

图 6-76　“创建迷你图”对话框

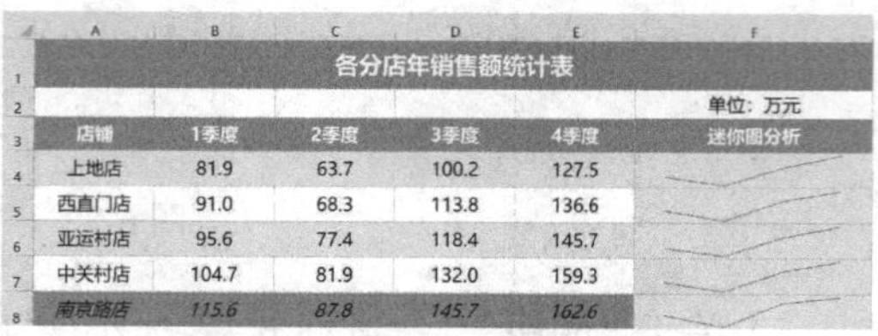

图 6-77　迷你折线图

2. 编辑迷你图

创建迷你图后，功能区中将会出现“迷你图工具”的“设计”选项卡。通过该选项卡可以创建新的迷你图、更改其类型、设置其格式、显示或隐藏迷你图上的数据点，或者设置迷你图坐标轴的可见性及缩放比例等。

【例 6-22】编辑图 6-77 所示的迷你折线图。

具体方法如下。

1）选中 F4 单元格的迷你折线图。

2）选择“迷你图工具”的“设计”选项卡，在“显示”选项组中选中“高点”和“低点”复选框，则相应的点在图上显示出来；在“样式”选项组中单击应用某个样式，单击该选项组右下角的“其他”按钮可以查看其他样式；单击“样式”选项组中的“迷你图颜色”下拉按钮，在其下拉列表中可以更改迷你图的颜色及线条粗细；单击“样式”选项组中的“标记颜色”下拉按钮，在下拉列表中可以为不同的标记值设定不同的颜色，如图 6-78 所示。

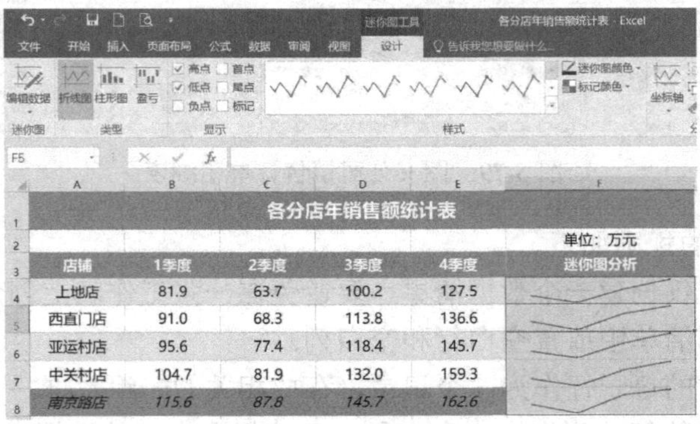

图 6-78　编辑迷你图

如果是以拖动填充柄的方式生成的系列迷你图，默认情况下这组图被自动组合为一个图组。当对图组中的某一个迷你图进行格式化编辑时，图组中的迷你图都被格式化，若要取消图组合，应按下列步骤操作。

1）选择要取消组合的图组。

2）选择“迷你图工具”的“设计”选项卡，在“分组”选项组中单击“取消组合”按钮。

6.7　数据管理与分析

Excel 2016 不仅具有数据排序、筛选、分类、汇总等管理功能，还提供了简单、形象、有效、实用的数据分析工具——数据透视表及数据透视图，从而能够及时、全面地对变化的数据清单进行重新组织和统计，方便用户进行决策。

在 Excel 2016 中，数据的这些管理操作通常与数据库的数据清单有关。数据清单由包含相关信息的一系列数据行组成，其中，行表示记录，列表示字段。数据清单的第一行含有列标志，Excel 使用这些列标志对数据清单进行查询、排序、筛选、分类汇总等操作。图 6-79 所示的“图书公司销售订单明细表”就是一个简单的记录清单。

图书公司销售订单明细表

订单编号	日期	书店名称	图书名称	单价	销量（本）	销售额小计
BTW-08001	2012年1月2日	文博书店	《计算机基础及MS Office应用》	¥41.30	12	¥ 495.60
BTW-08002	2012年1月4日	广义书店	《嵌入式系统开发技术》	¥43.90	20	¥ 878.00
BTW-08003	2012年1月4日	广义书店	《操作系统原理》	¥41.10	41	¥ 1,567.14
BTW-08004	2012年1月5日	广义书店	《MySQL数据库程序设计》	¥39.20	21	¥ 823.20
BTW-08005	2012年1月6日	文博书店	《MS Office高级应用》	¥36.30	32	¥ 1,161.60
BTW-08006	2012年1月9日	文博书店	《网络技术》	¥34.90	22	¥ 767.80
BTW-08007	2012年1月9日	广义书店	《数据库技术》	¥40.50	12	¥ 486.00
BTW-08008	2012年1月10日	文博书店	《软件测试技术》	¥44.50	32	¥ 1,424.00
BTW-08009	2012年1月10日	广义书店	《计算机组成与接口》	¥37.80	43	¥ 1,511.62
BTW-08010	2012年1月11日	华兴书店	《计算机基础及Photoshop应用》	¥42.50	22	¥ 935.00
BTW-08011	2012年1月11日	文博书店	《C语言程序设计》	¥39.40	31	¥ 1,221.40
BTW-08012	2012年1月12日	华兴书店	《信息安全技术》	¥36.80	19	¥ 699.20
BTW-08013	2012年1月12日	文博书店	《数据库原理》	¥43.20	43	¥ 1,727.57
BTW-08014	2012年1月13日	华兴书店	《VB语言程序设计》	¥39.80	39	¥ 1,552.20
BTW-08015	2012年1月15日	文博书店	《Java语言程序设计》	¥40.60	30	¥ 1,218.00
BTW-08016	2012年1月16日	文博书店	《Access数据库程序设计》	¥38.60	43	¥ 1,543.61
BTW-08017	2012年1月16日	文博书店	《软件工程》	¥39.30	40	¥ 1,461.96
BTW-08018	2012年1月17日	文博书店	《计算机基础及MS Office应用》	¥41.30	44	¥ 1,690.00
BTW-08019	2012年1月18日	广义书店	《嵌入式系统开发技术》	¥43.90	33	¥ 1,448.70
BTW-08020	2012年1月19日	文博书店	《操作系统原理》	¥41.10	35	¥ 1,438.50
BTW-08021	2012年1月22日	广义书店	《MySQL数据库程序设计》	¥39.20	22	¥ 862.40
BTW-08022	2012年1月23日	广义书店	《MS Office高级应用》	¥36.30	38	¥ 1,379.40
BTW-08023	2012年1月24日	华兴书店	《网络技术》	¥34.90	20	¥ 698.00
BTW-08024	2012年1月24日	文博书店	《数据库技术》	¥40.50	32	¥ 1,296.00

图 6-79　图书公司销售订单明细表

建立数据清单的规则如下。

1）每张工作表仅创建一个数据清单，要避免在一张工作表上创建多个数据清单。

2）避免在数据清单中放置空白行和空白列。

3）数据清单中的每一行作为一个记录，存放相关的一组数据。

4）数据清单中的每一列作为一个字段，存放相同类型的数据，同一列数据具有相同的单元格格式。

5）在工作表的数据清单与其他数据之间至少留出一个空行和一个空列。

6.7.1　排序

数据排序是指按一定规则对数据进行整理、排列，这样可以快速、直观地显示和查找数据。Excel 2016 提供了按数字大小顺序排序、按字母顺序排序、按字体颜色和单元格颜色排序以及按单元格图标排序等方法。排序中，既可以升序，也可以降序，还可以由用户自定义排序方式。

1. 简单排序

Excel 对数据清单进行排序时，如果按照单列的内容进行简单排序，可以选择“数据”选项卡，在“排序和筛选”选项组中单击“升序”按钮 A↓ 或“降序”按钮 Z↓。

【例 6-23】对图 6-79 所示的“图书公司销售订单明细表”按“书店名称”字段从低到高的顺序排列数据记录，具体方法如下。

1）选中“图书公司销售订单明细表”中“书店名称”字段所在的 C3:C89 单元格区域，选择“数据”选项卡，在“排序和筛选”选项组中单击“升序”按钮 A↓，打开“排序提醒”对话框，如图 6-80 所示。

2）在“排序提醒”对话框中选中“扩展选定区域”单选按钮，然后单击“排序”按钮，即可按照“书店名称”字段由低到高排列数据记录，如图 6-81 所示。

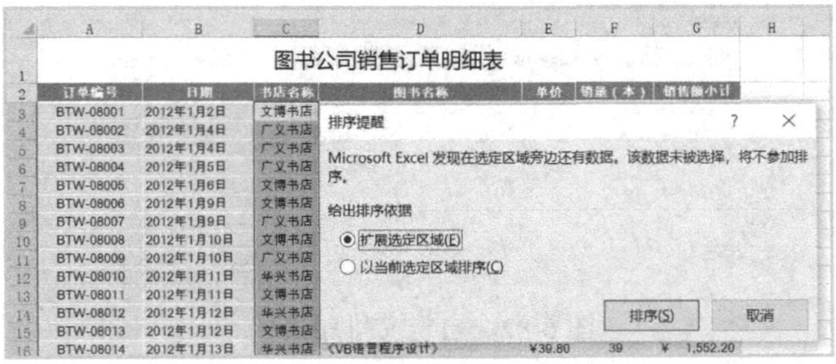

图 6-80　“排序提醒”对话框

图书公司销售订单明细表

订单编号	日期	书店名称	图书名称	单价	销量（本）	销售额小计
BTW-08002	2012年1月4日	广义书店	《嵌入式系统开发技术》	¥43.90	20	¥ 878.00
BTW-08003	2012年1月4日	广义书店	《操作系统原理》	¥41.10	41	¥ 1,567.14
BTW-08004	2012年1月5日	广义书店	《MySQL数据库程序设计》	¥39.20	21	¥ 823.20
BTW-08007	2012年1月9日	广义书店	《数据库技术》	¥40.50	12	¥ 486.00
BTW-08009	2012年1月10日	广义书店	《计算机组成与接口》	¥37.80	43	¥ 1,511.62
BTW-08019	2012年1月18日	广义书店	《嵌入式系统开发技术》	¥43.90	33	¥ 1,448.70
BTW-08021	2012年1月22日	广义书店	《MySQL数据库程序设计》	¥39.20	22	¥ 862.40
BTW-08022	2012年1月23日	广义书店	《MS Office高级应用》	¥36.30	38	¥ 1,379.40
BTW-08032	2012年2月1日	广义书店	《Java语言程序设计》	¥40.60	18	¥ 730.80
BTW-08034	2012年2月2日	广义书店	《软件工程》	¥39.30	11	¥ 432.30
BTW-08038	2012年2月8日	广义书店	《计算机基础及Photoshop应用》	¥42.50	22	¥ 935.00
BTW-08044	2012年2月14日	广义书店	《MS Office高级应用》	¥36.30	47	¥ 1,586.67
BTW-08051	2012年2月22日	广义书店	《信息安全技术》	¥36.80	7	¥ 257.60
BTW-08054	2012年2月27日	广义书店	《Java语言程序设计》	¥40.60	31	¥ 1,258.60
BTW-08060	2012年3月2日	广义书店	《计算机基础及Photoshop应用》	¥42.50	29	¥ 1,232.50
BTW-08061	2012年3月6日	广义书店	《C语言程序设计》	¥39.40	14	¥ 551.60
BTW-08065	2012年3月10日	广义书店	《Java语言程序设计》	¥40.60	8	¥ 324.80
BTW-08071	2012年3月16日	广义书店	《软件测试技术》	¥44.50	11	¥ 489.50
BTW-08074	2012年3月20日	广义书店	《C语言程序设计》	¥39.40	37	¥ 1,457.80
BTW-08010	2012年1月11日	华兴书店	《计算机基础及Photoshop应用》	¥42.50	22	¥ 935.00
BTW-08012	2012年1月12日	华兴书店	《信息安全技术》	¥36.80	19	¥ 699.20
BTW-08014	2012年1月13日	华兴书店	《VB语言程序设计》	¥39.80	39	¥ 1,552.20
BTW-08023	2012年1月24日	华兴书店	《网络技术》	¥34.90	20	¥ 698.00
BTW-08026	2012年1月26日	华兴书店	《计算机组成与接口》	¥37.80	38	¥ 1,436.40

图 6-81　“书店名称”升序排列

2. 自定义排序

简单排序时只能使用一个排序条件。因此排序后，表格中的数据可能仍然不能满足用户的排序需求。这时，用户可以设置多个排序条件，如当排序值相等时，可以参考第二个排序条件进行排序，以此类推。

【例 6-24】对图 6-79 所示的“图书公司销售订单明细表”按“书店名称”升序、“销量（本）”降序的顺序排列。

具体方法如下。

1）选中“图书公司销售订单明细表”中 A2:G89 单元格区域，选择“数据”选项卡，在“排序和筛选”选项组中单击“排序”按钮，打开“排序”对话框。

2）单击“主要关键字”下拉按钮，在弹出的下拉列表中选择“书店名称”选项，作为排序的第一依据；单击“排序依据”下拉按钮，在弹出的下拉列表中选择“数值”选项，单击“次序”下拉按钮，在弹出的下拉列表中选择“升序”选项。

3）单击“添加条件”按钮，条件列表中将新增一行，作为排序的第二依据。参照步骤 2）的方法，依次设置次要关键字为“销量（本）”、排序依据为“数值”、次序为“降序”，如图 6-82 所示。

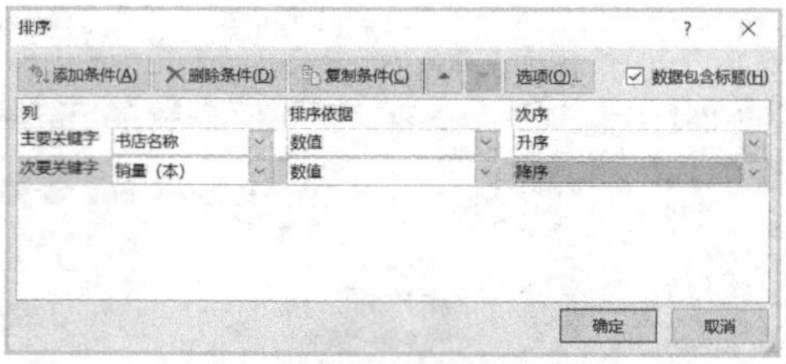

图 6-82　自定义排序条件

4）单击“确定”按钮即可完成排序设置，效果如图 6-83 所示。

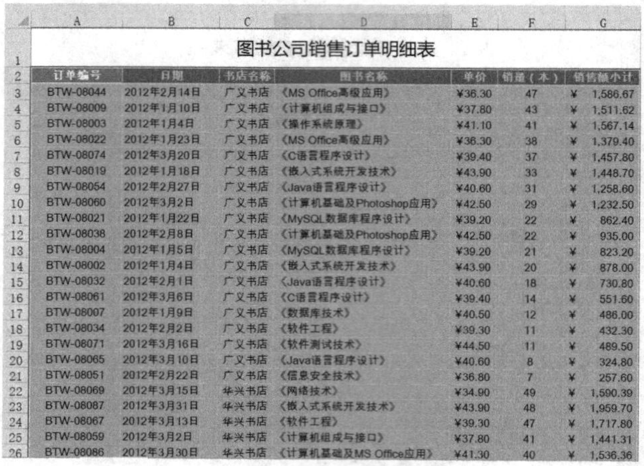

图书公司销售订单明细表

订单编号	日期	书店名称	图书名称	单价	销量（本）	销售额小计
BTW-08044	2012年2月14日	广义书店	《MS Office高级应用》	¥36.30	47	¥ 1,586.67
BTW-08009	2012年1月10日	广义书店	《计算机组成与接口》	¥37.80	43	¥ 1,511.62
BTW-08003	2012年1月4日	广义书店	《操作系统原理》	¥41.10	41	¥ 1,567.14
BTW-08022	2012年1月23日	广义书店	《MS Office高级应用》	¥36.30	38	¥ 1,379.40
BTW-08074	2012年3月20日	广义书店	《C语言程序设计》	¥39.40	37	¥ 1,457.80
BTW-08019	2012年1月18日	广义书店	《嵌入式系统开发技术》	¥43.90	33	¥ 1,448.70
BTW-08054	2012年2月27日	广义书店	《Java语言程序设计》	¥40.60	31	¥ 1,258.60
BTW-08060	2012年3月2日	广义书店	《计算机基础及Photoshop应用》	¥42.50	29	¥ 1,232.50
BTW-08021	2012年1月22日	广义书店	《MySQL数据库程序设计》	¥39.20	22	¥ 862.40
BTW-08038	2012年2月8日	广义书店	《计算机基础及Photoshop应用》	¥42.50	22	¥ 935.00
BTW-08004	2012年1月5日	广义书店	《MySQL数据库程序设计》	¥39.20	21	¥ 823.20
BTW-08002	2012年1月4日	广义书店	《嵌入式系统开发技术》	¥43.90	20	¥ 878.00
BTW-08032	2012年2月1日	广义书店	《Java语言程序设计》	¥40.60	18	¥ 730.80
BTW-08061	2012年3月6日	广义书店	《C语言程序设计》	¥39.40	14	¥ 551.60
BTW-08007	2012年1月9日	广义书店	《数据库技术》	¥40.50	12	¥ 486.00
BTW-08034	2012年2月2日	广义书店	《软件工程》	¥39.30	11	¥ 432.30
BTW-08071	2012年3月16日	广义书店	《软件测试技术》	¥44.50	11	¥ 489.50
BTW-08065	2012年3月10日	广义书店	《Java语言程序设计》	¥40.60	8	¥ 324.80
BTW-08051	2012年2月22日	广义书店	《信息安全技术》	¥36.80	7	¥ 257.60
BTW-08069	2012年3月15日	华兴书店	《网络技术》	¥34.90	49	¥ 1,590.39
BTW-08087	2012年3月31日	华兴书店	《嵌入式系统开发技术》	¥43.90	48	¥ 1,959.70
BTW-08067	2012年3月13日	华兴书店	《软件工程》	¥39.30	47	¥ 1,717.80
BTW-08059	2012年3月2日	华兴书店	《计算机组成与接口》	¥37.80	41	¥ 1,441.31
BTW-08086	2012年3月30日	华兴书店	《计算机基础及MS Office应用》	¥41.30	40	¥ 1,536.36

图 6-83　多条件排序结果

提示

若要删除已经添加的排序条件，可以在图 6-82 所示的“排序”对话框中选择该排序条件，然后单击上方的“删除条件”按钮；若要设置排序方法和排序方向等，单击“选项”按钮，在弹出的“排序选项”对话框中进行设置即可，如图 6-84 所示；添加多个排序条件后，可以单击“排序”对话框上方的上下箭头按钮，调整排序条件的主次顺序。

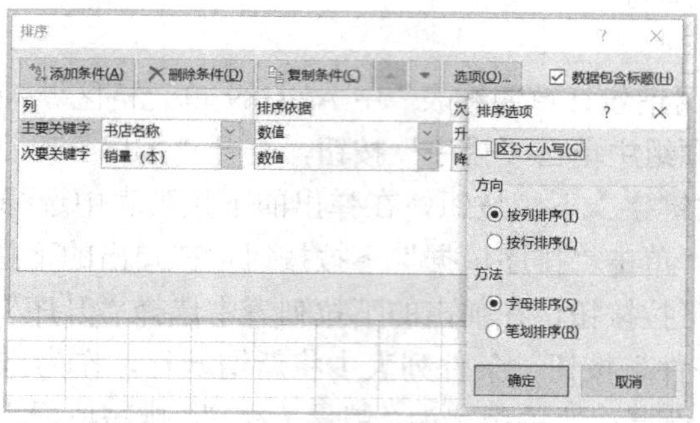

图 6-84　“排序选项”对话框

6.7.2　数据筛选

数据筛选功能是指只显示数据清单中符合条件的记录，不满足条件的记录暂时被隐藏起来。筛选是一种用于查找数据清单中数据的快速方法。

Excel 2016 提供了自动筛选和高级筛选两种方法来筛选数据。

1）自动筛选：可以实现较简单的筛选功能。一般情况下，自动筛选能够满足用户大部分的需要。

2）高级筛选：用户设定的筛选条件很复杂，这时就需要使用高级筛选。

1. 自动筛选

自动筛选具有较简单的筛选功能，通过它可以快速访问大量的数据，从中选出并显示满足条件的记录。具体方法如下。

1）单击数据清单的任意一个单元格。

2）选择“数据”选项卡，在“排序和筛选”选项组中单击“筛选”按钮，进入自动筛选状态，在数据清单的每个字段的右侧均出现一个筛选箭头，如图 6-85 所示。单击任意一个筛选箭头，将打开筛选器选择列表，列表下方将显示当前列中包含的所有值。当列中的数据格式为文本时，显示“文本筛选”选项；当列中的数据格式为数值时，显示“数字筛选”选项。例如，单击“书店名称”筛选箭头，会出现如图 6-86 所示的几个选项：升序、降序、按颜色排序、按颜色筛选和文本筛选。

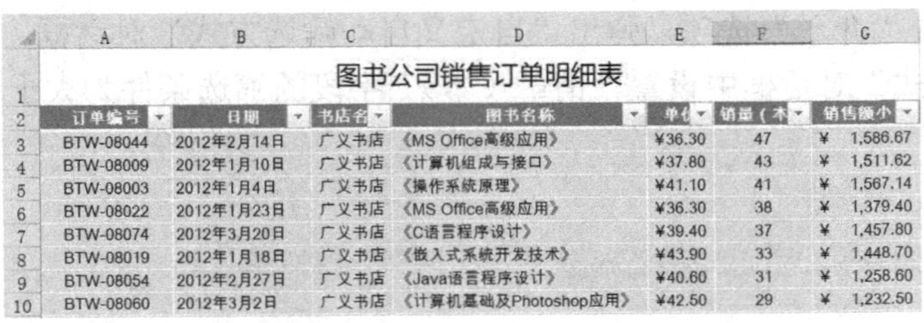

图 6-85　自动筛选

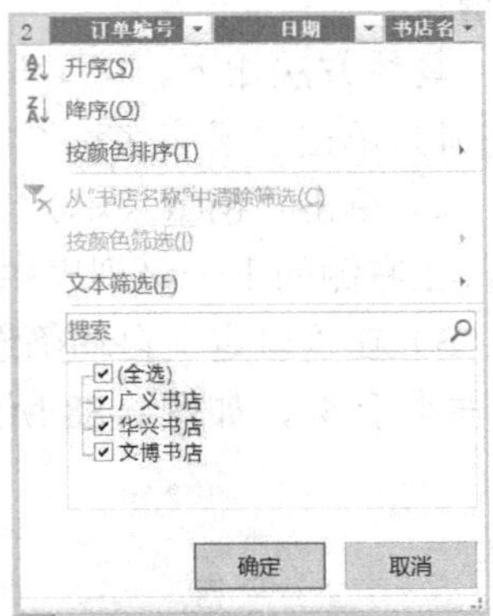

图 6-86　设置自动筛选条件

3）按需选择选项后单击“确定”按钮，即可筛选出满足条件的记录。

> **提示**
>
> 若字段是数字数据，则自动筛选选项中的“文本筛选”变为“数字筛选”；若字段是日期数据，则自动筛选选项中的“文本筛选”变为“日期筛选”。

【例 6-25】在如图 6-79 所示的“图书公司销售订单明细表”中查看《C 语言程序

设计》图书的销售情况。

具体方法如下。

1）选择“数据”选项卡，在“排序和筛选”选项组中单击“筛选”按钮，在数据清单的每个字段的右侧出现筛选箭头。

2）单击“图书名称”的筛选箭头，在筛选器选择列表中取消选中“全选”前面的复选框，选中“《C 语言程序设计》”前的复选框，单击“确定”按钮即可实现操作，如图 6-87 所示。

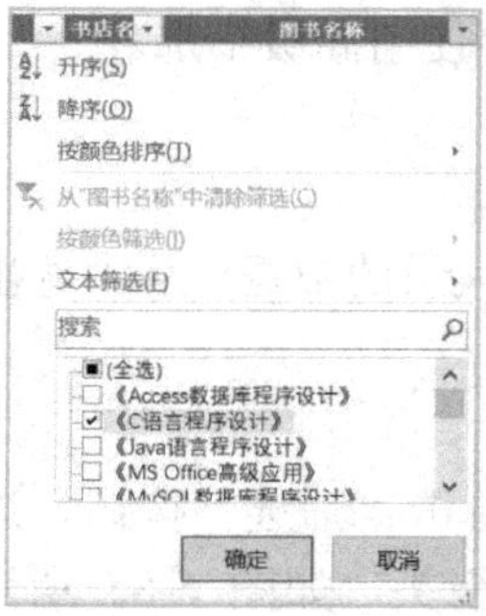

（a）在筛选器选择列表中设置条件

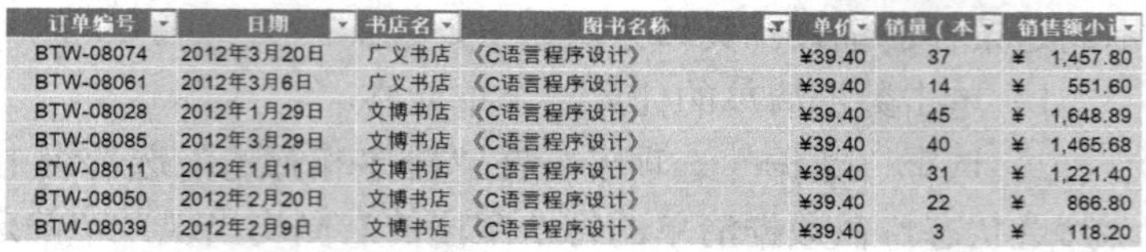

订单编号	日期	书店名	图书名称	单价	销量（本）	销售额小计
BTW-08074	2012年3月20日	广义书店	《C语言程序设计》	¥39.40	37	¥ 1,457.80
BTW-08061	2012年3月6日	广义书店	《C语言程序设计》	¥39.40	14	¥ 551.60
BTW-08028	2012年1月29日	文博书店	《C语言程序设计》	¥39.40	45	¥ 1,648.89
BTW-08085	2012年3月29日	文博书店	《C语言程序设计》	¥39.40	40	¥ 1,465.68
BTW-08011	2012年1月11日	文博书店	《C语言程序设计》	¥39.40	31	¥ 1,221.40
BTW-08050	2012年2月20日	文博书店	《C语言程序设计》	¥39.40	22	¥ 866.80
BTW-08039	2012年2月9日	文博书店	《C语言程序设计》	¥39.40	3	¥ 118.20

（b）筛选结果

图 6-87　筛选《C 语言程序设计》图书销售情况

【例 6-26】 查看“广义书店”图书销售数量在 30 和 40（不包括 30 和 40）之间的情况。

具体方法如下。

1）单击“书店名称”字段的筛选箭头，选择“广义书店”选项，操作同上。

2）单击“销量（本）”字段的筛选箭头，在筛选器选择列表中选择“数字筛选”选项，在右侧的下一级列表中选择“介于”选项，弹出“自定义自动筛选方式”对话框。

3）在“自定义自动筛选方式”对话框中设置“销量（本）”字段的筛选条件为大于 30 与小于 40，如图 6-88 所示。

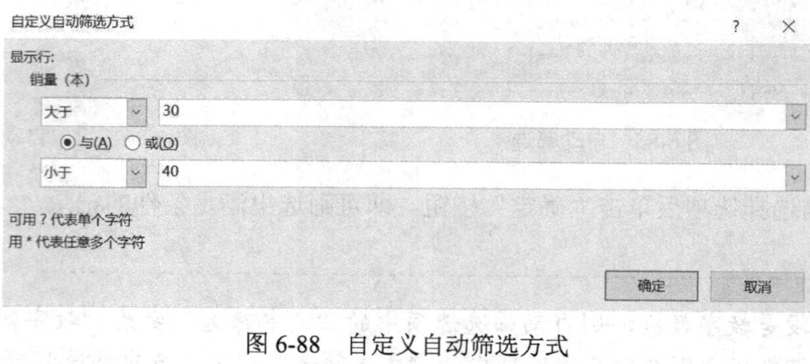

图 6-88　自定义自动筛选方式

4）单击“确定”按钮即可筛选出满足条件的记录，如图 6-89 所示。

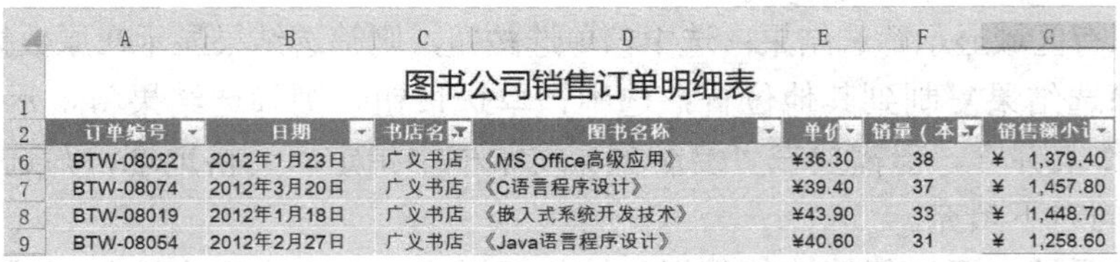

图书公司销售订单明细表

订单编号	日期	书店名称	图书名称	单价	销量（本）	销售额小计
BTW-08022	2012年1月23日	广义书店	《MS Office高级应用》	¥36.30	38	¥ 1,379.40
BTW-08074	2012年3月20日	广义书店	《C语言程序设计》	¥39.40	37	¥ 1,457.80
BTW-08019	2012年1月18日	广义书店	《嵌入式系统开发技术》	¥43.90	33	¥ 1,448.70
BTW-08054	2012年2月27日	广义书店	《Java语言程序设计》	¥40.60	31	¥ 1,258.60

图 6-89　自定义自动筛选结果

提示

若要取消自动筛选，可选择“数据”选项卡，在“排序和筛选”选项组中单击“筛选”按钮，即可显示所有数据。

2. 高级筛选

在实际应用中，常常涉及更为复杂的筛选条件，利用自动筛选会有很多局限性甚至无法满足需求，这时就要使用高级筛选。

高级筛选可以让用户一次性指定所有条件，然后在数据清单中找出满足这些条件的记录。高级筛选在本质上与自动筛选并无区别，但可以在筛选之前将筛选条件定义在工作表另外的单元格区域中。这些放置筛选条件的单元格区域称为条件区域。利用筛选条件区域中的条件，用户能够一次性地将满足多个条件的记录筛选出来。

高级筛选是一种快速高效的筛选方法，它既可将筛选出的结果在源数据清单处显示出来，也可以把筛选出的结果放在另外的单元格区域中。下面以图 6-79 所示的“图书公司销售订单明细表”为例，来说明高级筛选的使用方法。

【例 6-27】对于图 6-79 所示的“图书公司销售订单明细表”，只显示《MS Office 高级应用》和《软件工程》两种图书的销售情况，使用高级筛选方法进行操作。

其步骤如下。

1）选定存放筛选条件的空白单元格区域，在该单元格区域设置筛选条件，该条件区域至少为两行，第一行为字段名行，以下各行为相应的条件值。作为条件的字段名，必须与数据清单中的字段名一致。在本例中，筛选条件如图 6-90 所示（I2:I4 单元格区域）。

2）选择“数据”选项卡，在“排序和筛选”选项组中单击“高级”按钮，如图 6-91 所示，弹出“高级筛选”对话框。

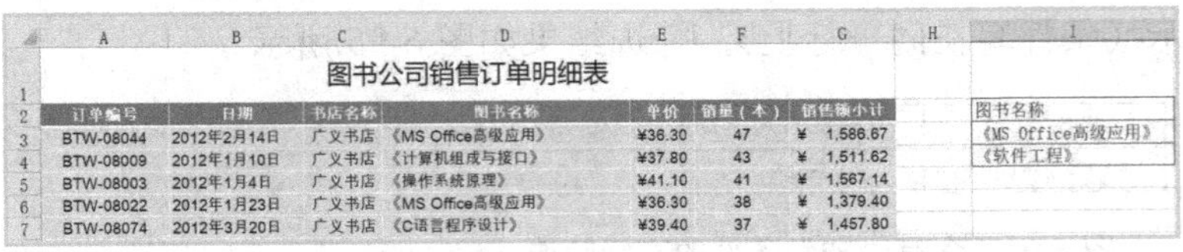

图书公司销售订单明细表

订单编号	日期	书店名称	图书名称	单价	销量（本）	销售额小计		图书名称
BTW-08044	2012年2月14日	广义书店	《MS Office高级应用》	¥36.30	47	¥ 1,586.67		《MS Office高级应用》
BTW-08009	2012年1月10日	广义书店	《计算机组成与接口》	¥37.80	43	¥ 1,511.62		《软件工程》
BTW-08003	2012年1月4日	广义书店	《操作系统原理》	¥41.10	41	¥ 1,567.14		
BTW-08022	2012年1月23日	广义书店	《MS Office高级应用》	¥36.30	38	¥ 1,379.40		
BTW-08074	2012年3月20日	广义书店	《C语言程序设计》	¥39.40	37	¥ 1,457.80		

图 6-90　输入高级筛选条件

图 6-91　“高级”按钮

3）在“高级筛选”对话框中根据需要选择相应的选项，如图 6-92 所示，其中各选项功能介绍如下。

① 在原有区域显示筛选结果：选中该单选按钮，则筛选结果显示在原数据清单位置。

② 将筛选结果复制到其他位置：选中该单选按钮，则筛选结果将显示在另外的区域，与原工作表并存，但需要在“复制到”文本框中指定单元格地址，筛选结果将从该单元格开始向右下填充。

③ 列表区域：要进行筛选的数据区域，可以直接在文本框中输入区域引用，也可以用鼠标在工作表中选定数据区域。

④ 条件区域：筛选条件所在的区域，可以直接在文本框中输入区域引用，也可以用鼠标在工作表中选定数据区域。

⑤ 选择不重复的记录：如果要筛选掉重复的记录，则应选中该复选框。

4）单击“确定”按钮，高级筛选结果如图 6-93 所示。

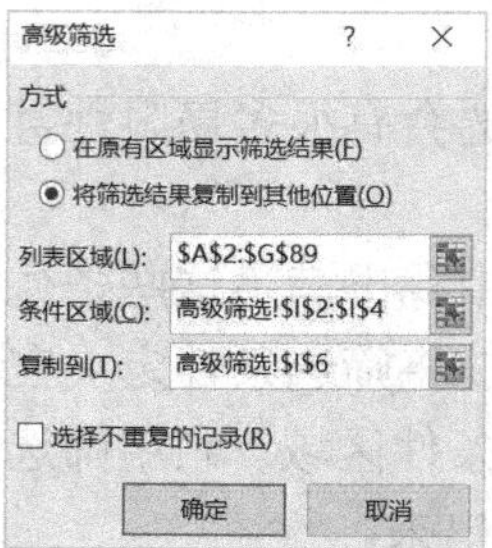

图 6-92 “高级筛选”对话框

	I	J	K	L	M	N	O
2	图书名称						
3	《MS Office高级应用》						
4	《软件工程》						
5							
6	订单编号	日期	书店名称	图书名称	单价	销量（本）	销售额小计
7	BTW-08044	2012年2月14日	广义书店	《MS Office高级应用》	¥ 36.30	47	¥ 1,586.67
8	BTW-08022	2012年1月23日	广义书店	《MS Office高级应用》	¥ 36.30	38	¥ 1,379.40
9	BTW-08034	2012年2月2日	广义书店	《软件工程》	¥ 39.30	11	¥ 432.30
10	BTW-08067	2012年3月13日	华兴书店	《软件工程》	¥ 39.30	47	¥ 1,717.80
11	BTW-08056	2012年3月1日	华兴书店	《软件工程》	¥ 39.30	15	¥ 589.50
12	BTW-08068	2012年3月14日	华兴书店	《MS Office高级应用》	¥ 36.30	9	¥ 326.70
13	BTW-08017	2012年1月16日	文博书店	《软件工程》	¥ 39.30	40	¥ 1,461.96
14	BTW-08005	2012年1月6日	文博书店	《MS Office高级应用》	¥ 36.30	32	¥ 1,161.60
15	BTW-08080	2012年3月23日	文博书店	《软件工程》	¥ 39.30	18	¥ 707.40

图 6-93 高级筛选结果

提示

如果筛选结果显示在原有区域内，这时若要重新显示工作表的全部数据内容，则应选择“数据”选项卡，在“排序和筛选”选项组中单击“清除”按钮。

3. 高级筛选中条件的确立

（1）设置“与”条件

如果筛选条件有若干个，而且条件之间的关系是“与”运算，就需要将多个条件的值分别写在同一行上。筛选出图 6-79 所示的“图书公司销售订单明细表”中文博书店图书销量（本）在 35 以上（包含 35）且单价在 43 元以上（不含 43）的销售记录，筛选条件设置如图 6-94 所示（条件写在同一行上），筛选结果如图 6-95 所示。

书店名称	销量（本）	单价
文博书店	>=35	>43

图 6-94 含有“与”条件的高级筛选

订单编号	日期	书店名称	图书名称	单价	销量（本）	销售额小计
BTW-08036	2012年2月6日	文博书店	《软件测试技术》	¥ 44.50	48	¥ 1,986.48
BTW-08013	2012年1月12日	文博书店	《数据库原理》	¥ 43.20	43	¥ 1,727.57

图 6-95 含有“与”条件的高级筛选结果

（2）设置“或”条件

如果筛选条件有若干个，且条件之间的关系是“或”运算，则需要将多个条件的值分别写在不同的行上。筛选出图 6-79 所示的“图书公司销售订单明细表”中文博书店图书销量（本）在 30 以上（包含 30）或单价在 35 元以上（不含 35）的销售记录，筛选条件设置如图 6-96 所示（条件写在不同的行上），筛选结果如图 6-97 所示。

书店名称	销量（本）	单价
文博书店	>=30	
文博书店		>35

图 6-96　含有“或”条件的高级筛选

订单编号	日期	书店名称	图书名称	单价	销量（本）	销售额小计
BTW-08078	2012年3月22日	文博书店	《Java语言程序设计》	¥40.60	50	¥ 1,887.90
BTW-08036	2012年2月6日	文博书店	《软件测试技术》	¥44.50	48	¥ 1,986.48
BTW-08055	2012年2月27日	文博书店	《Access数据库程序设计	¥38.60	48	¥ 1,723.10
BTW-08028	2012年1月29日	文博书店	《C语言程序设计》	¥39.40	45	¥ 1,648.89
BTW-08018	2012年1月17日	文博书店	《计算机基础及MS Office	¥41.30	44	¥ 1,690.00
BTW-08013	2012年1月12日	文博书店	《数据库原理》	¥43.20	43	¥ 1,727.57
BTW-08016	2012年1月16日	文博书店	《Access数据库程序设计	¥38.60	43	¥ 1,543.61
BTW-08017	2012年1月16日	文博书店	《软件工程》	¥39.30	40	¥ 1,461.96
BTW-08072	2012年3月16日	文博书店	《计算机组成与接口》	¥37.80	40	¥ 1,406.16
BTW-08085	2012年3月29日	文博书店	《C语言程序设计》	¥39.40	40	¥ 1,465.68
BTW-08073	2012年3月19日	文博书店	《计算机基础及Photosho	¥42.50	38	¥ 1,615.00
BTW-08049	2012年2月20日	文博书店	《计算机基础及Photosho	¥42.50	37	¥ 1,572.50
BTW-08048	2012年2月19日	文博书店	《计算机组成与接口》	¥37.80	36	¥ 1,360.80
BTW-08020	2012年1月19日	文博书店	《操作系统原理》	¥41.10	35	¥ 1,438.50
BTW-08008	2012年1月10日	文博书店	《软件测试技术》	¥44.50	32	¥ 1,424.00
BTW-08052	2012年2月22日	文博书店	《数据库原理》	¥43.20	30	¥ 1,296.00
BTW-08030	2012年1月31日	文博书店	《数据库原理》	¥43.20	27	¥ 1,166.40
BTW-08041	2012年2月12日	文博书店	《嵌入式系统开发技术》	¥43.90	25	¥ 1,097.50
BTW-08025	2012年1月25日	文博书店	《软件测试技术》	¥44.50	19	¥ 845.50
BTW-08047	2012年2月16日	文博书店	《软件测试技术》	¥44.50	8	¥ 356.00
BTW-08063	2012年3月8日	文博书店	《数据库原理》	¥43.20	2	¥ 86.40

图 6-97　含有“或”条件的高级筛选结果

6.7.3　分类汇总

在实际工作中，人们常常需要把众多的数据进行分类汇总，使这些数据能够提供更加清晰的信息。例如，在计算机公司的销售表中，通常需要知道每种产品的销售数量、销售额；在公司每月发放工资时，需要知道各个部门的总工资额、平均工资情况等。Excel 2016 提供了可以自动对数据项进行分类汇总的功能。

分类汇总和分级显示是 Excel 2016 中密不可分的两个功能。在进行数据汇总的过程中，常常需要对工作表中的数据进行人工分级，这样就可以更好地将工作表中的明细数据显示出来。

分类汇总的方式有很多，如求和、计数、求平均值等，以及将分类汇总结果显示出来。需要指出的是，在分类汇总之前应对数据清单进行排序。

【例 6-28】依据图 6-79 所示的“图书公司销售订单明细表”，统计各书店图书的销售数量和销售总额。

具体方法如下。

1）对分类汇总的字段进行排序。需要求出各书店图书的销售数量和销售总额，因而分类汇总的字段是“书店名称”，对图 6-79 所示的数据清单中的数据按照“书店名称”进行排序，可以使同一书店的记录排在一起，结果参见图 6-81。

2）单击数据区域中的任一单元格，选择“数据”选项卡，在“分级显示”选项组中单击“分类汇总”按钮，打开“分类汇总”对话框，如图 6-98 所示。

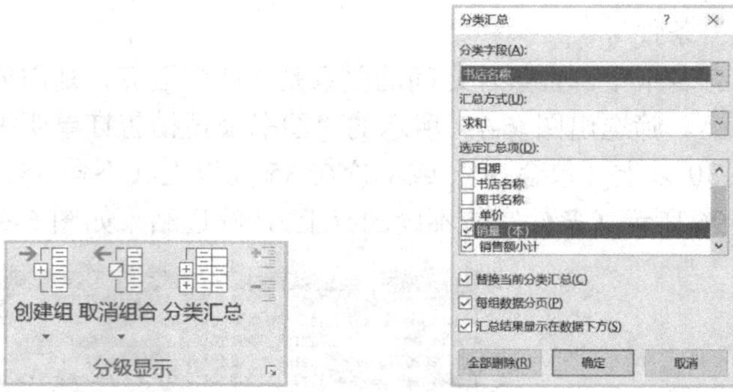

（a）“分级显示”选项组　　　　（b）“分类汇总”对话框

图 6-98　打开“分类汇总”对话框

3）在“分类字段”下拉列表框中选择所需字段作为分类汇总的依据，分类字段必须此前已经排序，在此选择“书店名称”选项。

4）在“汇总方式”下拉列表框中选择所需的统计函数，有求和、平均值、最大值和计数等多种函数，在此选择“求和”。

5）在“选定汇总项”列表框中选中需要对其汇总计算的字段前面的复选框，此处选中“销量（本）”“销售额小计”前的复选框。

6）选中“替换当前分类汇总”复选框，表示按本次分类要求进行汇总；选中“每组数据分页”复选框，表示每一类汇总项在打印时分页显示；选中“汇总结果显示在数据下方”复选框，表示将分类汇总数放在本类的最后一行。

7）单击“确定”按钮，即可得到分类汇总结果，如图 6-99 所示。

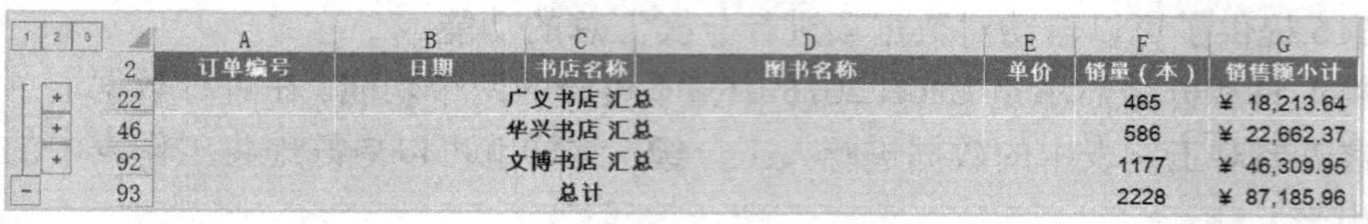

	A	B	C	D	E	F	G
2	订单编号	日期	书店名称	图书名称	单价	销量（本）	销售额小计
22			广义书店 汇总			465	¥ 18,213.64
46			华兴书店 汇总			586	¥ 22,662.37
92			文博书店 汇总			1177	¥ 46,309.95
93			总计			2228	¥ 87,185.96

图 6-99　分类汇总结果

为了方便查看数据，可将分类汇总后暂时不需要使用的数据隐藏起来，减小界面的占用空间，只需单击分类汇总工作表左侧列表树中的+按钮即可。当需要查看隐藏的数据时，再将其显示，此时只需单击分类汇总工作表左侧列表树中的-按钮。

提示

若要删除分类汇总，可在图 6-98（b）所示的“分类汇总”对话框中单击“全部删除”按钮。

6.7.4　数据透视表

数据透视表（pivot table）是一种交互式的表，可以进行某些计算，如求和与计数等。

之所以称为数据透视表，是因为可以动态地改变它们的版面布置，以便按照不同方式分析数据，也可以重新安排行号、列标和页字段。每一次改变版面布置时，数据透视表会立即按照新的布置重新计算数据。另外，如果原始数据发生更改，则可以更新数据透视表。

1. 数据透视表的创建

【例 6-29】依据图 6-79 所示的“图书公司销售订单明细表”，创建数据透视表，统计各书店每种图书每个月的销售额。

具体方法如下。

1）单击数据清单中的任一单元格，选择“插入”选项卡，在“表格”选项组中单击“数据透视表”按钮，在弹出的下拉列表中选择“数据透视表”选项，打开“创建数据透视表”对话框，如图 6-100 所示。

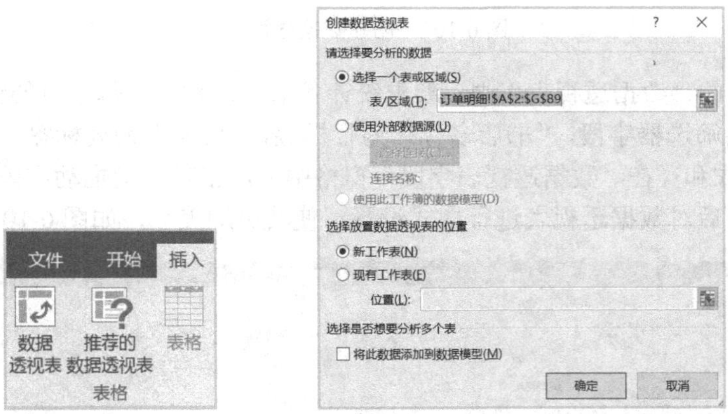

（a）“表格”选项组　　　　（b）“创建数据透视表”对话框

图 6-100　打开“创建数据透视表”对话框并进行设置

2）选中“选择一个表或区域”单选按钮，“表/区域”文本框中显示当前已选择的数据源区域，也可根据需要重新选择数据源，此处选择数据区域中$A$2:$G$89；选中“新工作表”单选按钮，如图 6-100（b）所示。

提示

在选择数据透视表位置时，若要将数据透视表放置在新工作表中，并以单元格 A1 为起始位置，可以选中“新工作表”单选按钮；若要将数据透视表放置在现有工作表中，则应选中“现有工作表”单选按钮，然后在“位置”文本框中指定放置数据透视表的单元格区域的第一个单元格。

3）单击“确定”按钮，此时在工作簿中添加一个新工作表，同时插入数据透视表；双击该工作表的标签，将工作表改名为“数据透视表”，如图 6-101 所示。

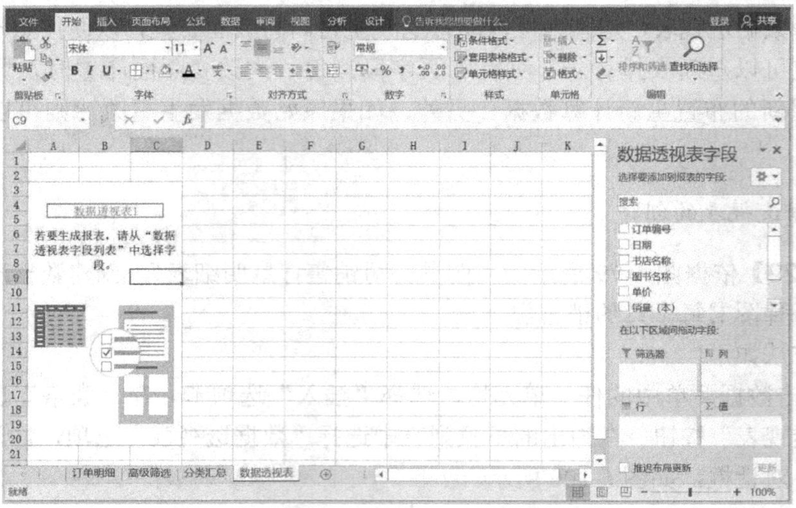

图 6-101　创建数据透视表

4）在创建的“数据透视表”中，要求统计各书店每种图书每个月的销售额。其中，“图书名称”为筛选器字段，“书店名称”为行标签，“日期”为列标签，同时对“销售额小计”进行求和（在“数据透视表字段”窗格中使用鼠标左键拖动字段名称到对应的区域即可），最后对数据透视表进行格式设置，使其更加美观，如图 6-102 所示。

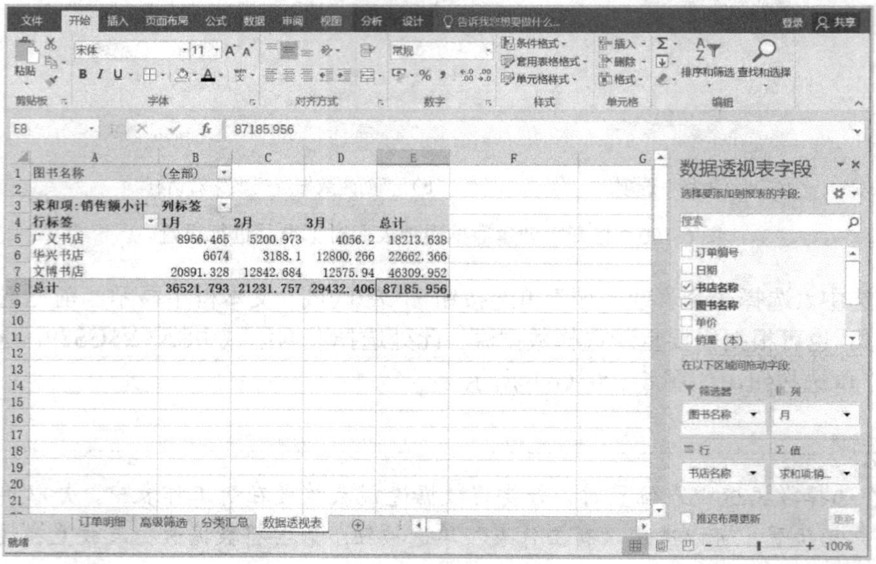

图 6-102　数据透视表

5）若要求对数据透视表中的《C 语言程序设计》图书按照平均销售额统计，则在“数据透视表字段”窗格的“值”区域中单击“求和项：销售额小计”下拉按钮，在弹出的下拉列表中选择“值字段设置”选项，弹出“值字段设置”对话框，如图 6-103 所示。

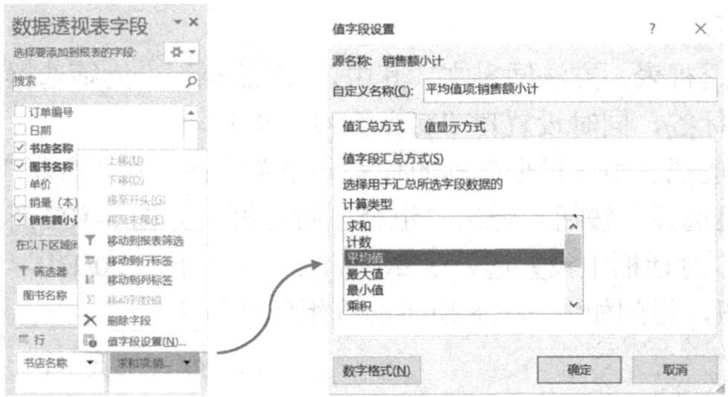

图 6-103　“值字段设置”对话框

6）在“值字段设置”对话框的“选择用于汇总所选字段数据的计算类型”列表框中选择“平均值”，单击“确定”按钮，即可统计出每个月的平均销售量数据透视表。

7）在“图书名称”筛选器的下拉列表中选择“《C 语言程序设计》”，选中 E4 单元格，将字段名“总计”改为“平均值”，如图 6-104 所示。

图书名称	《C语言程序设计》			
平均值项:销售额小计	列标签			
行标签	1月	2月	3月	平均值
广义书店			1004.7	1004.7
文博书店	1435.145	492.5	1465.68	1064.194
平均值	1435.145	492.5	1158.36	1047.195714

图 6-104　更改后的数据透视表

【例 6-30】在如图 6-105 所示的“外贸公司商品订单明细表”中，统计出各类商品 2019 年各发货地区 4 个季度每月的订单金额总计，如图 6-106 所示，并对日期按照“季度”进行分组。

外贸公司商品订单明细表

订单编号	商品类别	订货日期	发货地区	发货城市	订单金额
10248	日用品	2019/1/13	华北	天津	¥782.00
10249	饮料	2019/1/7	华东	青岛	¥2,329.25
10250	调味品	2019/1/9	华东	南昌	¥1,941.64
10251	调味品	2019/1/12	华北	秦皇岛	¥818.58
10252	调味品	2019/1/8	华北	天津	¥4,497.38
10253	调味品	2019/1/13	华东	南昌	¥1,806.00
10254	特制品	2019/1/20	华北	天津	¥695.78
10255	调味品	2019/1/12	华东	南京	¥3,115.75
10256	肉/家禽	2019/1/14	华南	深圳	¥648.00
10257	海鲜	2019/1/19	华南	深圳	¥1,400.50
10258	日用品	2019/1/20	华南	深圳	¥2,023.80
10259	日用品	2019/1/22	东北	大连	¥126.00
10260	海鲜	2019/1/26	华南	深圳	¥1,881.68
10261	特制品	2019/1/27	华北	北京	¥560.00
10262	调味品	2019/1/22	华东	温州	¥730.96
10263	点心	2019/1/28	华南	深圳	¥2,346.30
10264	肉/家禽	2019/2/20	华东	南京	¥870.06

图 6-105　外贸公司商品订单明细表

图 6-106　各地区 4 个季度每月的销售额总计

具体方法如下。

1）创建数据透视表，方法同上文。其中，“商品类别”为筛选器字段，“发货地区”“订货日期”为行标签，同时设置对“订单金额”求和。

2）选中数据透视表中“日期”列的任意一个单元格，在“分析”选项卡的“分组”选项组中单击“组选择”按钮，弹出“组合”对话框，如图 6-107 所示。

3）在“组合”对话框中设置起始于 2019/1/1、终止于 2020/1/1，“步长”为“季度”，单击“确定”按钮，得到如图 6-108 所示的分组统计结果。

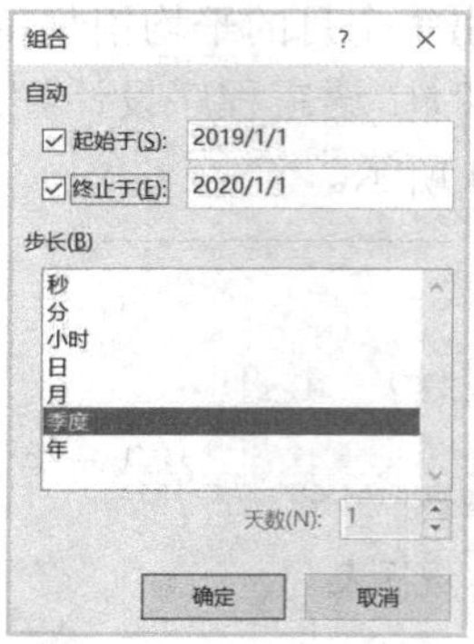

图 6-107 “组合”对话框

商品类别	（全部）
行标签	求和项:订单金额
东北	**44635.01**
第一季	3965.75
第二季	16593.75
第三季	18315.55
第四季	5759.96
华北	**254723.1505**
第一季	52261.03
第二季	59278.59
第三季	70131.498
第四季	73052.0325
华东	**123130.68**
第一季	21536.535
第二季	36431.145
第三季	32946.1675
第四季	32216.8325
华南	**100626.0345**
第一季	12148.1625
第二季	29698.4665
第三季	36563.3855
第四季	22216.02
西北	**2642.5**
第二季	2354.5
第三季	288
西南	**56012.171**
第二季	17388.0925
第三季	25454.8285
第四季	13169.25
总计	**581769.546**

图 6-108 按“季度”分组统计透视表

2. 数据透视表的样式设计

为了使数据透视表更加美观、流畅，可以设置其样式。

【例 6-31】设置图 6-108 所示的数据透视表的样式。

具体方法如下。

1）选择“数据透视表工具”的“设计”选项卡，在“数据透视表样式”选项组中单击“其他”下拉按钮，在弹出的下拉列表中选择一种样式，此处选择“数据透视表样式中等深浅 10”，如图 6-109 所示。

2）此时即可显示套用的透视表样式，最终效果如图 6-110 所示。

3. 数据透视表的删除

删除数据透视表的操作如下。

1）单击要删除的数据透视表的任意位置。

2）选择“数据透视表工具”的“分析”选项卡，在“操作”选项组中单击“选择”下拉按钮，在弹出的下拉列表中选择“整个数据透视表”选项。

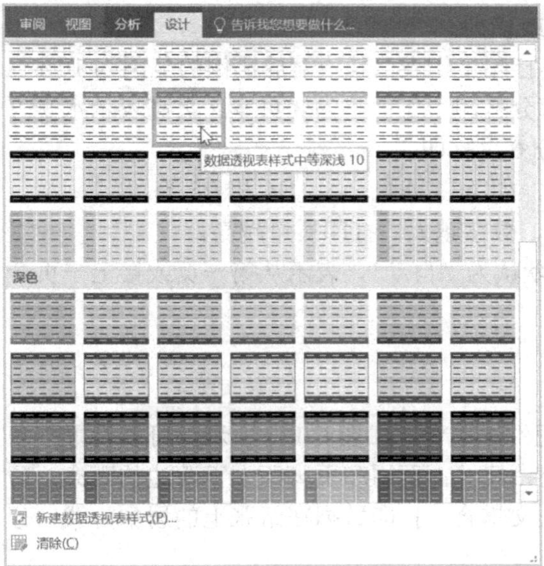

图 6-109　数据透视表样式

商品类别	(全部)
行标签	求和项:订单金额
东北	44635.01
第一季	3965.75
第二季	16593.75
第三季	18315.55
第四季	5759.96
华北	254723.1505
第一季	52261.03
第二季	59278.59
第三季	70131.498
第四季	73052.0325
华东	123130.68
第一季	21536.535
第二季	36431.145
第三季	32946.1675
第四季	32216.8325
华南	100626.0345
第一季	12148.1625
第二季	29698.4665
第三季	36563.3855
第四季	22216.02
西北	2642.5
第二季	2354.5
第三季	288
西南	56012.171
第二季	17388.0925
第三季	25454.8285
第四季	13169.25
总计	581769.546

图 6-110　设置“数据透视表样式”最终效果图

3）按 Delete 键，即可删除数据透视表，但建立数据透视表的源数据不变，数据透视表所在的工作表也保留。

6.8　打印工作表

为了确保工作簿的打印质量符合要求，在打印之前需要先进行页面设置，然后进行打印预览，查看打印效果，最后打印输出。

6.8.1　页面设置

在打印工作表之前，首先进行页面设置。

选择“页面布局”选项卡，在“页面设置”选项组中，可对“页边距”“纸张方向”“分隔符”“背景”等进行设置，如图 6-111 所示。

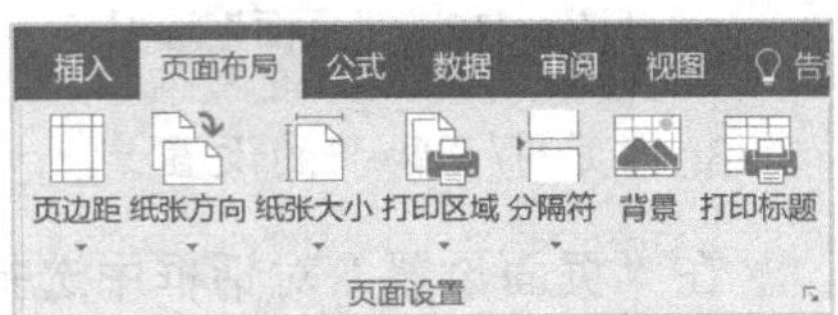

图 6-111　“页面设置”选项组

还可以单击“页面设置”选项组右下角的对话框启动器按钮，在弹出的“页面设置”对话框中完成“页面”“页边距”“页眉/页脚”“工作表”的设置。

1.“页面”的设置

选择“页面设置”对话框中的“页面”选项卡，可以设置“方向”“缩放”“纸张大小”“打印质量”“起始页码”等选项，如图 6-112 所示。

1）方向：设置纸张的使用方向为纵向或横向。

2）缩放："缩放比例"用于放大或缩小打印工作表，其中缩放比例的范围为 10%～400%；"调整为"表示把工作表拆分为几部分打印，如调整为 3 页宽 2 页高表示水平方向截为 3 部分，垂直方向截为 2 部分，共分 6 页打印。

3）纸张大小：选择需要打印纸的类型，如 A3、A4、A5、B4 和 B5 等。

4）打印质量：表示每英寸打印多少点，数字越大，打印质量越高。

5）起始页码：可设置打印首页页码。默认为"自动"，表示从第一页或接上一页开始打印。

2. "页边距"的设置

在"页面设置"对话框中选择"页边距"选项卡，如图 6-113 所示，可以设置打印数据在所选纸张的上、下、左、右留出的空白尺寸；页眉和页脚距上下两边的距离，通常该距离应小于上下空白尺寸，否则将与正文重合；打印数据在纸张上的居中方式，分为水平居中和垂直居中。

图 6-112　"页面"选项卡

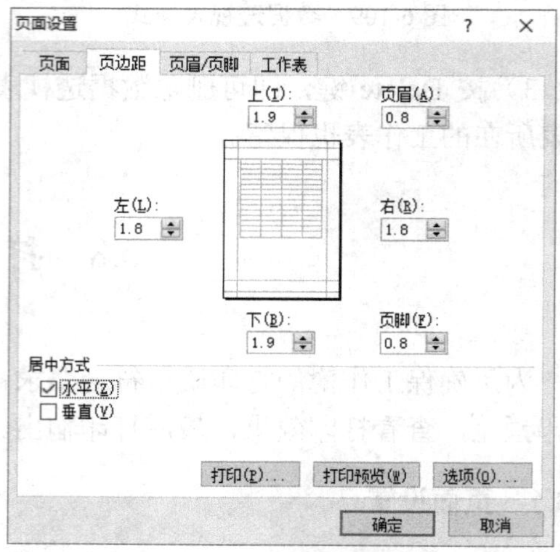

图 6-113　"页边距"选项卡

3. "页眉/页脚"的设置

在"页面设置"对话框中选择"页眉/页脚"选项卡，可设置页眉/页脚格式，如图 6-114 所示。

如果要根据已有的内置页眉/页脚来创建页眉/页脚，可在"页眉"或"页脚"下拉列表框中选择系统定义的页眉/页脚选项。

用户也可以自定义页眉/页脚，单击"自定义页眉"或"自定义页脚"按钮，系统会弹出"页眉"或"页脚"对话框。以"页眉"对话框为例，如图 6-115 所示，单击"左""中""右"列表框，然后单击相应的按钮，即可在所需位置插入相应的内容，10 个按钮自左至右分别用于定义字体、插入页码、插入页数、插入日期、插入时间、插入文件路径、插入文件名、插入数据表名称、插入图片和设置图片格式。

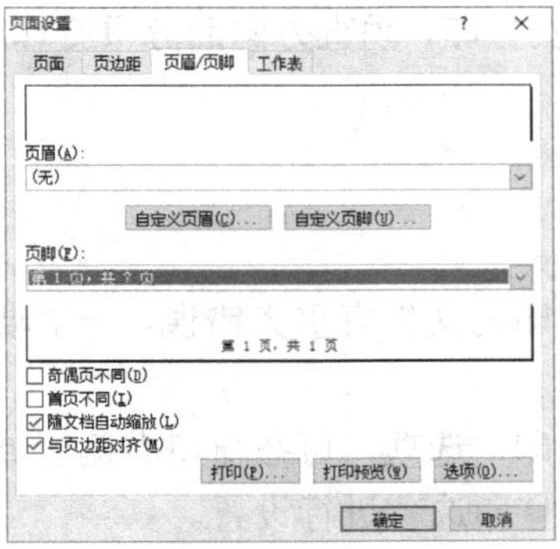

图 6-114　“页眉/页脚”选项卡

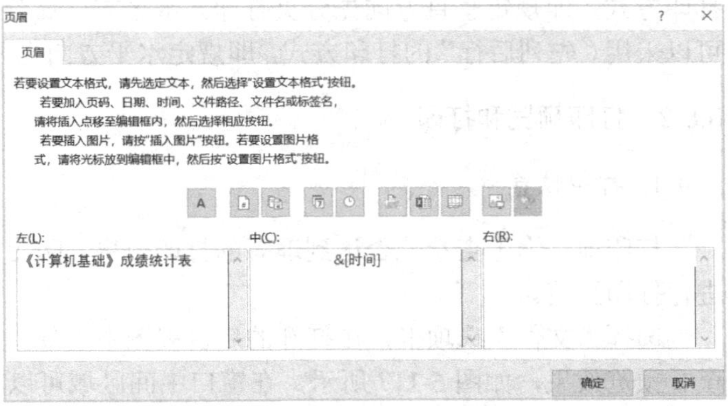

图 6-115　“页眉”对话框

如果要在页眉/页脚中添加其他文字，可在“左”“中”“右”列表框中输入相应的文字，最后单击“确定”按钮即可。

4. “工作表”的设置

在“页面设置”对话框中选择“工作表”选项卡，可以设置“打印区域”“打印标题”“打印”“打印顺序”等选项，如图 6-116 所示。

图 6-116　“工作表”选项卡

1）打印区域：可在“打印区域”文本框中输入或选定要打印的区域。

2）打印标题：在工作表较大，要分成多页打印，每一页都有可见标题的情况下使用。其中，“顶端标题行”和“左端标题列”用于指出在各页上端和左端打印的行标题和列标题，便于对照数据。

3）打印：提供“网格线”“单色打印”“行号列标”“草稿品质”“批注”等打印设置。

4）打印顺序：当工作表较大，超出一页宽和一页高时，可以采用“先行后列”的打印方式，即规定垂直方向先分页打印，水平方向后分页打印，此为默认打印顺序；也可以采用“先列后行”的打印方式，即规定水平方向先分页打印，垂直方向后分页打印。

6.8.2 打印预览和打印

1. 打印预览

打印前，为了查看能否达到理想的打印效果，防止打印的文档有重大错误，一般要进行打印预览。

选择“文件”选项卡，在打开的后台视图中选择“打印”选项，可在窗口右侧区域查看预览效果，如图 6-117 所示，在窗口中间区域可以对打印选项进行设置。

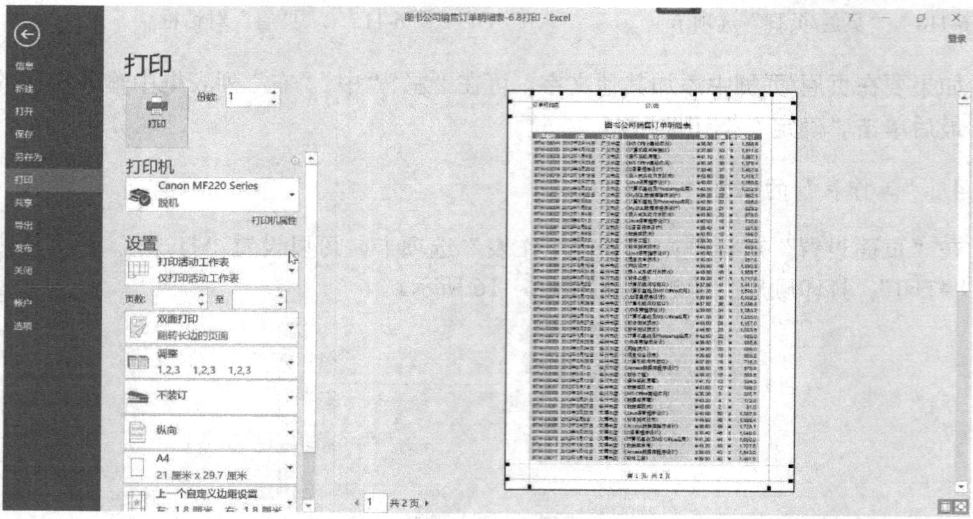

图 6-117 “打印”选项区

1）打印：可以设置打印份数，单击“打印”按钮即可实现打印。

2）打印机：可以设置打印机类型和打印机属性。

3）设置：可以设置打印页数范围、纸张方向、纸张大小、边距等。

也可单击预览区右下角“显示边距”按钮，在预览区拖动边距线调整页边距，如图 6-117 所示。

2. 打印

设置好打印参数后，如果对打印预览效果满意，即可单击“打印”按钮，由打印机打印输出。

第 7 章　演示文稿软件 PowerPoint 2016

PowerPoint 2016 主要用于演示文稿的创建，即幻灯片的制作。PowerPoint 简称 PPT，也称为幻灯片制作演示软件，是微软公司的软件产品。通过 PPT，人们可以制作、编辑和播放一张或一系列幻灯片，制作出集文字、图形、图像、声音以及视频剪辑等多媒体元素于一体的演示文稿，把自己所要表达的信息组织在一组图文并茂的画面中，并使用其介绍公司的产品，展示自己的学术成果等。

PowerPoint 2016 是目前较为流行的幻灯片演示软件。使用 PowerPoint 2016，人们可以使用比以往更多的方式创建动态演示文稿并与观众共享。

PowerPoint 2016 的默认文件扩展名是.pptx。

7.1　PowerPoint 2016 简介

演示文稿是由 PowerPoint 创建的文档，一般包括为某一演示目的而制作的所有幻灯片、演讲者备注和旁白等内容。演示文稿中的每一页称为幻灯片，每张幻灯片都是演示文稿中既相互独立又相互联系的成员。

7.1.1　启动与退出

1. 启动 PowerPoint 2016

常用的启动 PowerPoint 2016 的方法有 3 种，用户可根据自己的习惯选择任何一种方法。

1）单击“开始”按钮，在打开的菜单中选择 PowerPoint 2016 命令。

2）双击桌面上的 PowerPoint 2016 应用程序图标。

3）通过打开已经存在的 PowerPoint 文件来启动 PowerPoint 应用程序。

2. 退出 PowerPoint 2016

常用的退出 PowerPoint 2016 的方法有如下几种。

1）单击 PowerPoint 2016 窗口右上角的“关闭”按钮×。

2）在标题栏的空白处右击，在弹出的快捷菜单中选择“关闭”命令。

3）选择“文件”选项卡，在打开的后台视图中选择“关闭”选项。

4）按 Alt+F4 组合键。

7.1.2 工作界面

启动 PowerPoint 2016 应用程序以后，可以看到 PowerPoint 2016 的工作界面，如图 7-1 所示。

1. 快速访问工具栏

快速访问工具栏中放置了用户经常使用的操作按钮，默认状态下有“保存”、“撤销”和“重复”按钮。单击“自定义快速访问工具栏”下拉按钮，用户可以在打开的下拉列表中根据需要设定工具栏按钮，如图 7-2 所示。

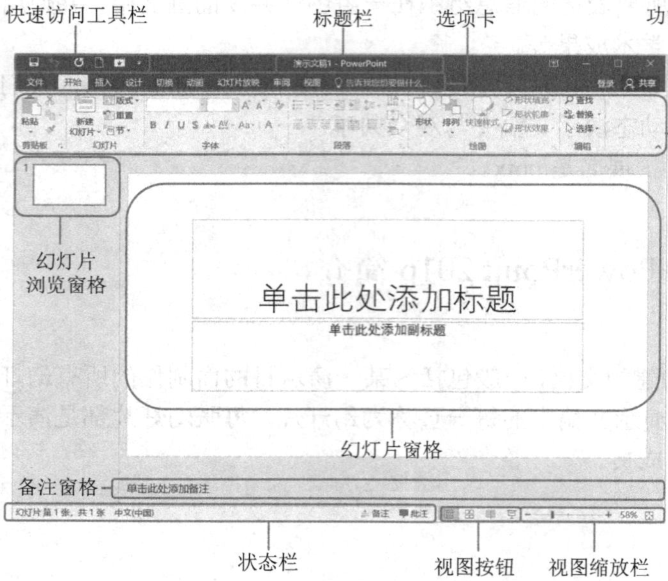

图 7-1　PowerPoint 2016 的工作界面

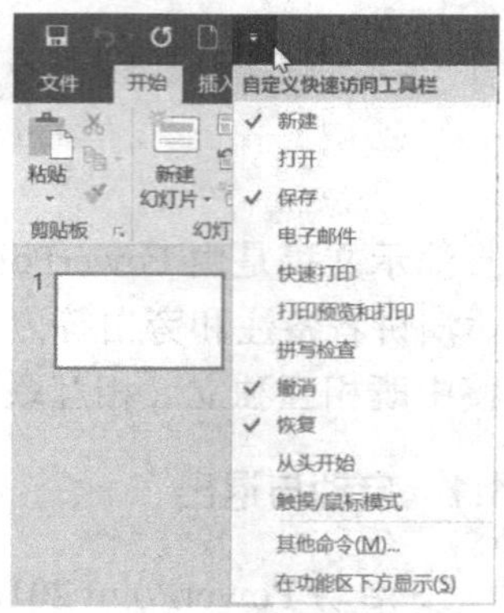

图 7-2　自定义快速访问工具栏

2. 标题栏

快速访问工具栏右侧中间是标题栏，显示当前文档的名称（如演示文稿 1）和软件名称（PowerPoint）。启动 PowerPoint 2016 以后，默认文件名称即为“演示文稿 1”。

3. 选项卡

选项卡区域包括 PowerPoint 2016 中进行常规操作的全部选项，共有“文件”“开始”“插入”“设计”“切换”“动画”“幻灯片放映”“审阅”“视图”9 个选项卡，选择某个选项卡后，功能区会显示其对应的选项。

4. 幻灯片窗格

编辑幻灯片的工作区，对幻灯片中的文字、图片、表格、SmartArt 图形、图表、视频、音频、超链接和动画等对象的编辑操作均在此完成。

5. 备注窗格

记录演讲者讲演时所需的一些提示重点，用来编辑幻灯片的一些备注文本。

6. 幻灯片浏览窗格

在本区域中，用户可以快速查看整个演示文稿中的任意一张幻灯片。

7. 状态栏

状态栏位于窗口的最底部，用于显示幻灯片的有关信息，如当前幻灯片张数、总张数等。

8. 视图按钮

视图按钮位于状态栏的右侧，包括“普通视图”“幻灯片浏览”“阅读视图”“幻灯片放映”4 个按钮，单击按钮将切换到相应的视图模式。

9. 视图缩放栏

视图缩放栏位于窗口右下角，用于更改幻灯片的显示比例。

7.1.3　视图模式

视图是 PowerPoint 文档在计算机屏幕上的显示方式。PowerPoint 2016 在功能区中提供了 5 种视图模式，即“普通”视图、“幻灯片浏览”视图、“备注页”视图、“阅读视图”和“大纲视图”。用户可以单击“视图”选项卡，在“演示文稿视图”选项组中切换不同的视图模式。

用户也可以通过状态栏右侧的视图按钮进行视图模式的切换。PowerPoint 2016 的视图按钮如图 7-3 所示，分别为“普通视图”按钮、“幻灯片浏览”按钮、“阅读视图”按钮和“幻灯片放映”按钮。单击某个视图按钮，即可切换到相应的视图模式。

图 7-3　视图按钮

1. 普通视图

普通视图由 3 块不同的区域构成，分别是幻灯片浏览窗格、幻灯片窗格以及为每张幻灯片添加备注内容的备注窗格，这是幻灯片默认的显示方式，如图 7-4 所示。普通视图主要用于对单张幻灯片进行处理。

图 7-4　普通视图

（1）幻灯片浏览窗格

按幻灯片编号顺序和幻灯片层次关系，幻灯片浏览窗格中将显示演示文稿中全部幻灯片的缩略图。单击某张幻灯片缩略图，将立即在幻灯片窗格中显示该幻灯片。

（2）幻灯片窗格

幻灯片窗格占据整个界面的绝大部分空间，能够显示整张幻灯片的外观，可以让用户对幻灯片进行全方位的编辑，如添加、编辑各种对象，设置对象的动作、动画等。

（3）备注窗格

用户可以在备注窗格中输入或编辑备注页的内容。

打开普通视图有两种方法：单击视图按钮中的“普通视图”按钮；或者选择“视图”选项卡，在“演示文稿视图”选项组中单击“普通”按钮。

2. 幻灯片浏览视图

在幻灯片浏览视图中，所有幻灯片都以缩略图形式排列显示在屏幕上，如图 7-5 所示。幻灯片浏览视图用来掌握演示文稿的整体，以便用户快速地对幻灯片的顺序进行排列和组织编排。用户还可以方便地进行新建、复制、移动、插入和删除幻灯片等操作，也可以设置幻灯片的切换效果并预览，添加节、按节排序等，但用户不能编辑单张幻灯片中的具体内容。

打开幻灯片浏览视图有两种方法：单击视图按钮中的“幻灯片浏览”按钮；或者选择“视图”选项卡，在“演示文稿视图”选项组中单击“幻灯片浏览”按钮。

图 7-5　幻灯片浏览视图

3. 备注页视图

在备注页视图中，备注页上方显示的是当前幻灯片的内容缩略图，这时无法对幻灯片内容进行编辑，下方的备注页为占位符，可向占位符中输入说明内容，为幻灯片添加备注信息，如图 7-6 所示。

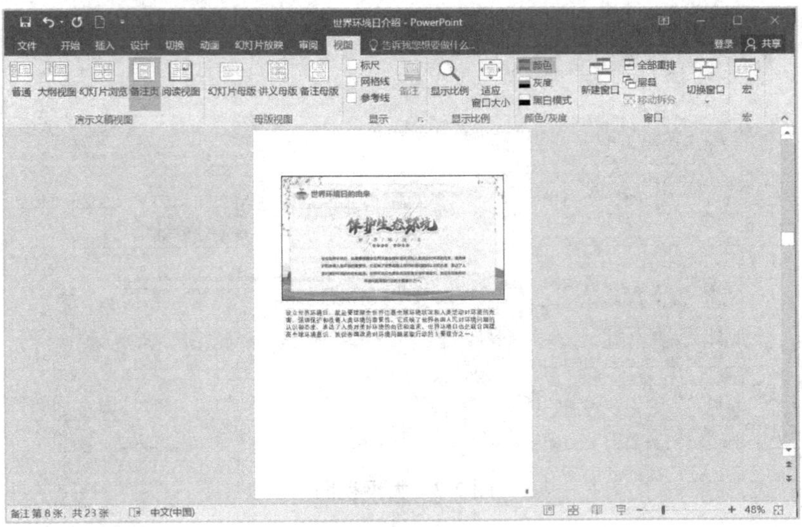

图 7-6　备注页视图

打开备注页视图的方法：选择“视图”选项卡，在“演示文稿视图”选项组中单击“备注页”按钮。

4. 阅读视图

阅读视图可将演示文稿作为适应窗口大小的幻灯片放映。视图只保留幻灯片窗格、标题栏和状态栏，无其他编辑功能，可简单放映、浏览幻灯片，查看幻灯片内容和幻灯片的动画及放映效果。在页面上单击，即可翻到下一页。

5. 幻灯片放映视图

幻灯片放映是用户制作演示文稿的最终目的。通过幻灯片放映视图，用户可以全屏观看幻灯片，放映时可以看到图形、计时、声音、电影、动画效果和切换效果等。

打开幻灯片放映视图有 3 种方法：单击状态栏中的“幻灯片放映”按钮；选择“幻灯片放映”选项卡，在“开始放映幻灯片”选项组中选择放映方式；按 F5 键直接放映。

6. 大纲视图

大纲视图含有大纲窗格、幻灯片窗格和备注窗格，如图 7-7 所示。在大纲窗格中显示演示文稿的文本内容和组织结构，不显示图形、图像、图表等对象。在大纲视图下编辑演示文稿，可以调整各幻灯片的前后顺序；在一张幻灯片内可以调整标题的层次级别和前后次序；还可以将某幻灯片的文本复制或移动到其他幻灯片中。

打开大纲视图的方法：选择“视图”选项卡，在“演示文稿视图”选项组中单击“大纲视图”按钮，如图 7-7 所示。

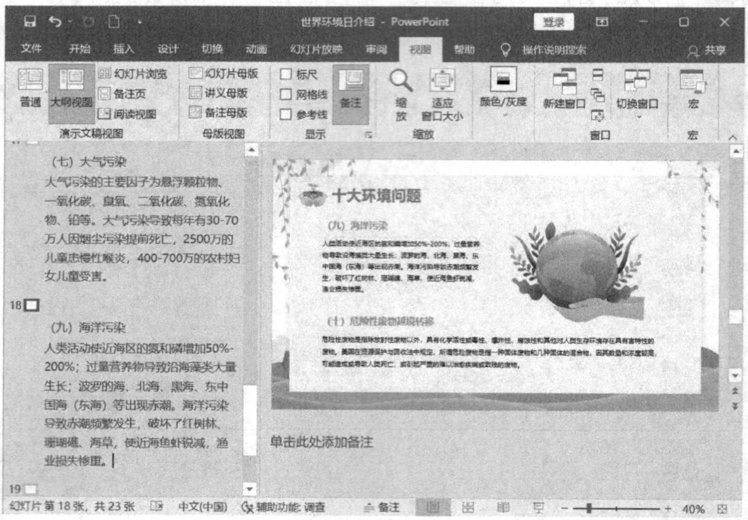

图 7-7　大纲视图

7.1.4　演示文稿的创建方式

演示文稿由一系列幻灯片所组成，每张幻灯片都可以有独立的标题、文字说明、数字、图表、图像以及多媒体组件等元素。用户可以通过幻灯片的各种切换和动画效果向观众演示成果、表达观点及传达信息。

创建演示文稿的方法主要有创建空白演示文稿和根据模板创建演示文稿两种。

1. 创建空白演示文稿

空白演示文稿是指没有任何设计方案和文本的演示文稿，用户可以根据自己的需要进行编辑。创建空白演示文稿的具体方法如下。

1）选择“文件”选项卡，在打开的后台视图中选择“新建”选项，如图 7-8 所示。

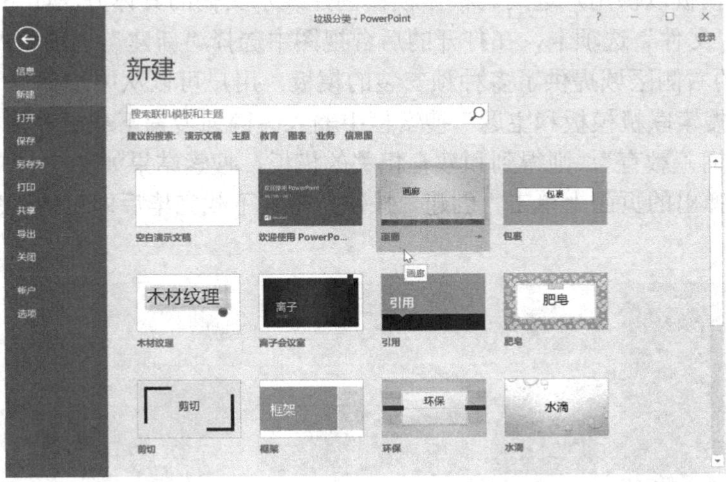

图 7-8　后台视图的“新建”选项

2）在窗口右侧区域中选择“空白演示文稿”选项，即可新建一份空白演示文稿，如图 7-9 所示。

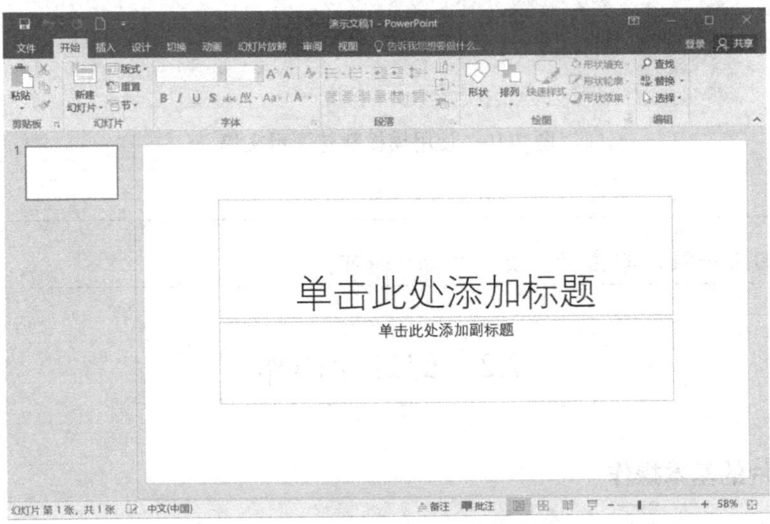

图 7-9　新建空白演示文稿

提示

启动 PowerPoint 2016 后，系统将自动新建一个默认文件名为“演示文稿 1”的空白演示文稿。

2. 根据模板创建演示文稿

模板是预先设计好样本的演示文稿，一般有明确的用途。PowerPoint 2016 系统提供了丰富多彩的模板以供用户选用。根据模板创建演示文稿的具体方法如下。

1）选择“文件”选项卡，在打开的后台视图中选择“新建”选项，如图 7-8 所示。

2）窗口的右侧区域提供了多种预安装的模板，用户可以从中选择一个模板，也可以联网后在“搜索联机模板和主题”搜索栏中输入关键词搜索下载更多模板，如在搜索栏中输入关键词“教育”，则得到和教育相关的模板，搜索结果如图 7-10 所示。选择所需模板后，在弹出的页面上单击“创建”按钮，待其下载完毕后即可得到应用此模板的演示文稿。

图 7-10　使用模板新建演示文稿

提示

若要返回上一层，单击“主页”按钮即可。

7.2　幻灯片操作

7.2.1　幻灯片的基本操作

幻灯片的基本操作包括选择、插入、移动、复制、隐藏和删除等。

1. 幻灯片的选择

在 PowerPoint 中，可以一次选中一张幻灯片，也可以同时选中多张幻灯片，然后对选中的幻灯片进行操作。

（1）选择单张幻灯片

在普通视图的“幻灯片浏览”窗格中，单击需要选中的幻灯片即可。

（2）选择编号连续的多张幻灯片

单击起始编号的幻灯片，按住 Shift 键，再单击最后编号的幻灯片，此时将有多张幻灯片同时被选中。按 Ctrl+A 组合键会选中所有的幻灯片。

（3）选择编号不相连的多张幻灯片

按住 Ctrl 键，依次单击需要选择的每张幻灯片，此时被单击的多张幻灯片同时被选中；按住 Ctrl 键，再次单击已被选中的幻灯片，可以取消选择该幻灯片。

2. 幻灯片的插入

在普通视图、幻灯片浏览视图和备注页视图下均可进行幻灯片的插入操作。

通过下面 3 种方法，用户可以在当前演示文稿中添加新的幻灯片。

1）命令法。选择“开始”选项卡，在“幻灯片”选项组中单击“新建幻灯片”下拉按钮，在弹出的下拉列表中选择一种幻灯片版式，如图 7-11 所示，系统会在当前幻灯片之后插入一张新的空白幻灯片。

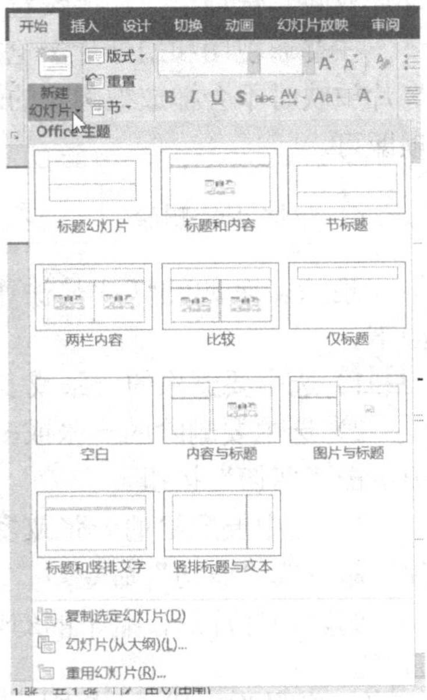

图 7-11　“新建幻灯片”下拉列表

如果希望复制当前幻灯片，也可以在如图 7-11 所示的下拉列表中选择“复制选定幻灯片”选项。

2）Enter 键法。在普通视图下，将光标定位在左侧的“幻灯片浏览”窗格中，然后按 Enter 键，即可快速在选定位置的下方插入一张新的空白幻灯片。

3）快捷键法。按 Ctrl+M 组合键可以快速添加一张空白幻灯片。

3. 幻灯片的移动

移动幻灯片主要有以下两种方法。

1）在普通视图模式或幻灯片浏览视图模式下，选中一张或多张幻灯片，按住鼠标左键拖动到目标位置即可。

2）选中一张或多张幻灯片，选择“开始”选项卡，在“剪贴板”选项组中单击“剪切”按钮（或按 Ctrl+X 组合键），然后在目标位置处单击，再单击“粘贴”按钮（或按 Ctrl+V 组合键），也可以实现幻灯片的移动。

4. 幻灯片的复制

PowerPoint支持以幻灯片为对象的复制操作，可以将整张幻灯片及其内容进行复制。复制幻灯片主要有以下几种方法。

1）选中要复制的一张或多张幻灯片，单击“开始”选项卡，在“剪贴板”选项组中单击“复制”按钮（或按 Ctrl+C 组合键），然后在目标位置处单击，再单击“粘贴”按钮（或按 Ctrl+V 组合键）。

2）在幻灯片浏览视图模式和普通视图模式下，选中要复制的一张或多张幻灯片，按住 Ctrl 键，同时用鼠标左键拖动，到目标位置后松开鼠标左键。

3）选中要复制的一张或多张幻灯片，选择“开始”选项卡，在“剪贴板”选项组中单击“复制”下拉按钮，在其下拉列表中选择“复制”选项；或在“幻灯片”选项组中单击“新建幻灯片”下拉按钮，在弹出的下拉列表中选择“复制选定幻灯片”选项，即可实现幻灯片的复制。

5. 幻灯片的隐藏

隐藏幻灯片的操作如下。

1）在普通视图的“幻灯片浏览”窗格中选取一张或多张幻灯片。

2）右击选中的幻灯片，在弹出的快捷菜单中选择“隐藏幻灯片”命令，或选择“幻灯片放映”选项卡，在“设置”选项组中单击“隐藏幻灯片”按钮。

在普通视图和幻灯片浏览视图下，仍可以看到被隐藏的幻灯片的缩略图，但是在幻灯片放映时不会播放被隐藏的幻灯片。若要取消隐藏效果，取消选择“隐藏幻灯片”选项即可。

6. 幻灯片的删除

删除多余的幻灯片是快速清除演示文稿中大量冗余信息的有效方法。具体方法如下。

1）选中要删除的一张或多张幻灯片，按 Backspace 键、Delete 键或 Ctrl+X 组合键。

2）选中要删除的一张或多张幻灯片，单击“开始”选项卡，在“剪贴板”选项组中单击“剪切”按钮。

3）选中要删除的一张或多张幻灯片并右击，在弹出的快捷菜单中选择“删除幻灯片”命令或“剪切”命令。

删除幻灯片后，剩下的幻灯片会自动重新编号。

7.2.2 PowerPoint 2016 的“节”功能

PowerPoint 2016 中的“节”（section）功能可以实现对演示文稿中的幻灯片进行类似于文件夹式的分组管理。具体方法如下。

1）选中需要进行“节”管理的幻灯片。

2）选择“开始”选项卡，在“幻灯片”选项组中单击“节”下拉按钮，在其下拉列表中可执行“新增节”“重命名节”“删除所有节”等操作，如图 7-12 所示。

若选择“节”下拉列表中的“全部折叠”选项，则当前的演示文稿被折叠，每个节仅显示节名和对应的幻灯片数量，如图 7-13 所示。

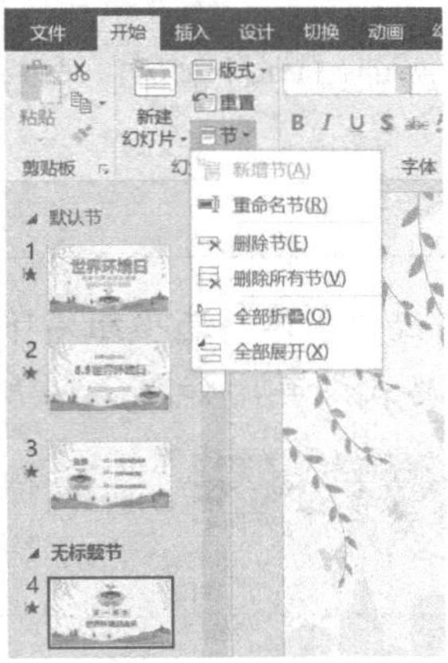

图 7-12　“节”下拉列表

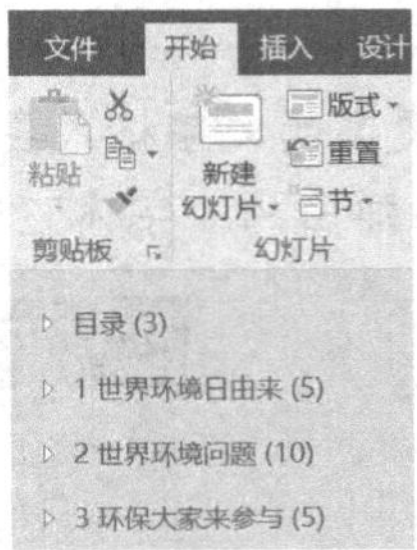

图 7-13　“节”的“全部折叠”效果

演示文稿分节之后有助于规划文稿结构，编辑和维护起来也能大大节省时间。

当用户需要打印演示文稿中某一节的所有幻灯片时，可选择“文件”选项卡，在打开的后台视图中选择“打印”选项，选择设置需要打印的节，就可以方便地、有选择地打印分好的节。

7.2.3　插入各种对象

新建幻灯片并选择版式后，新生成的幻灯片会含有不同对象的占位符（即预先为插入某具体对象而预留的区域）。用户也可以通过“插入”选项卡，向幻灯片中添加其他需要的各种对象。

在演示文稿中可以插入文字、图片、SmartArt 图形、图表、影音文件等，制作图文并茂的幻灯片。

1. 插入文本框

通常情况下，在演示文稿的幻灯片中添加文本字符时，需要通过文本框来实现。PowerPoint 提供了横排和竖排两种不同的文本框，分别表示文本框中的文字以水平或垂直的方式排列。

1）将文本添加到幻灯片中的操作如下。

① 选择“插入”选项卡，在“文本”选项组中单击“文本框”下拉按钮，在弹出的下拉列表中选择“横排文本框”选项或“竖排文本框”选项，此时鼠标指针变成“十”字状。

② 按住左键在幻灯片窗格中拖动，即可插入一个文本框，然后输入相应的文本即可。

2）在演示文稿中，设置字体、字号、字形、字体颜色和效果等基本属性与在 Word 中相似。具体方法如下。

① 选择需要设置的文本。

② 选择“开始”选项卡，即可在“字体”选项组中对字体、字号、字形、字体颜色和效果等进行设置。

提示

若用户有更高的文字格式要求，还可以单击“字体”选项组右下角的对话框启动器按钮，在弹出的“字体”对话框中进行格式设置，如图 7-14 所示。

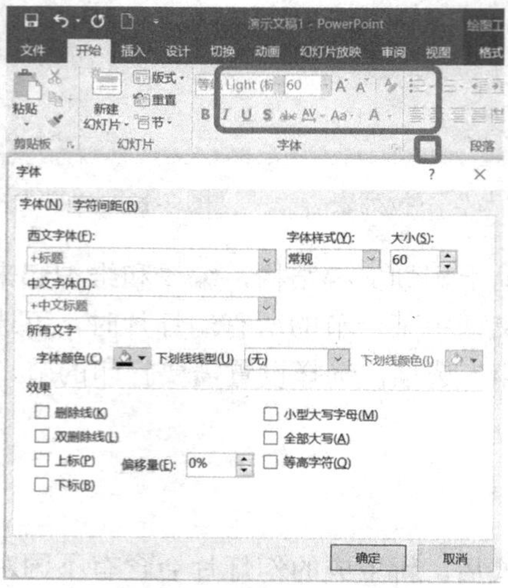

图 7-14 “字体”选项组和“字体”对话框

2. 插入图片

在制作演示文稿的过程中，可以使用图片来丰富幻灯片的版面效果，在演示文稿中可以插入本地磁盘或网络上的图片、艺术字等，更生动、形象地阐述其主题。

在插入图片时，应充分考虑幻灯片的主题，使图片和主题和谐一致。具体方法如下。

1）选择“插入”选项卡，在“图像”选项组中单击“图片”按钮，打开“插入图片”对话框。

2）在对话框左侧选择存放目标图片文件的路径，在右侧选择图片文件，然后单击“打开”按钮，将图片插入幻灯片中。

3）拖动图片四周的尺寸控制点可以调整图片的大小，然后拖动图片，将其放置在幻灯片的合适位置。

提示

在定位图片位置时，按住 Ctrl 键，再按键盘上的方向键，可以实现图片的微量移动，以达到精确定位图片的目的。

插入图片以后，需要对图片进行编辑。选中图片，功能区就会显示“图片工具”的“格式”选项卡。PowerPoint 2016 提供了很多图像处理功能，如图 7-15 所示，包括裁剪图片、删除背景、更改亮度与清晰度、更改色彩、设置艺术效果等。

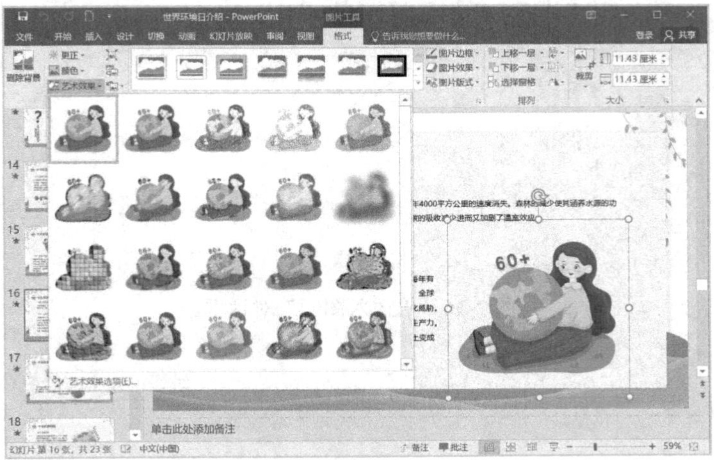

图 7-15　“图片工具”的“格式”选项卡

3. 插入图表和表格

1）插入图表：用图表展示数据，往往能更直观地体现演讲者的思想，使数据更具有表现力。插入图表的具体方法如下。

① 选定要插入图表的区域。

② 选择“插入”选项卡，在“插图”选项组中单击“图表”按钮，弹出如图 7-16 所示的“插入图表”对话框，选择所需的图表类型（本例为簇状柱形图），单击“确定”按钮，打开 Excel 表格编辑界面。

③ 编辑完成以后，关闭编辑界面，即可在文稿中插入数据所对应的图表，如图 7-17 所示。如需对数据再次编辑，可选择“图表工具”中的“设计”选项卡，在“数据”选项组中单击“编辑数据”按钮进行编辑。

2）插入表格：与页面文字相比较，表格采用行列化的形式，更能体现内容的对应性及内在的联系，表格结构更适合表现比较性、逻辑性、抽象性强的内容。插入表格的具体方法如下。

① 定位到相应的幻灯片中。

② 选择“插入”选项卡，在“表格”选项组中单击“表格”下拉按钮，在弹出的下拉列表的表格示意图中滑动鼠标确定行列数后单击，如图 7-18（a）所示；也可以在

“表格”下拉列表中选择“插入表格”选项，弹出“插入表格”对话框，如图 7-18（b）所示，在对话框中输入表格的行数和列数，单击“确定”按钮，即可在当前幻灯片中插入所需要的表格。

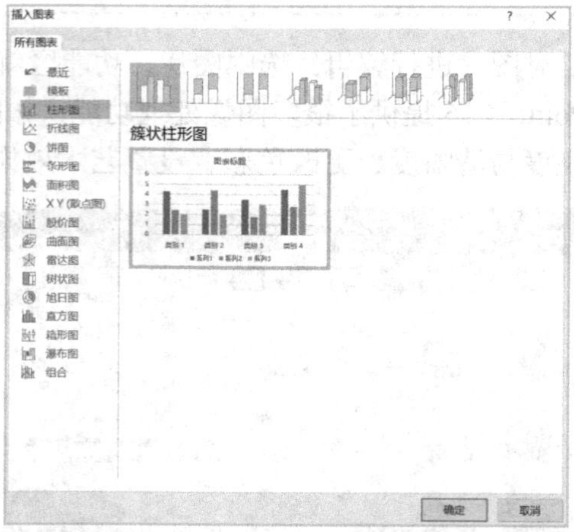

图 7-16 “插入图表”对话框

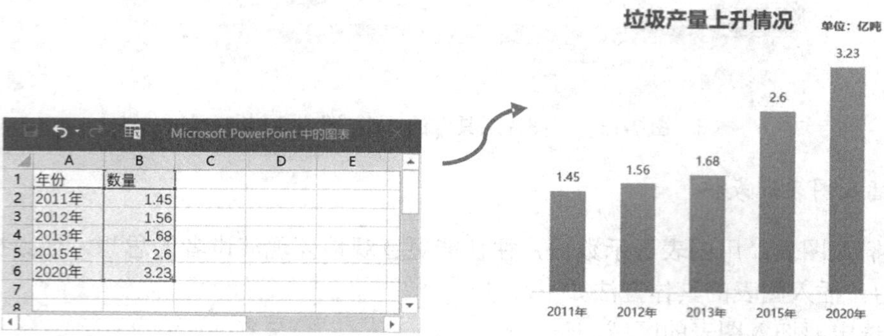

图 7-17 图表在幻灯片中的显示及其对应的数据编辑

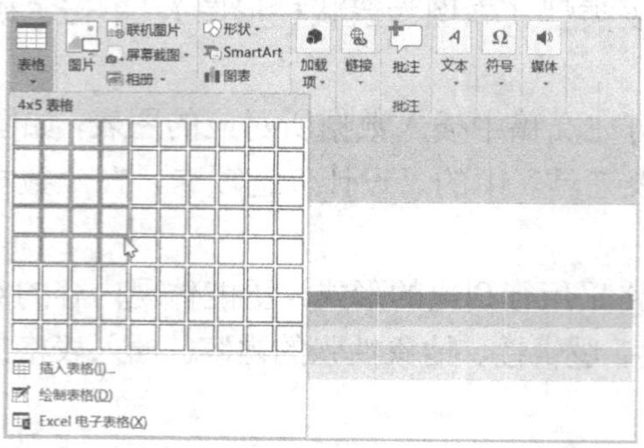

（a）确定表格的行列数

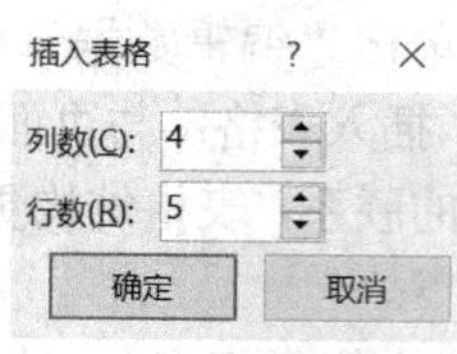

（b）“插入表格”对话框

图 7-18 在幻灯片中插入表格

4. 插入影音文件

（1）插入声音文件

PowerPoint 2016 提供了在幻灯片放映时播放音乐、声音和影片的功能，在幻灯片中可以插入.wav、.mid、.rmi 和.aif 等声音文件。插入声音文件有两种途径：PC 上的音频和录制音频。同时，在放映幻灯片时也可以同步播放 CD 音乐，以增强幻灯片演示的效果。具体方法如下。

1）选中要编辑的幻灯片。

2）选择“插入”选项卡，在“媒体”选项组中单击“音频”下拉按钮，在下拉列表中选择“PC 上的音频”选项，打开“插入音频”对话框，在资源管理器中选中要插入的声音文件，单击“插入”按钮。

3）此时，系统自动打开“音频工具”中的“播放”选项卡，如图 7-19 所示，可以在“音频选项”选项组中设置音频播放的方式。

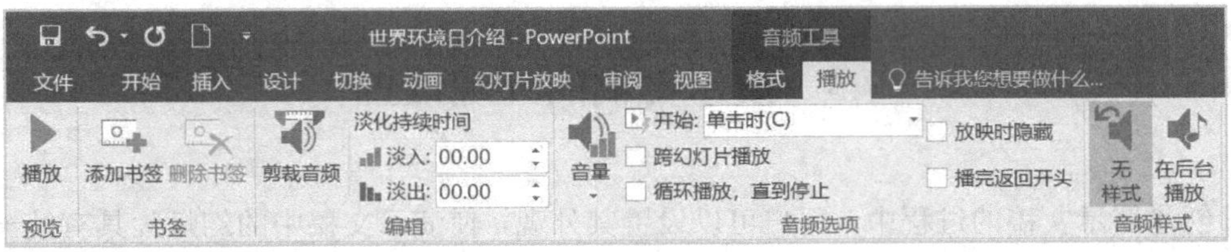

图 7-19　“音频工具”的“播放”选项卡

（2）插入视频文件

在幻灯片中可放映视频。视频有两种来源：联机视频和 PC 上的视频。PowerPoint 2016 支持的视频文件格式有.avi、.asf、.wmx、.swf、.mov 和.mp4 等。

插入视频文件的步骤与添加声音文件非常相似，两者的主要区别在于视频不仅包含声音效果，而且包含活动的影像。

5. 插入 SmartArt 图形

形象化表达是 PowerPoint 的一大特色，对于一些抽象的概念，可以使用 SmartArt 图形来表达，更有助于读者理解和记住信息。PowerPoint 2016 内置了丰富的 SmartArt 图形库，供用户进行选择。插入 SmartArt 图形的具体方法如下。

1）选中要编辑的幻灯片。

2）选择“插入”选项卡，在“插图”选项组中单击“SmartArt”按钮，打开如图 7-20 所示的“选择 SmartArt 图形”对话框，用户可以从中选择一种类型，如“流程”、“层次结构”或“关系”，每种类型都包含几种不同的布局，选择后单击“确定”按钮即可。

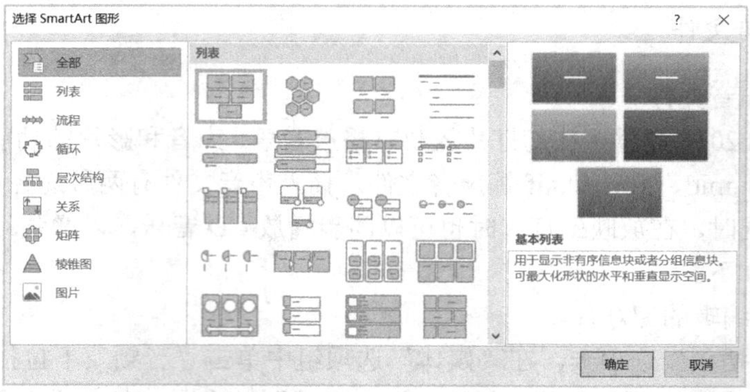

图 7-20 “选择 SmartArt 图形”对话框

SmartArt 图形是信息和观点的视觉表示形式。用户可以从多种不同布局选择创建 SmartArt 图形，从而快速、轻松、有效地传达信息。

7.3 演示文稿的外观设置

创建演示文稿的过程中，用户可以设置其外观，使演示文稿中的幻灯片具有统一的背景、配色和风格等外观效果。演示文稿的外观设置主要包括背景、主题、母版和版式等的设置。

7.3.1 幻灯片背景

幻灯片的背景既可以是单色块，也可以是渐变过渡色、线条、暗纹、简单图案或图片，用户应根据演示文稿的内容和主题选择背景。

设置幻灯片背景的方法如下。

1）打开要编辑的演示文稿。

2）选择“设计”选项卡，在“自定义”选项组中单击“设置背景格式”按钮，打开如图 7-21 所示的“设置背景格式”窗格。“填充”下有多种填充方式：“纯色填充”“渐变填充”“图片或纹理填充”“图案填充”等。如果选中“渐变填充”单选按钮，可以看到在 PowerPoint 2016 中预先设置有一些渐变颜色的背景，用户可以从中选择一种填充效果；如果选择其他填充方式，用户也可以设置自己所需要的背景效果。

3）单击“全部应用”按钮，则会将选择结果应用到所有幻灯片中。

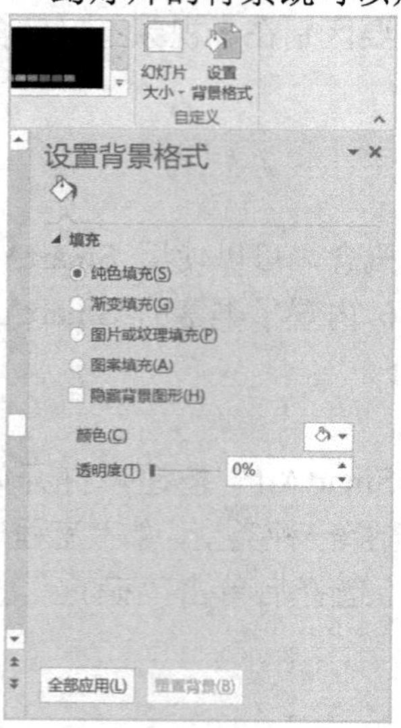

图 7-21 “设置背景格式”窗格

7.3.2　幻灯片版式设计

PowerPoint 2016 启动后，会自动建立一个空白演示文稿。默认情况下，第一张幻灯片是标题幻灯片版式。

设置幻灯片版式的具体方法如下。

1）选择“开始”选项卡，在“幻灯片”选项组中单击“版式”下拉按钮，弹出如图 7-22 所示的下拉列表。

2）选中其中任意一个版式，即可将其应用到当前所选幻灯片中。

用户可以通过设置幻灯片版式选择幻灯片里的标题、文本及图片等对象的布局。幻灯片上的标题、文本、图形等对象在幻灯片上所占的位置称为占位符，表现为一个虚框，框内往往有“单击此处添加标题”之类的提示语，单击之后，提示语会自动消失。

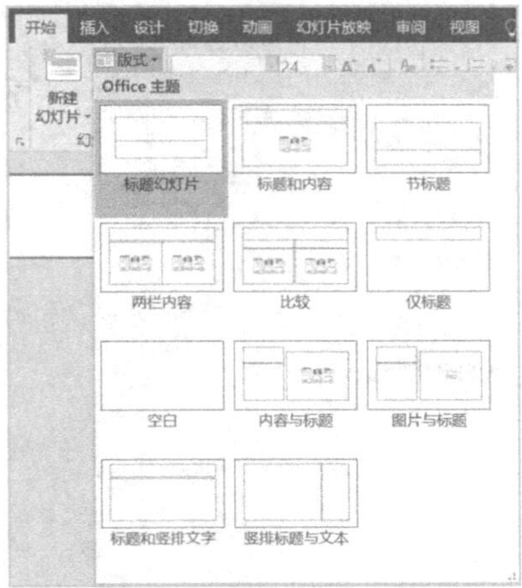

图 7-22　“版式”下拉列表

7.3.3　母版设置

母版用于设置演示文稿中幻灯片的预设格式，它规定了每张幻灯片中文字的位置和大小、项目符号的样式、背景图案等，可以使演示文稿的风格更加统一。修改母版的样式，会影响所有基于该母版的幻灯片样式。

母版分为 3 类：幻灯片母版、讲义母版、备注母版。每个相应的幻灯片视图都有与其相对应的母版，要切换到母版，只需选择“视图”选项卡，在“母版视图”选项组中根据需要选择与视图相对应的母版。

1. 幻灯片母版

母版中最常用的是幻灯片母版，统一出现在每张幻灯片中的对象或格式可以在幻灯片母版中一次性添加和设计，这些设计将应用到所有幻灯片中。

选择“视图”选项卡，在“母版视图”选项组中单击“幻灯片母版”按钮，进入幻灯片母版视图，如图 7-23 所示。在左侧的幻灯片缩略图窗格中，最上面的为幻灯片母版，下方是与之相关联的版式，单击相应的缩略图可以在幻灯片母版和各种版式之间进行切换。

在“幻灯片母版”选项卡的“编辑母版”选项组中单击“插入幻灯片母版”按钮可以插入新的幻灯片母版，创建新的关联版式。一份演示文稿可以包含多个幻灯片母版。

在“幻灯片母版”选项卡的“母版版式”选项组中单击“插入占位符”下拉按钮，从弹出的下拉列表中选择某一占位符后在幻灯片中拖动鼠标可以插入占位符。在幻灯片母版中选择对应的占位符，可以通过“开始”选项卡的“字体”和“段落”选项组统一设置字符格式、段落格式等。

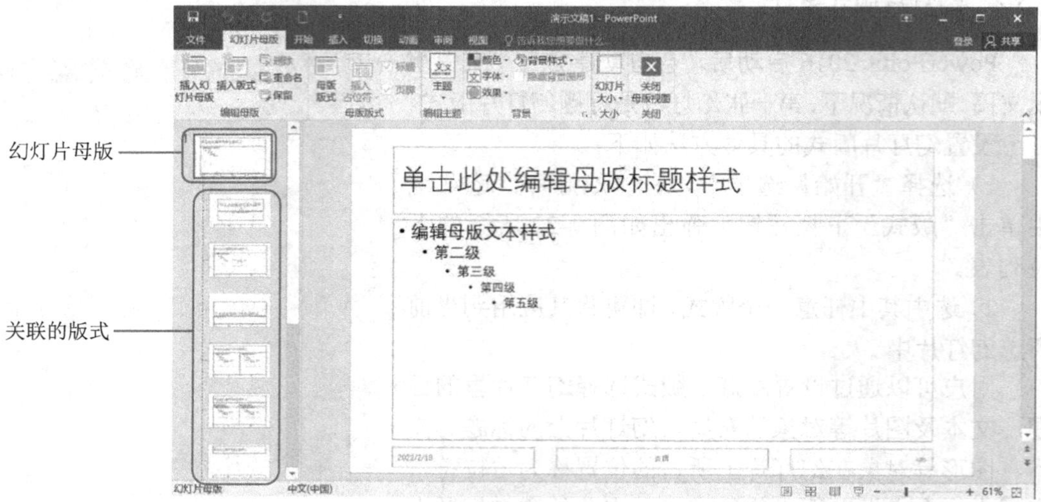

图 7-23　幻灯片母版视图

在“幻灯片母版”选项卡中，通过“编辑主题”选项组和“背景”选项组中的相关工具，可为幻灯片母版设置主题、背景。

编辑完成后，在“幻灯片母版”选项卡的“关闭”选项组中单击“关闭母版视图”按钮。

2. 讲义母版

使用讲义母版可以设置讲义的格式，打印演示文稿时，可以选择以讲义的方式打印，每个页面可以包含 1 张、2 张、3 张、4 张、6 张或 9 张幻灯片。该讲义可供观众在以后的会议中使用。操作方法如下。

1）选择“视图”选项卡，在“母版视图”选项组中单击“讲义母版”按钮，打开如图 7-24 所示的讲义母版视图。其中有 4 个占位符，分别是“页眉”、“日期”、“页脚”和“页码”。

2）分别确定占位符中的内容。

3）编辑完成后，在“讲义母版”选项卡的“关闭”选项组中单击“关闭母版视图”按钮。

3. 备注母版

备注窗口是供演讲者备注使用的空间，备注母版是供用户设置备注幻灯片的格式。选择“视图”选项卡，在“母版视图”选项组中单击“备注母版”按钮，打开如图 7-25 所示的备注母版视图。在其中按需调整各占位符的位置和格式，如需退出，可在“备注母版”选项卡的“关闭”选项组中单击“关闭母版视图”按钮。

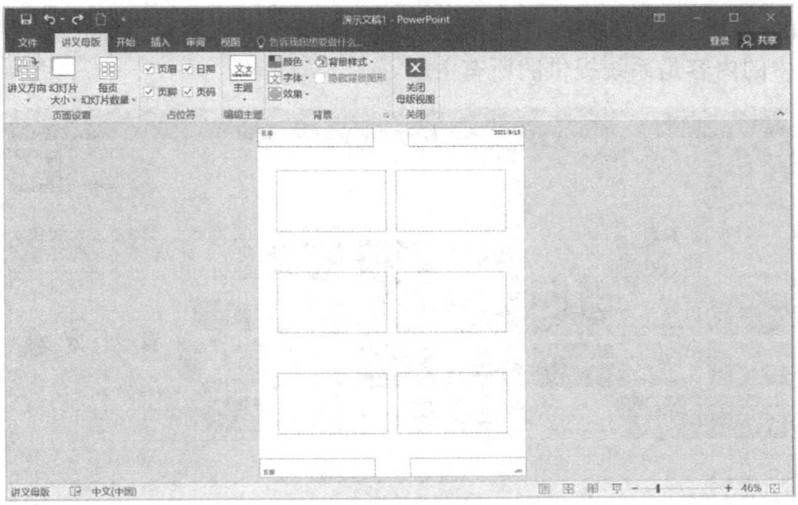

图 7-24　讲义母版视图

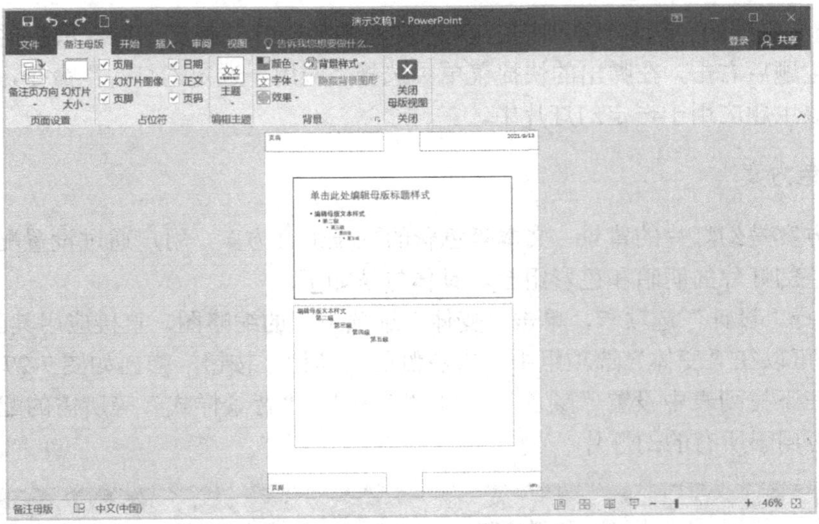

图 7-25　备注母版视图

7.3.4　幻灯片主题设计

幻灯片主题设计是指将某个设计模板应用于当前演示文稿，使当前演示文稿呈现出指定主题的外观。

主题（即设计模板）包含预定义的格式（幻灯片样式）和配色方案，可将其应用到任意演示文稿，以创建独特的外观。用户也可任意修改现有模板，以满足自己独特的需求，还可以用已创建的演示文稿建立新的模板，具体方法如下。

1）选择“设计”选项卡，在“主题”选项组中单击右侧的“其他”按钮，打开主题列表，如图 7-26 所示。其中，“此演示文稿”列表中的内容是当前正在应用的主题，Office 列表中的内容是系统提供的所有主题。

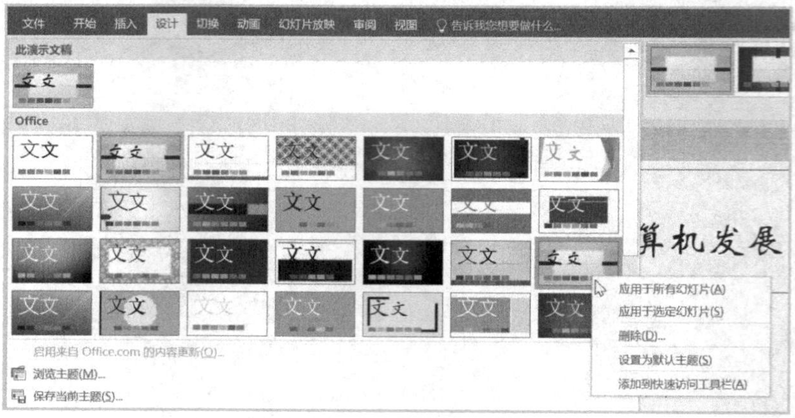

图 7-26　主题列表

2）选中需要的主题样式，则整个演示文稿中的幻灯片都变为同一模板的格式。也可以选定主题后右击，在弹出的快捷菜单中选择“应用于选定幻灯片”命令，如图 7-26 所示，将该主题应用于选定幻灯片中。

7.3.5　配色方案

配色方案是幻灯片的背景、文本等色彩的预设组合方案，用户通过设置配色方案可以快速调整幻灯片的明暗和色彩组合。具体方法如下。

1）选择“设计”选项卡，单击“变体”选项组中的缩略图，直接应用其配色方案。

2）也可以在“变体”选项组中单击右侧的“其他”按钮，弹出如图 7-27 所示的下拉列表，在下拉列表中设置“颜色”“字体”“效果”“背景样式”等所需的配色方案，即可将其应用于所有的幻灯片。

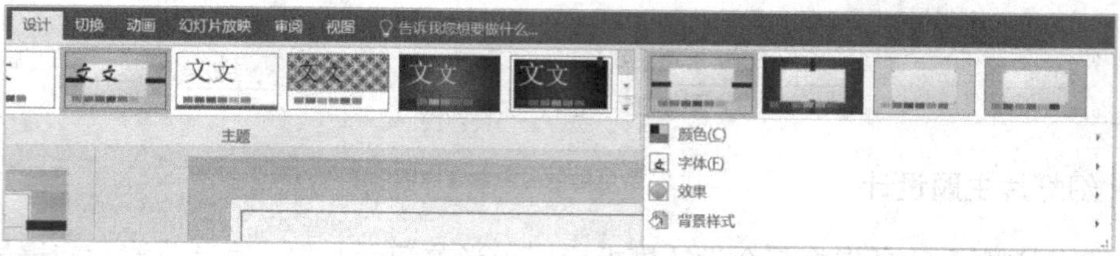

图 7-27　“变体”下拉列表

用户也可以自定义颜色，操作方法如下。

1）选择“设计”选项卡，在“变体”选项组中单击右侧的“其他”下拉按钮，在其下拉列表中选择“颜色”选项，在弹出的下一级列表中选择“自定义颜色”选项，打开如图 7-28 所示的“新建主题颜色”对话框。主题颜色的配色方案由多种对象的颜色组成，如文字背景、强调文字颜色、超链接等，用户也可以自己定义对象，并对其设置主题颜色。

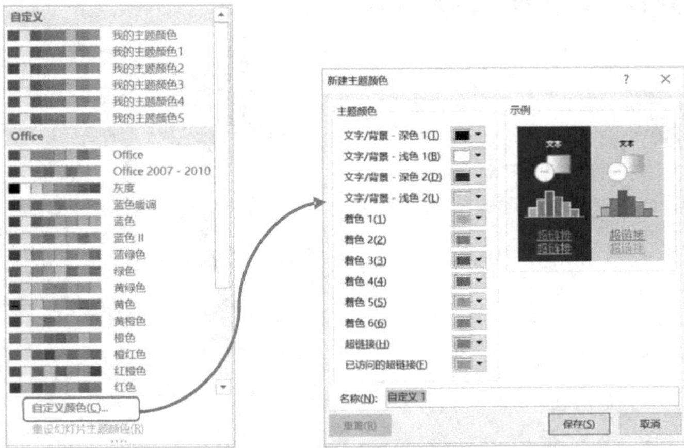

图 7-28　“新建主题颜色”对话框

2）设置完成后单击“保存”按钮，则方案中的每种颜色都会自动应用于幻灯片中的不同组件。

7.4　动画设置

放映幻灯片之前，还可以为其设计特殊的视听和动画效果。图表、图片、文本框、文本等都可以设置动画效果，从而起到突出主题、丰富版面的作用，而且大大提高了演示文稿的趣味性，如文本逐字从左侧飞入，或显示图片时播放照相机按快门的声音等。为幻灯片中的文本或对象添加动画效果可以在“动画”选项卡中进行设置。

7.4.1　自定义动画

选择“动画”选项卡，可以为幻灯片中各种对象设置不同的动画效果。自定义动画的前提是必须选择对象，针对某一文本或图片对象单独设置动画风格。通过设置自定义动画，可以很方便地设置幻灯片标题和正文的动画风格。具体方法如下。

1）在普通视图下，选定要设置动画的幻灯片。

2）在幻灯片窗格选定要动态显示的对象，则此时对象四周出现虚线框占位符。选择“动画”选项卡，在“动画”选项组的动画列表中选择一种动画效果，如图 7-29（a）所示，或单击动画列表右下角的“其他”下拉按钮，打开如图 7-29（b）所示的可选动画列表。

3）本例为图 7-30 中的每个对象设置了“进入”时的效果，此时每个对象旁边都会出现一个数字小图标，表示动画执行顺序。可在“动画”选项卡中对设置了动画的对象做进一步设置。如图 7-31 所示，可设置“开始”“持续时间”等选项，调整所选对象的动画顺序及参数；还可以单击“动画”选项组右下角的对话框启动器按钮，打开如图 7-32 所示的对话框，设置动画声音等。

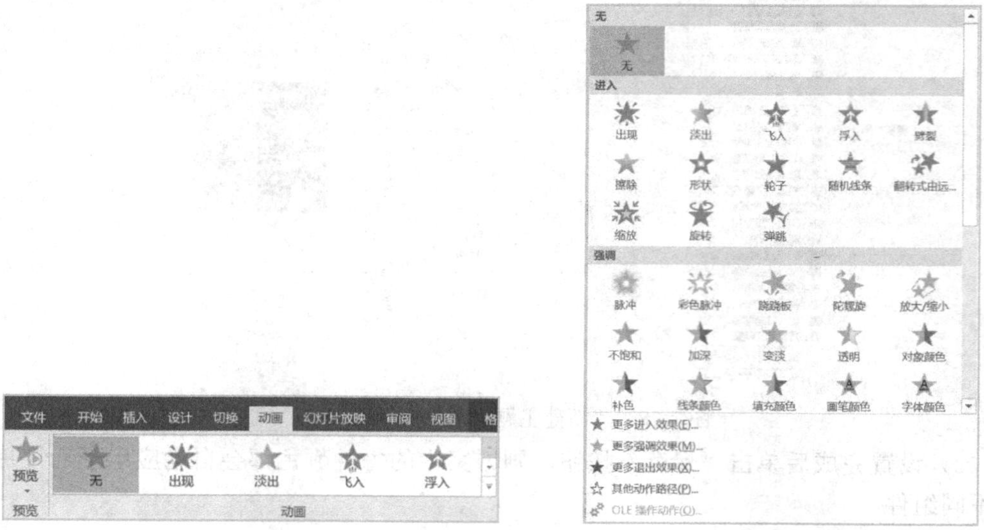

（a）“动画”选项组　　（b）可选动画列表

图 7-29　“动画”选项组及可选动画列表

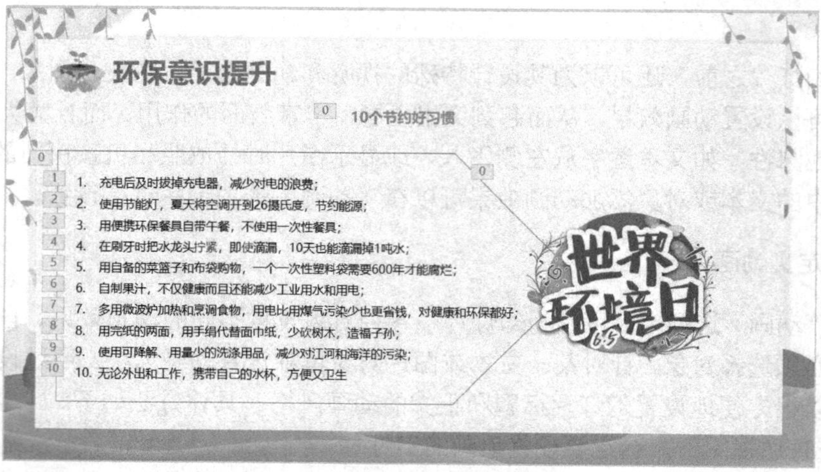

图 7-30　动画执行顺序

图 7-31　动画设置

4）对每一个需要动态显示的对象重复步骤 2）和 3），直到设置完所有的项目。

5）选择“动画”选项卡，在“预览”选项组中单击“预览”按钮，可在原视图中预览为该对象定义的动画。

如果要对当前幻灯片中所有设置动画的对象做统一管理，可以选择“动画”选项卡，在“高级动画”选项组中单击“动画窗格”按钮，打开“动画窗格”窗格，其中的所有动画效果按播放的顺序从上到下排列编号，幻灯片中设置了动画效果的项目也会出现与列表中相对应的序号标记。若要改变动画顺序，可选中要移动的动画，单击“动画窗格”右上角的上下箭头按钮调整顺序。

用户还可以在“动画窗格”中选中某一个动画，单击右侧的下拉按钮，在弹出的下拉列表中对该动画进行详细设置，如图 7-33 所示。

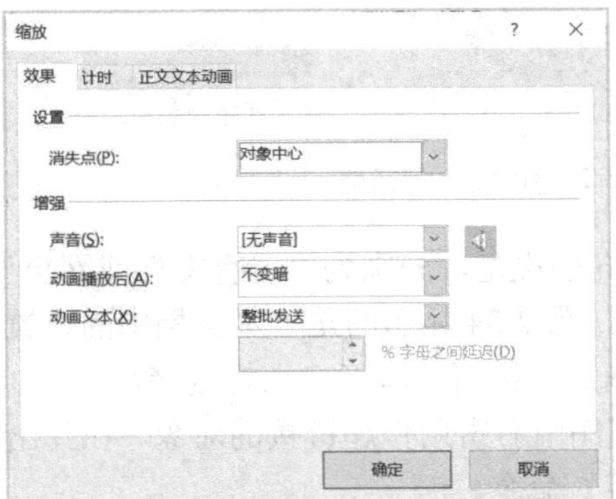

图 7-32　“缩放”效果设置对话框

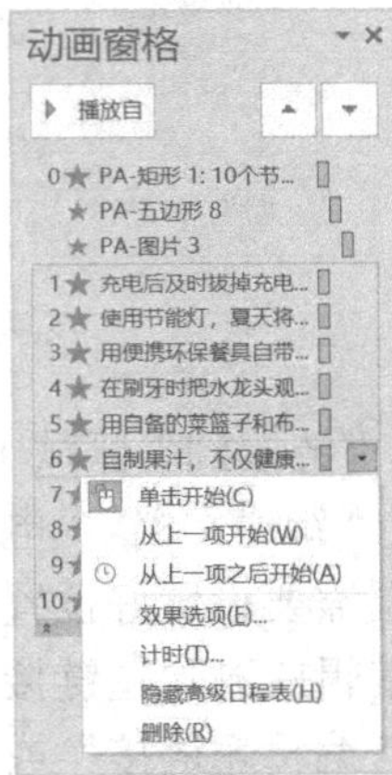

图 7-33　“动画窗格”窗格

提示

PowerPoint 2016 提供了“动画刷”功能，与“格式刷”功能类似，用它可以轻松、快速地复制动画效果。首先选中已设置了动画效果的对象 A，单击“动画刷”按钮，然后选中对象 B，就可以使对象 B 具有与对象 A 相同的动画效果。

7.4.2　建立超链接

超链接是实现从一个演示文稿或文件快速跳转到其他演示文稿或文件的捷径。在文稿演示过程中，鼠标指针指向链接标志时，会变成“小手”状，单击该链接可跳转到相应的文档或打开链接的网页。一张幻灯片中可以设置多个链接点。

用户可以在演示文稿中添加超链接，并可以利用它跳转到不同的位置，如本演示文稿中的其他幻灯片、其他演示文稿中的幻灯片、Word 文档、Excel 电子表格、电子邮件地址等，从而使幻灯片获得的信息量更加丰富。

建立超链接的操作方法如下。

1）选定用作超链接标志的文本、图形等对象。

2）选择“插入”选项卡，在“链接”选项组中单击“超链接”按钮，打开如图 7-34 所示的“插入超链接”对话框。

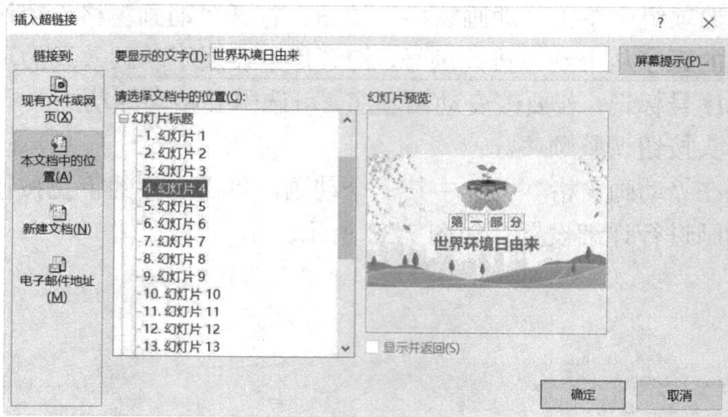

图 7-34 “插入超链接”对话框

3）在“链接到”区域中选择链接指向的类型，分别为“现有文件或网页”“本文档中的位置”“新建文档”“电子邮件地址”。图 7-34 显示的是“本文档中的位置”类型的设置，根据需要设置好位置后，单击“确定”按钮，即可建立超链接。

若要编辑或删除超链接，可在普通视图中右击用作超链接的对象，在弹出的快捷菜单中选择“编辑超链接”或“取消超链接”命令。

7.4.3 动作设置

演示文稿放映时，演讲者操作幻灯片上的对象去完成下一个既定的功能，这项既定功能即称为该对象的动作。

对象的动作设置提供了在幻灯片放映中人机交互的一个途径，使演讲者可以根据自己的需要选择幻灯片的演示顺序和展示演示内容。用户可以在众多的幻灯片中实现快速跳转，还可以实现与 Internet 的超链接，甚至可以应用动作设置启动某一个应用程序或宏。

1. 动作按钮

选择“插入”选项卡，在“插图”选项组中单击“形状”按钮，在打开的下拉列表的最底层有“动作按钮”选项，用户可以对一些按钮进行动作设置。动作按钮是 PowerPoint 提供的带有预设动作的按钮对象，共有 12 种，包括“后退或前一项”“前进或下一项”“转到开头”“转到结尾”“转到主页”“获取信息”“上一张”“视频”“文档”“声音”“帮助”“空白”，如图 7-35 所示。

通过动作设置，演讲者可根据自己的需要随时切换到某一张幻灯片、其他演示文稿、应用程序或网页。

2. 动作设置

选择动作按钮后，鼠标指针会变成黑色十字形，按住鼠标左键在需要插入的位置拖放光标即可。动作按钮插入成功后，会弹出如图 7-36 所示的“操作设置”对话框，包括“单击鼠标”和“鼠标悬停”两个选项卡。

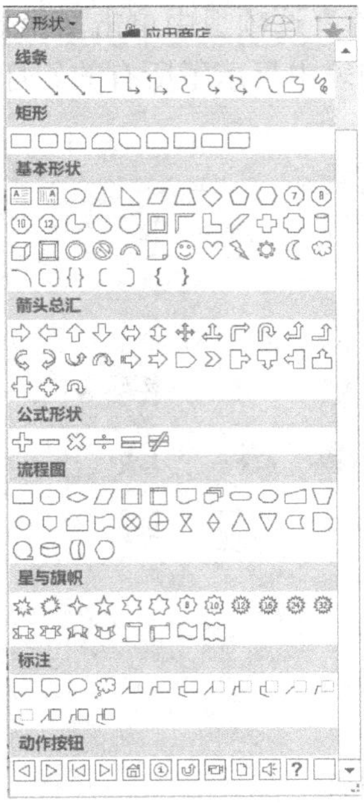

图 7-35　“动作按钮”选项

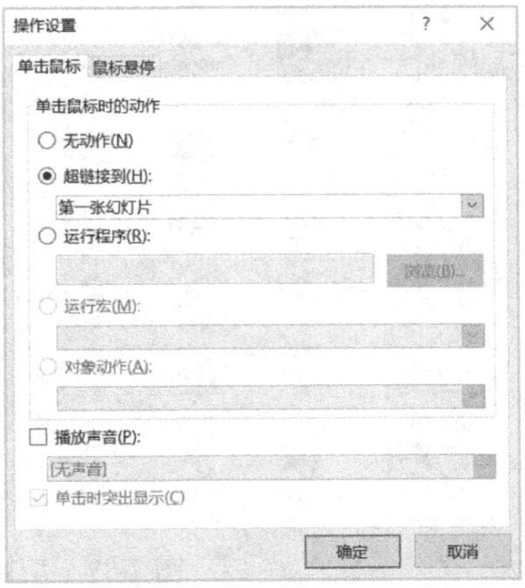

图 7-36　“操作设置”对话框

在“单击鼠标”选项卡中选中“超链接到”单选按钮，单击其下方的下拉按钮，在打开的下拉列表中选择超链接的对象。若选中“运行程序”单选按钮，输入要运行的应用程序的路径和程序名后，在放映幻灯片时单击对象，会自动运行所选择的应用程序。此外，还有“运行宏”“对象动作”“播放声音”“单击时突出显示”等选项设置。

在“鼠标悬停”选项卡中，可设置鼠标移过对象时发生的动作，设置方法与“单击鼠标”选项卡相同。

7.5　幻灯片的播放

7.5.1　幻灯片切换

幻灯片切换效果是指演示文稿放映时幻灯片之间衔接的特殊形式，用于增强演示文稿的动态视觉感受，可设置幻灯片切换时的切换效果、切换速度、切换方式、切换声音等。

> **提示**
>
> 一张幻灯片只能使用一种切换效果。

具体方法如下。

1）在幻灯片浏览视图或普通视图中选择一张或多张幻灯片。

2）选择“切换”选项卡，在“切换到此幻灯片”选项组中单击切换效果列表右下角的“其他”下拉按钮，打开切换方式下拉列表，列表中显示了所有的幻灯片切换效果，用户可以从中进行选择，如图 7-37 所示。

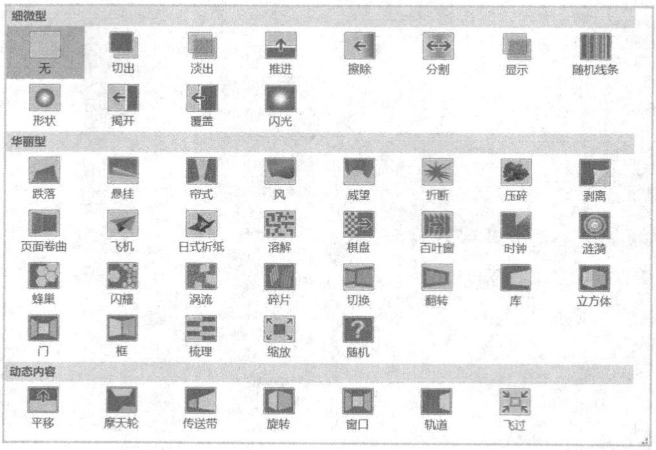

图 7-37　切换效果列表

3）如图 7-38 所示，在“计时”选项组中，若选中“单击鼠标时”复选框，则用鼠标单击的方式切换到下一张幻灯片；若选中“设置自动换片时间”复选框，则幻灯片按设定时间自动切换至下一张；若同时选中两者，则先到为先。

图 7-38　“切换”选项卡

4）如图 7-38 所示，单击“声音”下拉按钮，可在弹出的下拉列表中选择幻灯片切换时所需的声音。若要求在幻灯片演示过程中始终留有声音，则选择“播放下一段声音之前一直循环”选项。在“持续时间”数值框中可以设置幻灯片的切换速度。

5）若要将切换效果应用到所有幻灯片，应单击“计时”选项组中的“全部应用”按钮。

7.5.2　排练计时

为了在放映演示文稿前安排好各张幻灯片的播放时间，以便自动定时切换幻灯片，可在编辑时设置好排练计时。具体方法如下。

1）选择“幻灯片放映”选项卡，在“设置”选项组中单击“排练计时”按钮，进入“排练计时”状态。此时，单张幻灯片放映所耗用的时间和文稿放映所耗用的总时间显示在“录制”对话框中，如图 7-39 所示。

2）手动完整地放映一遍演示文稿，并利用“录制”对话框中的“暂停”和“重复”等按钮控制排练计时过程，以获得最佳的播放时间。

3）播放结束后，在弹出的询问对话框中单击“是”按钮以保留新的排练时间，或者单击“否”按钮放弃新的排练时间，如图 7-40 所示。

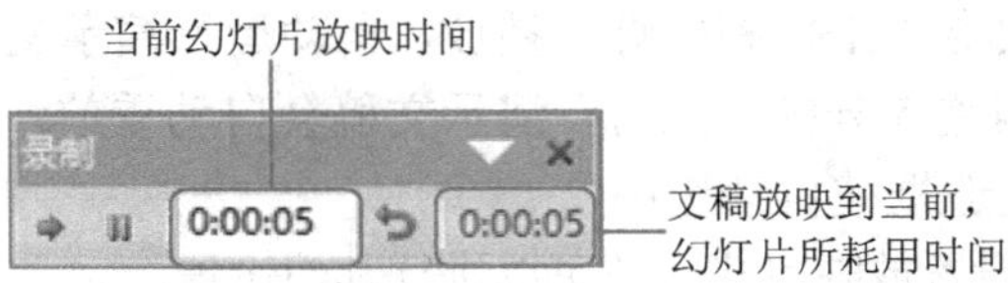

图 7-39　“录制”对话框

图 7-40　是否保留排练时间询问对话框

7.5.3　设置放映方式

不同的用户在不同的环境下需要不同的放映方式，可以选择“幻灯片放映”选项卡，在“设置”选项组中单击“设置幻灯片放映”按钮，打开“设置放映方式”对话框。在“放映类型”栏中有 3 种播放演示文稿的方式，即“演讲者放映（全屏幕）”“观众自行浏览（窗口）”“在展台浏览（全屏幕）”，如图 7-41 所示。

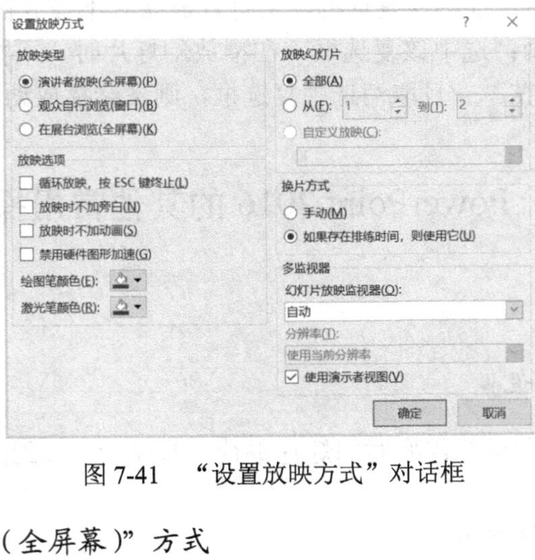

图 7-41　“设置放映方式”对话框

1. “演讲者放映（全屏幕）”方式

“演讲者放映（全屏幕）”是最常用的放映方式。通常，由演讲者播放演示文稿，演示文稿全屏幕显示，这种放映方式适合会议或教学的场合，演讲者对演示文稿有完全的控制权，可采用自动或人工方式进行放映。演讲者在播放演示文稿时，可随时将演示文稿暂停，添加会议细节或即席反应。

2. “观众自行浏览（窗口）”方式

“观众自行浏览（窗口）”方式由观众自己动手使用计算机观看幻灯片，这种放映方式适合允许观众交互式控制放映过程的场合。它允许观众利用窗口命令控制放映进程，可以在放映时移动、编辑、复制、打印幻灯片。

3. “在展台浏览（全屏幕）”方式

“在展台浏览（全屏幕）”方式自动运行演示文稿，这种放映方式采用全屏幕播放，适用于自动播放产品信息的展台。它不需要专人来控制幻灯片播放，自动运行演示文稿结束时，或者某张人工操作的幻灯片已经闲置 5 分钟以上时，演示文稿会自动重放。选定此项后，“循环放映，按 ESC 键终止”复选框被自动选中。

除了可以利用“设置放映方式”对话框设置放映方式，还可以进行其他设置。

1）放映幻灯片：提供了 3 种播放方式，即播放全部幻灯片、播放指定范围的幻灯片、播放制作的自定义放映。

2）换片方式：选中“手动”单选按钮，则在幻灯片放映时，必须有人为的干预才能切换幻灯片；选中“如果存在排练时间，则使用它”单选按钮，且设置了自动换页时间，则幻灯片在播放时便能自动切换。其中，手动优先级高于自动换页方式。

3）循环放映，按 ESC 键终止：选中该复选框，在最后一张幻灯片放映结束后，会自动返回到第一张幻灯片重新放映。

4）放映时不加旁白：选中该复选框，幻灯片放映时不播放任何旁白。

5）放映时不加动画：选中该复选框，在播放幻灯片时，不播放设定的动画效果，但动画效果设置依然存在。一旦取消选中复选框，则又会播放动画效果。

7.6 PowerPoint 2016 的其他常用操作

7.6.1 幻灯片的打印

1. 演示文稿的页面设置

通常在打印演示文稿前，需要对幻灯片进行一些设置，如幻灯片的大小、方向、编号等，预览后再打印。

页面设置的具体方法如下。

1）选择“设计”选项卡，在“自定义”选项组中单击“幻灯片大小”下拉按钮，在弹出的下拉列表中，可以根据需要选择“标准（4∶3）”选项、“宽屏（16∶9）”选项或“自定义幻灯片大小”选项。若选择“自定义幻灯片大小”选项，则打开“幻灯片大小”对话框，如图 7-42 所示。

2）在“幻灯片大小”对话框中对幻灯片的大小、宽度、高度、编号起始值、方向等进行设置。

3）设置完成后单击“确定”按钮。

2. 打印演示文稿

打印内容分为幻灯片、讲义、备注和大纲等形式，在打印时可以根据需要选择其中的一种方式。选择“文件”选项卡，在后台视图中选择“打印”选项，窗口右侧将显示打印预览，可在“设置”下拉列表中选择需要打印的幻灯片，如图 7-43 所示。

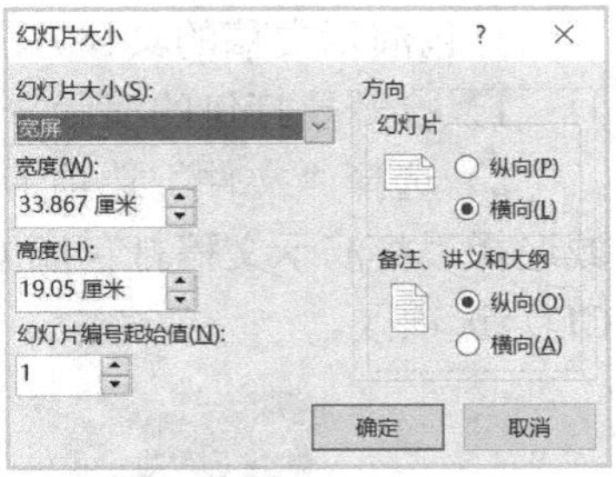

图 7-42　“幻灯片大小”对话框

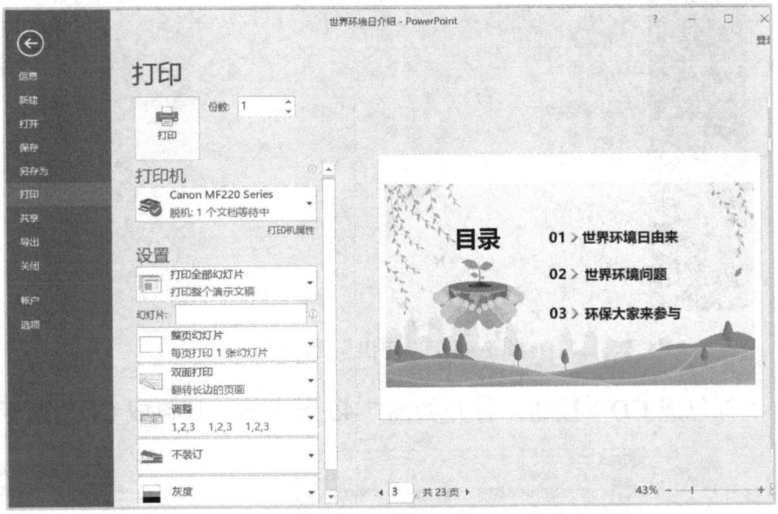

图 7-43　“打印”选项区

在实际应用中，往往需要以讲义的形式打印幻灯片，此时可在“打印”窗口中单击“整页幻灯片”下拉按钮，在下拉列表中选择一种打印版式，如“4 页水平放置的幻灯片”，然后单击“打印”按钮进行打印。

以讲义的形式打印是指在一页纸上打印 1 张、2 张、3 张、4 张、6 张或 9 张幻灯片的缩略图，并有垂直放置和水平放置两类可选。

PowerPoint 2016 还可以为观众打印演讲者备注。此外，打印演示文稿时，选择“大纲”，就可以只打印大纲（包括幻灯片标题和主要观点）。

7.6.2　演示文稿的打包

将演示文稿打包并刻录成 CD 是 PowerPoint 2016 的重要功能之一。在 CD 刻录机非常普及的背景下，PowerPoint 推出了演示文稿的打包和刻录功能，通过该功能，用户可以将演示文稿、播放器以及相关的配置文件刻录到 CD 光盘中，并制作成专门的演示文件光盘，甚至可以选择是否让光盘具备自动播放功能。

打包演示文稿的具体方法如下。

1）打开要打包的演示文稿。

2）选择“文件”选项卡，在打开的后台视图中选择“导出”选项，在窗口右侧区域选择“将演示文稿打包成 CD”，如图 7-44 所示，界面右侧弹出“将演示文稿打包成 CD”选项区。

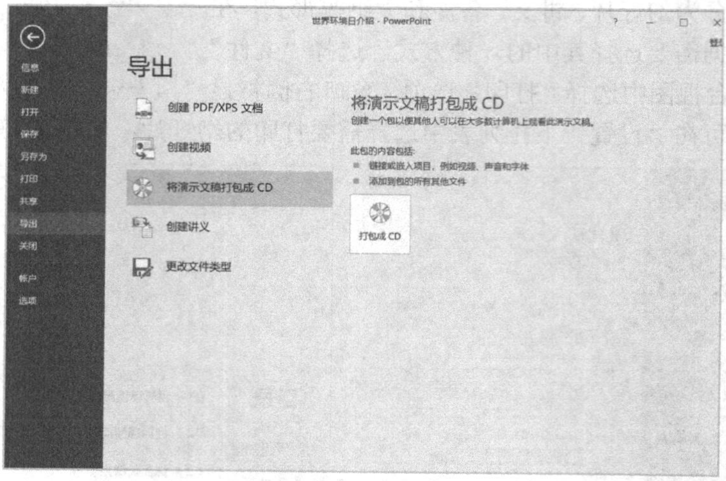

图 7-44　“导出”选项区

3）单击“打包成 CD”按钮，打开如图 7-45 所示的“打包成 CD”对话框。

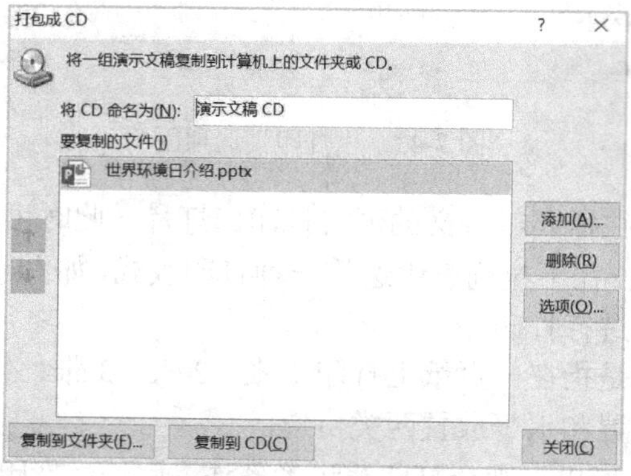

图 7-45　“打包成 CD”对话框

4）在“将 CD 命名为”文本框中可以更改默认的 CD 名称；单击“复制到文件夹”按钮，可打开“复制到文件夹”对话框，命名文件夹的名称和存放位置；单击“复制到 CD”按钮，若计算机上装有刻录机，则会把所有文件刻录到 CD 上；单击“选项”按钮，可进一步设置字体、密码等内容。

提示

如果要在未安装 PowerPoint 2016 应用程序的计算机上播放演示文稿，可将演示文稿另存成扩展名为.ppsx 的 PowerPoint 放映文件。

7.7　实训案例

【例 7-1】制作“工作汇报”演示文稿。

本演示文稿的制作可以分为 3 个部分：应用主题并建立整个演示文稿的总体框架；为每张幻灯片添加或编辑具体内容；为幻灯片应用切换效果和添加动画效果，最后保存并放映。

具体方法如下。

1）利用“开始”菜单启动 PowerPoint 2016。选择“设计”选项卡，在“主题”选项组中单击样式列表右下角的“其他”下拉按钮，打开主题列表，在列表中选择“画廊”选项。

2）选择“视图”选项卡，在“母版视图”选项组中单击“幻灯片母版”按钮进入幻灯片母版编辑状态；在左侧的幻灯片缩略图窗格中选中“标题幻灯片 版式”（第 2 个），在右侧的编辑区中选中标题占位符，设置标题字体为黑体，字号为 62；保持标题占位符的选中状态，选择“绘图工具”的“格式”选项卡，在“艺术字样式”选项组中单击快速样式右侧的下拉按钮，打开艺术字样式列表，选择“图案填充-灰色-80%，文本 2，深色上对角线-清晰阴影-文本 2”样式；适当调整文本占位符和横线的大小，如图 7-46 所示。

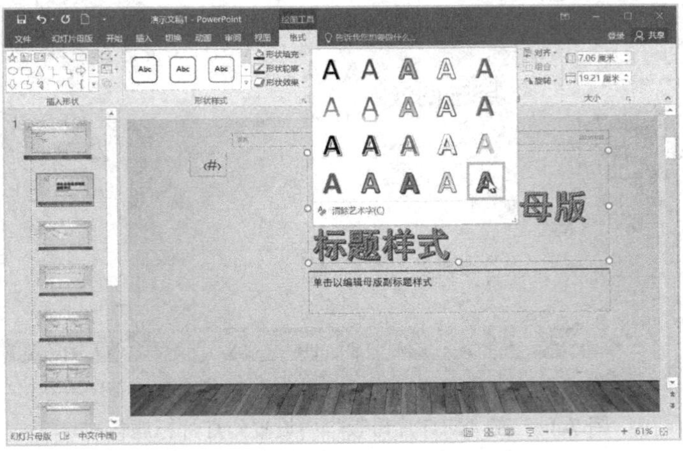

图 7-46　在“标题幻灯片 版式”中设置标题母版的字体样式

3）选择“插入”选项卡，在“图像”选项组中单击“图片”按钮，选择素材文件夹中的“记事本”图片，插入“标题幻灯片 版式”的合适位置并适当调整大小，如图 7-47 所示；选择“图片工具”的“格式”选项卡，在“排列”选项组中单击“下移一层”下拉按钮，在弹出的下拉列表中选择“置于底层”选项，将其置于最底层。

图 7-47　在“标题幻灯片 版式”中的母版插入图片

4）选择幻灯片缩略图窗格中的“画廊 幻灯片母版”，在右侧编辑区中，选中标题占位符，将标题的字号设置为 48，字体设置为微软雅黑；选择“绘图工具”的“格式”选项卡，在“艺术字样式”选项组中单击快速样式右侧的下拉按钮，打开艺术字样式列表，选择“填充-黑色，文本 1，轮廓-背景 1，清晰阴影-背景 1”样式，如图 7-48 所示。

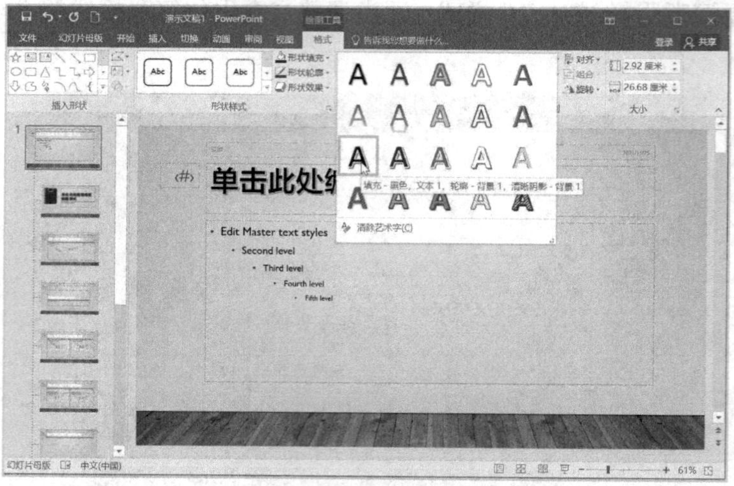

图 7-48　在“幻灯片母版”中设置幻灯片标题样式

5）用相同方法在第一张幻灯片母版中插入素材文件夹中的“U 盘”图片，并将其移至幻灯片的右下角，如图 7-49 所示。

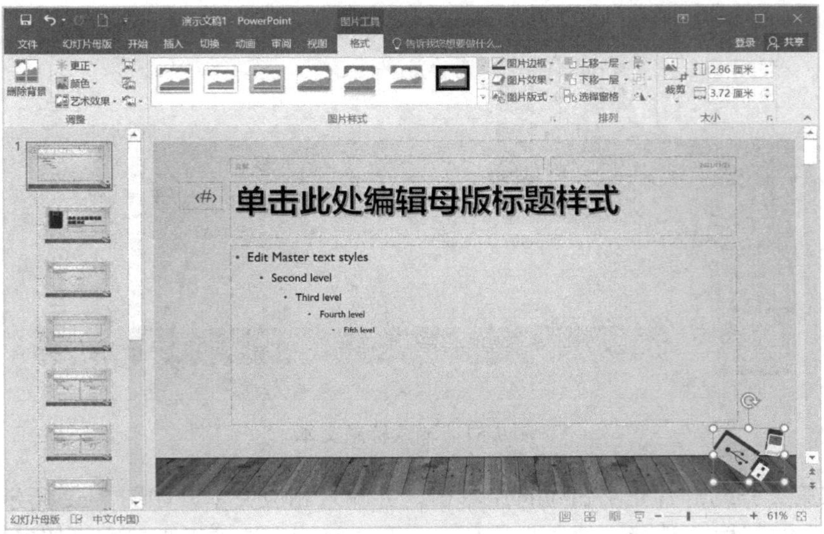

图 7-49　在“幻灯片母版”中插入图片

6）选择“幻灯片母版”选项卡，在“关闭”选项组中单击“关闭母版视图”按钮，返回幻灯片编辑状态，然后选择“开始”选项卡，在“幻灯片”选项组中单击“新建幻灯片”按钮，新建 6 张幻灯片，如图 7-50 所示。

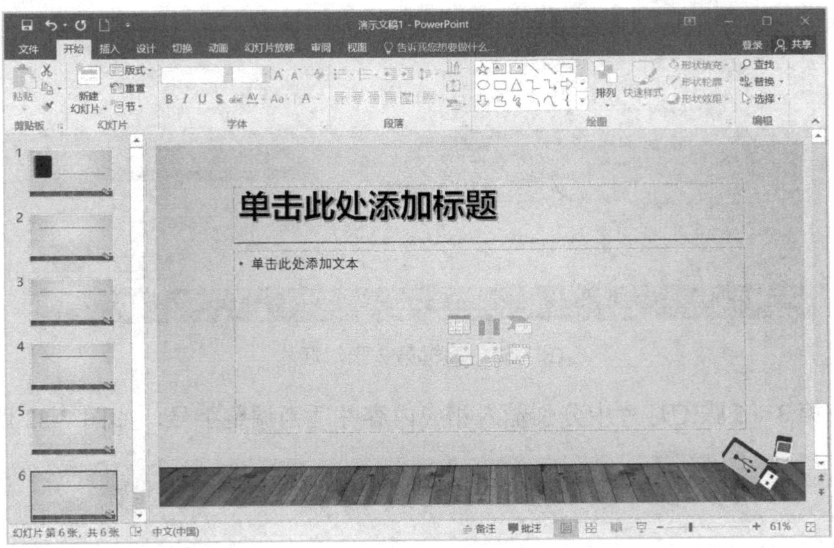

图 7-50　新建 6 张幻灯片

7）选中第 1 张幻灯片，在标题占位符中输入“工作汇报”，在副标题占位符中输入“汇报人：王文”，如图 7-51 所示；在其他 5 张幻灯片中分别输入标题文本“目录”“工作汇报概述”“工作内容”“工作汇报总结”“今后努力方向”。

图 7-51　输入标题文本

8）在第 2 张幻灯片正文占位符中单击，并输入相应文本，如图 7-52 所示；选中文本“工作汇报概述”，选择“插入”选项卡，在“链接”选项组中单击“超链接”按钮，在弹出的“插入超链接”对话框中选择“本文档中的位置”选项，选择第 3 张幻灯片，与该段文本对应；用相同的方法，将第 2 张幻灯片中的各段正文链接到对应的幻灯片。

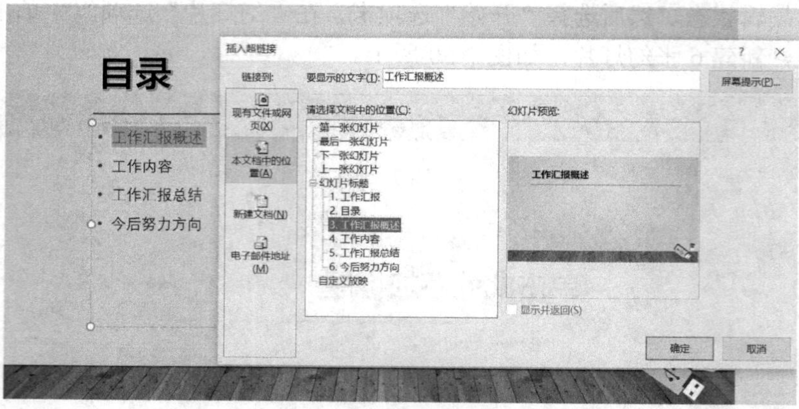

图 7-52　编辑第 2 张幻灯片

9）在第 3～5 张幻灯片中分别输入相应内容并适当调整字号，如图 7-53 所示。

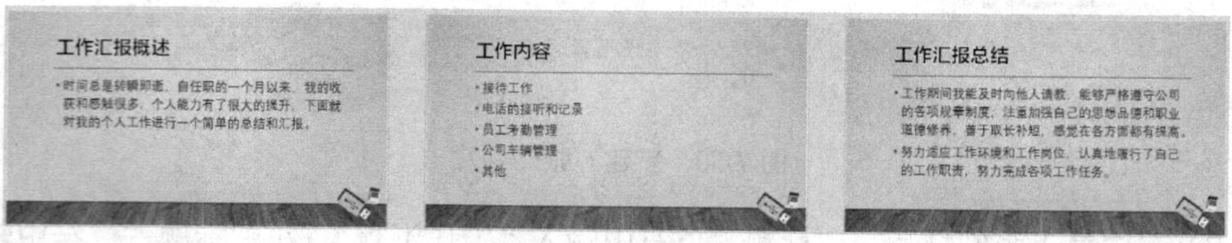

图 7-53　编辑第 3～5 张幻灯片

10）选中第 6 张幻灯片，单击占位符中的“插入 SmartArt 图形”按钮，弹出“选择 SmartArt 图形”对话框，如图 7-54 所示；在该对话框中选择“循环”选项，然后在右侧的列表中选项“基本循环”选项，单击“确定”按钮。

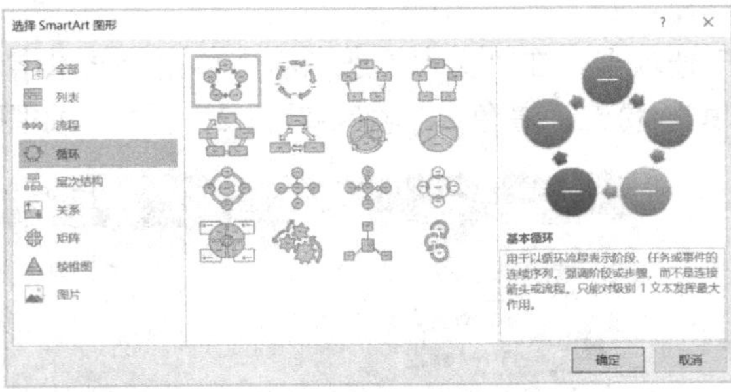

图 7-54　插入 SmartArt 图形（第 6 张幻灯片）

11）选择“SmartArt 工具”的“设计”选项卡，在“创建图形”选项组中单击“文本窗格”按钮，为插入的 SmartArt 图形依次输入文本内容，或直接单击各个形状的文本框输入相应的文本内容，如图 7-55 所示。

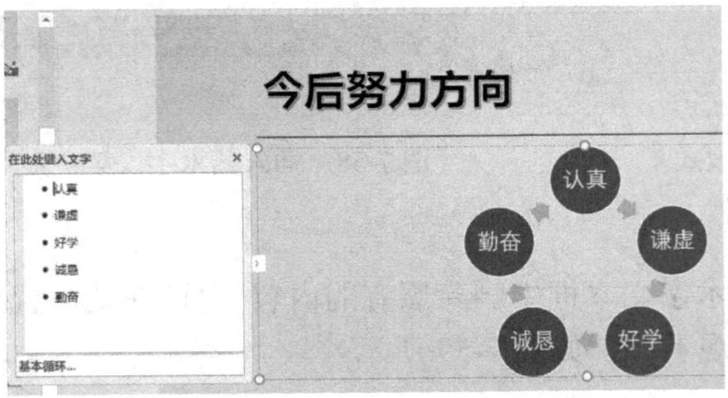

图 7-55　添加 SmartArt 图形的文本内容（第 6 张幻灯片）

12）选择“SmartArt 工具”中的“设计”选项卡，在“SmartArt 样式”选项组中单击“更改颜色”下拉按钮 更改颜色，在打开的下拉列表中选择“彩色-个性色”选项；在样式列表中选择“三维”分组中的“优雅”样式，效果如图 7-56 所示。

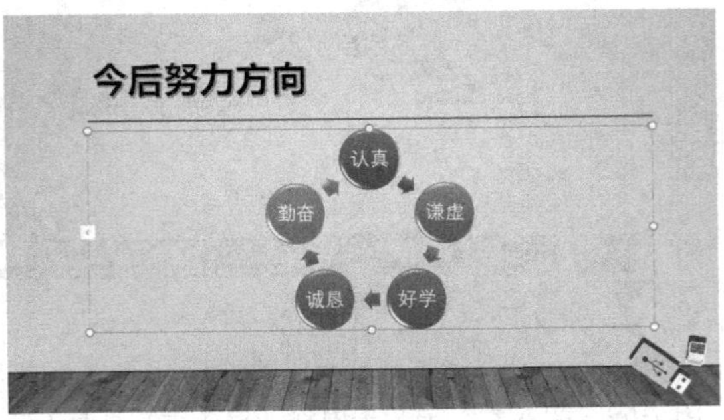

图 7-56　设置 SmartArt 图形的样式（第 6 张幻灯片）

13）在第 6 张幻灯片后选择“开始”选项卡，在“幻灯片”选项组中单击“新建幻灯片”下拉按钮，在弹出的下拉列表中选择“空白”选项，新建一张版式为“空白”的幻灯片，如图 7-57 所示。

14）选择“插入”选项卡，在“文本”选项组中单击“艺术字”下拉按钮，在弹出的下拉列表中选择“填充-粉红，着色 2，轮廓-着色 2”样式，如图 7-58 所示。

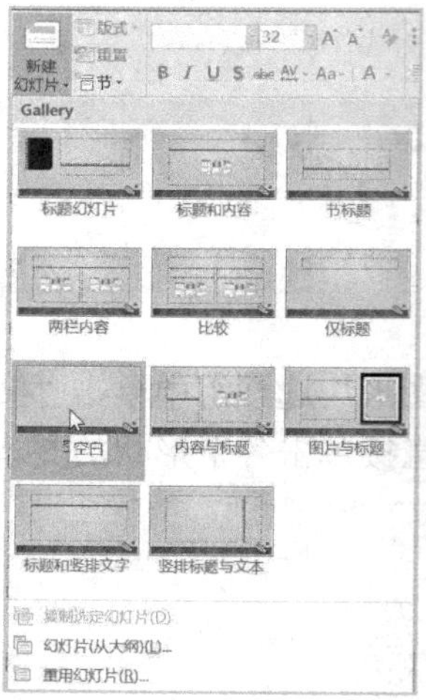

图 7-57　新建“空白”版式幻灯片（第 7 张幻灯片）

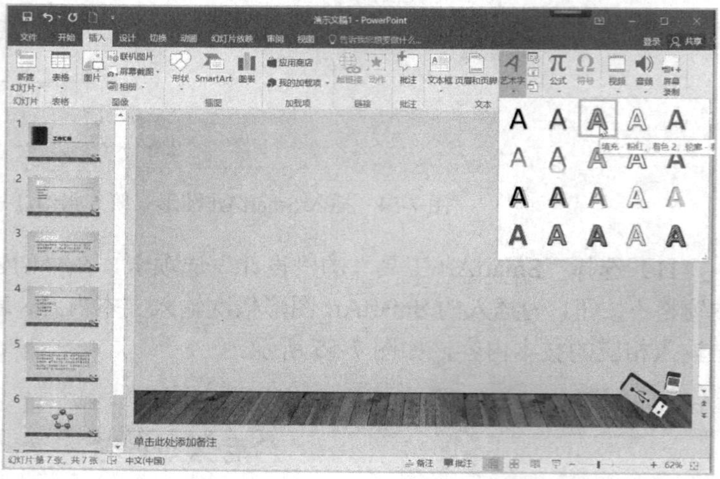

图 7-58　插入艺术字（第 7 张幻灯片）

15）在插入的艺术字文本框中删除原有的内容（“请在此放置您的文字”），输入文字“汇报完毕，谢谢观看！”，如图 7-59 所示。

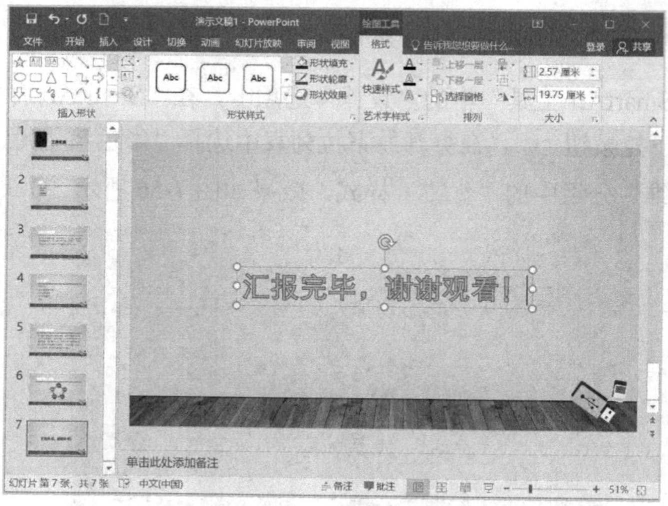

图 7-59　输入艺术字文字内容（第 7 张幻灯片）

16）选择“切换”选项卡，在“切换到此幻灯片”选项组中单击切换方式列表右侧的“其他”下拉按钮，在弹出的切换方式列表中选择“剥离”选项；在“计时”选项组中单击“声音”下拉按钮，在弹出的下拉列表中选择“风铃”选项，并单击“全部应用”按钮，如图 7-60 所示。

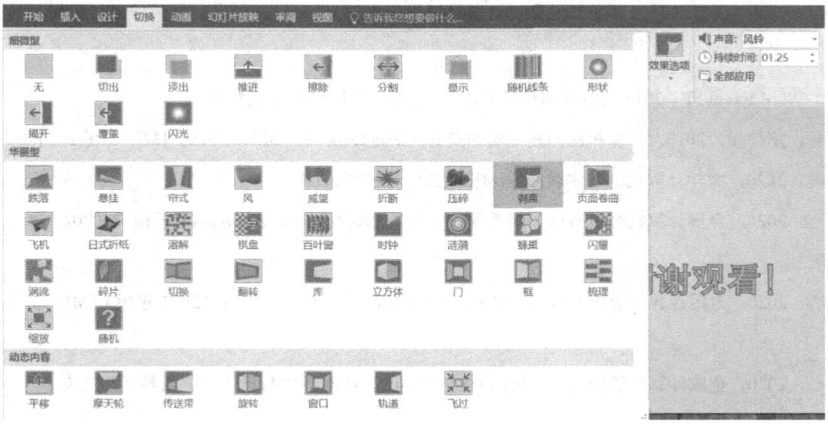

图 7-60　设置幻灯片切换

17）选中第 6 张幻灯片的 SmartArt 图形，选择“动画”选项卡，在“动画”选项组中单击动画样式右下角的“其他”按钮，打开可选动画列表，在列表中选择“进入”类型中的“浮入”选项；单击“效果选项”下拉按钮，在弹出的下拉列表中选择“逐个”选项；在“计时”选项组的“持续时间”数值框中将数字设置为“01.00”，表示该动画播放时长为 1s，如图 7-61 所示。

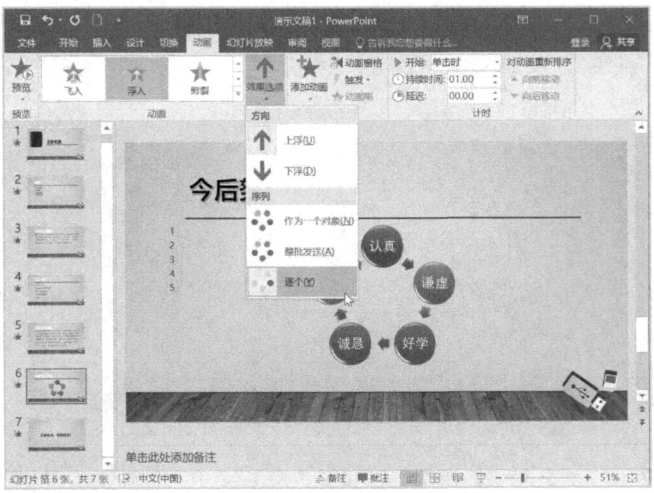

图 7-61　设置动画效果（第 6 张幻灯片）

18）设置完成后将演示文稿以“工作汇报”为名进行保存。按 F5 键进入幻灯片放映状态，通过单击放映幻灯片。

参 考 文 献

褚金明，2017．Word/Excel/PPT 2016 商务应用傻瓜书[M]．北京：中国铁道出版社．

高万萍，唐自君，王德俊，2019．计算机应用基础实训指导（Windows 10，Office 2016）[M]．北京：清华大学出版社．

何黎霞，刘波涛，2020．大学计算机基础实践教程[M]．北京：科学出版社．

教育部考试中心，2020．全国计算机等级考试一级教程：计算机基础及 MS Office 应用上机指导（2021 年版）[M]．北京：高等教育出版社．

教育部考试中心，2020．全国计算机等级考试二级教程：MS Office 高级应用与设计（2021 年版）[M]．北京：高等教育出版社．

教育部考试中心，2020．全国计算机等级考试二级教程：MS Office 高级应用与设计上机指导（2021 年版）[M]．北京：高等教育出版社．

教育部考试中心，2021．全国计算机等级考试一级教程：计算机基础及 MS Office 应用（2021 年版）[M]．北京：高等教育出版社．

李凤霞，2013．大学计算机实验[M]．北京：高等教育出版社．